量子隐形传态关键技术及应用

李冬芬 / 著

吉林大学出版社

·长春·

图书在版编目（ＣＩＰ）数据

量子隐形传态关键技术及应用 / 李冬芬著. -- 长春:
吉林大学出版社，2022.8
ISBN 978-7-5768-0736-3

Ⅰ. ①量… Ⅱ. ①李… Ⅲ. ①量子力学－信息技术－
研究 Ⅳ. ①O413.1

中国版本图书馆 CIP 数据核字 (2022) 第 186937 号

书　　名　量子隐形传态关键技术及应用
　　　　　　LIANGZI YINXINGCHUANTAI GUANJIAN JISHU JI YINGYONG

作　　者　李冬芬
策划编辑　黄忠杰
责任编辑　甄志忠
责任校对　刘守秀
装帧设计　品诚文化
出版发行　吉林大学出版社
社　　址　长春市人民大街 4059 号
邮政编码　130021
发行电话　0431-89580028/29/21
网　　址　http://www.jlup.com.cn
电子邮箱　jdcbs@jlu.edu.cn
印　　刷　四川科德彩色数码科技有限公司
开　　本　710mm×1000mm　1/16
印　　张　12
字　　数　190 千字
版　　次　2022 年 8 月　第 1 版
印　　次　2022 年 8 月　第 1 次
书　　号　ISBN 978-7-5768-0736-3
定　　价　55.00 元

前　言

　　信息安全是推动信息化发展的前提条件，密码系统是信息安全的基础。传统的基于复杂计算的经典密码算法在后摩尔时代量子计算等超强新技术下的破解变得更加容易，甚至"不堪一击"。而量子隐形传态利用量子不可分割、状态不可克隆、探测瞬间坍塌的特性，依据量子相干叠加和量子纠缠等理论，对量子态进行测量，计算粒子坍塌态，并通过幺正变换等操作重建未知量子态信息，保证了信息传输的绝对安全，在大尺度量子计算、远距离量子通信和量子计算网络中发挥着至关重要的作用，已成为世界各国学术、军事和信息技术行业研究的热点。

　　本书针对噪声下量子退相干的不断增长，光子的多自由度特性在量子物理体系中呈现出的非定域、非经典的强关联性，动摇了量子隐形传态协议中的单一自由度独立性假设，导致现有量子隐形传态信道难以在有限资源与纠缠死亡的矛盾下提供令系统满意服务的痛点问题，提出更加接近实际环境的鲁棒量子隐形传态协议。主要研究成果如下：

1. 高保真纠缠量子隐形传态信道框架构建

　　首先，针对在量子隐形传态过程中出现的"纠缠死亡"问题和量子退相干现象，通过分析空间上相互独立的两个原子系统纠缠随时间的演化过程，研究原子和腔场初始纠缠度与腔场的初始纠缠度的关系，刻画了"纠缠死亡"免疫模型。并通过分析 T-C 模型和 J-C 模型中退相干因子出现的振幅震荡现象，刻画了量子退相干纠缠演化模型。其次，针对不同噪声特性，设计了基于密度矩阵的免疫噪声模型和基于 DFS 的联合噪声免疫模型，并且分析了不同角色下的最佳量子比特效率。最后，针对"纠缠死亡"导致的信道容量降低的问题，设计了基于图态基树图和森林图的信道容量编码，分析了相干性信息和信道容量，有效计算了噪声信道容量的逼近值和噪声容限，从而得到了不同噪声信道和共同局域噪声下可传输量子信息的区域。

2. 不同信道中 Bell 态和任意态的量子信息分离

　　针对在不同信道或者同一信道中传输粒子少且计算复杂等问题，创新性地提出了利用不同的量子信道来进行 Bell 态和任意态的量子信息分离方案。首先利用四粒子纠缠态作为量子信道进行两粒子 Bell 态的量子信息分离，实现了传递 Bell 态信息的量子分离过程；然后利用五粒子纠缠态分离任意单粒子和两粒子态的量子信息分离过程；最后利用不同的量子信道（即利用四粒子团簇态和两粒子 Bell 态、四粒子团簇态和 GHZ 态）分离任意三粒子态的量子信息分离过程。通过利用不同的量子信道分离任意的三粒子态，执行不同的测量操作来实现高效率的量子信息分离过程，并且对于量子信息分离的过程，在腔量子电动力学中进行了物理实现。

3. 免疫噪声的多自由度量子隐形传态协议

针对单自由度下的量子隐形传态成本高、效率低等问题，创新性地提出了一种新的免疫噪声的可控多自由度量子隐形传态协议。首先，通过分析引导自旋-轨道角动量来调整多自由度需求强度在时间、空间、频率上的分布特征，实现了量子在多自由度下高亮度纠缠源的制备。其次，刻画了自旋-轨道角动量和超 Bell 态之间的转换关系，进行了超 Bell 态的测量和超密编码，达到了在各自角动量的约束下满足超 Bell 态测量的多重需求目标。最后，设计了可控的量子隐形传态身份认证模型，实现了在独立不同噪声中和局域共同噪声下的鲁棒量子隐形传态，并对协议的保真度和平均保真度效率进行分析，提高了测量效率和安全性。

4. 噪声信道下容错的量子隐形传态协议应用

针对量子隐形传态在实用化方面的瓶颈问题，设计了免疫噪声的量子对话和连续变量的量子密钥分发两种典型应用。首先，提出了基于诱骗态和隐写来检测对话双方身份是否有误和对话信道是否安全的对话机制，构造了单光子、广义纠缠态，将对话双方事先共享的身份识别码转换为对联合噪声免疫的逻辑量子态，随机地混杂隐写在信息序列中传送，既进行身份认证，又进行窃听检测。其次，提出了连续变量的确定性量子密钥分发协议，主要是发送者通过公共信道传递预先确定的密钥给信息接收者。最后，经过安全性和性能验证，提出的两种量子隐形传态应用都具有高的鲁棒性和效率，在噪声下更具潜力和容错性。

综上所述，本书围绕噪声下的量子隐形传态关键问题及其应用展开了研究，研究成果为该领域提供了新的解决思路，丰富了量子通信理论，为进一步推动实用化量子隐形传态技术开辟了新的应用领域。

李冬芬

2022 年 10 月 21 日

CONTENTS
目 录

第1章　概　述

随着互联网的高速发展，互联网已经深入到社会的各个角落，但是近年来曝光的信息泄露问题使得信息安全面临巨大危机，经典的密码通信在恶意软件和木马的攻击下，导致传统经典加密算法的破解变得更加容易，而量子计算技术的问世则加剧了经典加密方法的"不堪一击"。量子通信利用量子不可分割、状态不可克隆、探测瞬间坍塌的特性，依据量子相干叠加和量子纠缠等基本理论，对量子态的测量及粒的坍塌态计算，通过幺正变换等操作来重建未知量子态信息，保证了传输信息的绝对安全。量子隐形传态以安全性强、存储量大、节省资源等方面的优势，在大尺度量子计算、远距离量子通信和量子计算网络中发挥着至关重要的作用，成为世界各国学术界、军事组织和信息技术行业研究的热点。

本书作者在攻读博士学位期间主持了"移动应用安全检测云平台研发"，以主研参与了"免疫噪声的容错量子对话协议研究（编号：2015M572464）"和"跨云计算模式下面向数据生命周期的隐私保护关键技术研究（编号：2015AA016007）"，上述项目是针对噪声下移动互联通信安全、量子通信安全问题，以"安全信道框架构建→信息分离→信道容量编码→安全通信协议→典型应用设计"为主线开展的。本书选题立足于上述项目需求，从噪声信道下出现的纠缠突然死亡问题和量子体系具有的多自由度特性这一新视角来审视量子隐形传态遭遇的四个挑战性问题，探索一种高保真的纠缠量子隐形传态信道统一框架新理论，建立量子纠缠演化模型，进一步刻画量子"纠缠死亡"问题、量子退相干和局域共同模式下量子纠缠演化，探索一种新的基于免疫噪声信道的量子图态级联容量编码方法，进一步构建不同信道中的 Bell 态和任意态的量子信息分离机制，基于多自由度量子隐形传态协议，设计免疫噪声的量子对话和连续变量的量子密钥分发应用方案。本书开辟了新的量子隐形传态空间，有效提高了免疫噪声量子隐形传态的保真度，增强量子隐形传态的安全性，增加信道容量，解决了"纠缠死亡"问题和退相干问题，使之能够实现鲁棒的量子隐形传态目标，并取得了基础理论层面的突破。

1.1　研究背景与意义

随着移动支付、电子商务和互联网金融等新兴业务的蓬勃发展，互联网的触角已深入到社会经济生活的各个角落。然而，近年来不断曝光的监控窃听丑闻和用户隐私泄露事件进一步加剧了公众和社会各界对于网络与信息安全的担忧[1]。信息安全方面的事件逐年递增，如"棱镜门"事件、"京东商城"盗号风波等泄露大量敏感信息和私密数据事件，更加表明我国国家层面网络空间安全所面临的危机[2]。中央网络安全和信息化领导小组宣告成立，并设置了网络空间安全一级学科，使得网络与信息安全提升到国家战略地位。因此，无论从个人需求层面还是国家战略层面，网络与信息安全问题已到了亟待解决的时刻。

然而，现有经典的通信加密方式并非如想象般那样安全，它是通过构造巨大的运算量，在"明文"和"密文"间进行转换，以保护信息的完整性，其安全性由密码算法的计算复杂度来保证[3]。比如，RSA 算法其安全性归约到大整数的因式分解，是一个 NP 难的问题。根据摩尔定律，处理器的运算能力会呈指数级增长。分布式计算、云计算和 GPU 等新型技术的出现使得计算速度飞速加快，在木马和黑客的攻击下，导致经典加密算法的破解变得更加容易，而量子计算技术的出现则更加剧了经典加密的不安全性。量子通信基于量子测不准原理、量子不可克隆定理以及量子纠缠特性的量子力学原理，因此以提供无条件安全（绝对安全）信息交换为目的的量子密码理论越来越受到人们的关注，它的出现颠覆了经典算法的安全性，完成了一系列经典密码算法难以实现的任务。如量子 Shor 算法[4]，可实现大因数分解这一 NP 问题变为 P 问题。量子计算技术巨大的信息携带量和高效的并行处理能力，是破解密码的强有力的"矛"[5]。

量子通信作为后摩尔时代的新技术[6]，是量子信息学的一个尤为重要的研究分支，它以量子力学的基本原理为研究依据，能实现经典通信技术无法实现的安全可靠的信息处理和传输，在理论上达到绝对的安全通信，因其传输高效和绝对安全等特点，成为保障网络信息安全的终极武器[7]，将极大改变传统信息学的发展，丰富密码学的研究方法，推动国防、金融等信息安全相关领域的研究，为保密通信研究和信息化建设提供新的思路和强大的安全保障，被视为保障未来信息化的主导科学[8]。2012 年至 2014 年期间，连续三年的诺贝尔物理学奖都授予在量子测量与操作、希格斯波色子发现、蓝光发光二极管发明方面的科学家[9]，这些都与量子领域相关，量子通信已出现革命性突破的征兆。它利用量子相干叠加和量子纠缠等基本特性实现信息传输，由于量子状态不可克隆、不可分割、探测瞬间坍塌等特性，从而保证传输内容的绝对安全，越来越受到人们的关注[10-12]。因此，量子通信解决了经典加密算法易被破解和易被监听的两大难题，是保障网络与信息安全强有力的"盾"[13]。

量子通信的发展已关乎国家网络空间安全，因此受到了大多数国家的高度重视，并投入了大量的人力和物力进行研究，且已在不同场合得到了应用。第一个量子通信密钥分发网络由美国国防先进研究项目局于 2004 年建成并投入使用[14]。且在同一年，欧洲也启动了"基于量子密码学安全通信"网络的研究[15]。我国在量子密码技术方面也取得了一系列的成果。郭光灿院士团队于 2009 年建成了世界上首个"量子政务网"，并投入使用[16]。潘建伟院士团队于 2012 年在合肥建成了"金融信息量子通信验证网"和"合肥城域量子通信实验示范网"[17,18]。2016 年 8 月 16 日，我国自主研发的首颗量子科学实验卫星"墨子"号在酒泉卫星发射基地成功发射[19]，并于 2017 年 1 月 19 日圆满完成 4 个月的在轨测试，正式交付用户单位使用[20]。2017 年 3 月 13 日，全国政协委员潘建伟在"两会"上透露，国际首条千公里量级的量子通信骨干网"京沪干线"已全部贯通[21]。中国第十三个五年规划纲要将量子通信和量子计算机列为 15 个科技创新重大项目工程之一，足见我国对量子技术的重视。

量子通信分为量子密钥分发（Quantum Key Distribution，QKD）和量子隐形传态（Quantum Teleportation，QT）两种[22-23]。QT 用以传送量子信息，若通信双方之间存在量子信道，则采用量子隐形传输的方式在量子信道上传递量子信息[24]。QT 在概念上类似于科幻小说中的"星际旅游"，它利用量子纠缠分发与量子联合测量技术，把一个未知量子态传输到遥远的地方，实现量子态的空间转移，而又无须传输物理载体本身，具有可靠性高、通信复杂度低、资源节省等优势。QT 的核心资源是量子纠缠，也就是当量子态叠加原理体现在多粒子或多自由度体系时，会出现量子纠缠这一奇特的现象[25-29]。当物理系统与噪声环境相耦合后，会加速量子退相干的不断增长。与此同时，与相干性具有强依赖关系的量子纠缠，也会出现纠缠衰减的过程，甚至纠缠突然死亡[30-35]。QT 作为量子信息处理的一个基本元素和实用量子技术的重要因素，是非常安全可靠的传输秘密信息的载体，在大尺度量子计算、量子纠缠、远距离量子通信和量子计算网络中发挥着至关重要的作用，成为科学领域新的研究方向，具有重要的研究意义。

目前关于量子隐形传态的研究存在的问题是：

①没有一个统一免疫噪声的高保真纠缠量子隐形传态信道框架，无法刻画在局域共同模式下的纠缠演化特性，针对纠缠演化模型和纠缠突然死亡发生的原因刻画比较困难；

②现有的信道容量并未达到理论上的值，并且信道利用率低；

③测量方法是基于单自由度的，而且只能传输单个自由度的量子状态，处于量子基础理论层面。由于光子具有波长、动量、自旋和轨道角动量等多种自由度特性，并且在量子物理体系中呈现出非定域、非经典的强关联性显著关系，这动摇了量子隐形传态理论中的单一自由度独立性假设[30,36]。

总之，现有的研究不能同时优化量子隐形传态的可用性、信道利用率和安全性三个指标，导致现有的量子信道框架和信道容量难以在有限资源与纠缠死亡、退相干的矛盾下提供令系统满意的服务，降低被传输量子态的保真度和效率，阻碍了量子隐形传态实用化[37-39]。实用化量子隐形传态技术作为发展可拓展量子计算和量子网络的必经途径，在金融、政务、国防军事、远距离通信（如空间探测）等领域中大显身手，同时，会带动元器件等上下产业链的快速发展，因此成为近年来量子通信基础研究领域的一个研究热点[40-41]。

量子隐形传态协议研究是当前的研究热点，但噪声与多自由度对现有的量子纠缠隐形传态信道框架和传输支持能力带来巨大挑战。本书寻求免疫噪声的纠缠量子隐形传态信道统一新框架，探索基于免疫噪声信道的量子隐形传态信道容量编码理论，设计不同信道中的 Bell 态和任意态的量子信息分离方案，构建基于多自由度的量子隐形传态协议，获取对量子对话和连续变量的量子密钥分发的真实观察，具有紧迫的现实意义和基础的学术价值。

1.2　相关研究动态分析

本书从噪声信道下的量子纠缠演化、量子信道容量与编码、量子信息分离和量子隐形传态协议四个方面，简述与本书相关的国内外工作及需要进一步研究的关键问题。

1.2.1　量子纠缠演化与免疫噪声模型相关研究

早期量子隐形传态处理过程的研究都是在理想环境中进行的，没有关注噪声对量子隐形传态的影响，直到 Di Vincenzo[42] 和 Bennett[43] 分别在研究量子计算的可行性问题时，发现噪声影响信息的传输是主要的因素。随后，学者对不同的量子噪声下信息进行了刻画，但仅局限于采用可纠错编码[44] 和寻找量子无退相干自由子空间[34] 来抵消噪声对系统的影响。2004 年，Yu 等在研究双量子比特纠缠系统在噪声退相干过程中的纠缠演化时，发现非局域的纠缠衰减过程可以快于局域的退相干衰减过程，且量子纠缠可以在有限时间内消亡，即出现纠缠突然死亡现象[45]。很快，Almeida 等人通过实验验证了这一现象的存在[46]。此后，研究者采用超算符/求和主方程方法，针对不同的量子噪声与不同的系统，进行了量子动力学的研究。Carvahlo 等人在局部独立热库和退相位噪声下，通过三量子 GHZ 态和 W 态，利用量子主方程对其进行了纠缠演化的刻画，分析了各自的健壮性[47]。

2010 年，Siomau 等采用和 Carvahlo 相同的量子态方法，针对局域独立 Pauli 噪声环境进行了系统演化密度矩阵的刻画，发现在不同的 Pauli 环境下，GHZ 态和 W 态具有不同的强健性[48]。2012 年，Siomau 等在局域独立多边噪声下，刻画了三量子比特 GHZ 态的系统演化密度矩阵和抵消噪声的模型[49]。2016 年，Li 等构建了免疫联合噪声的保真量子隐形传态模型，研究联合旋转噪声和联合退相位噪声对物理量子态的影响规律，建立了以团簇态为量子载体，分别对联合旋转噪声和联合退相位噪声免疫的逻辑量子态；构造了免疫联合噪声的退相干无关自由子空间，使量子态经过变化后仍处于最大纠缠态，从而实现能抵抗联合噪声的保真量子隐形传态，刻画了在联合旋转噪声和联合退相位噪声下的系统幺正演化[34]。同时，还有学者研究了比特翻转噪声、退极化信道噪声对物理系统的纠缠演化影响[50-51]。

这些研究工作都基于单一自由度和局域噪声环境，忽略了多自由度特性与几种共同噪声影响下的纠缠演化特征、噪声特征、纠缠测度特征，且免疫模型只能解决单一孤立系统中的局域噪声问题，只能概率性地降低噪声引起的量子态退相干和纠缠死亡问题。由于量子隐形传态过程中需要消耗大量的量子资源，不可避免地降低了信道容量，无法满足远程的鲁棒量子隐形传态需要。本书构建这些相关特征下的高保真纠缠量子隐形传态信道统一框架，来改善现有研究的局限性。

1.2.2　量子信道容量与编码相关研究

1997 年 Schumacher 等提出了基于量子信道的 HSW 定理[52]，主要关注了量子容量和私密容量，是从信息论发展而来的。对量子容量的研究有助于理解量子处理过程中量子纠错码的能力和效率；对私密容量的研究有助于更好地理解量子密钥分发的安全性和效率。2003 年，Devetak 等给出了私密容量的正规表达式及"单字母"非平下界的界定值[53]。而量子容量的定理——LSD 定理等相继被提出[54]。Shor 采用信息论理论，证明了纠缠的可加性猜测和形成纠缠的超强可加性，等价于量子信道最小输入熵的可加性猜测[55]。随后，2008 年，Winter 等先后提出了对称量子信道的量子容量 Q_{ss} 和私密容量 P_{ss}，且给出了相应的定理和表达式[56]。文献［57］利用非对称信道的优势，对量子信道中的退相干性问题进行了解决，使得最大纠缠态较难保持，这个过程中消耗了纠缠信息。2013 年，Kesting 计算了不同的量子编码在泡利环境中的噪声容限，在去极化信道中，得到不同量子级联码的最优编码方式[58]。同年，Chen 等采用信息论安全和量子随机编码理论，基于噪声信道的强安全容量编码模型，证明了强安全条件下的消息认证容量[24]。2014—2015 年，Li 等利用超纠缠态易制备、易测量和易实施密集编码的特性，构建了纠缠交换的量子隐秘信道，提出了基于超纠缠交换的高效密集编码方法，有效提高了量子通信中信道利用率和容量等[38-41]。之后，学者推广了 CSS 构造定理，方法简单可行，且分析了在纠缠辅助情况下的量子信道容量，并得到了广泛应用[59-60]。

这些研究工作都是在时间、空间或者频率单自由度下进行的单一操作，在测量和编码过程中，引入辅助粒子并构造幺正变换矩阵。接收方无法完全区分传输的量子态，信道容量并未达到理论上的值，无法满足远距离量子隐形传态的需要。

1.2.3　量子信息分离相关研究

自 Bennett 等人在 1993 年首次提出量子信息传输（Quantum Information Splitting，QIS）的概念，通信双方共享纠缠对，根据量子力学原理，对原始的粒子不进行测量，只对拥有的粒子进行测量，就可以知道未知量子比特在另一个粒子上的传输情况[61]。因其无条件安全和及时传量子态的特性，在理论和实验方面都得到了迅速的发展，成为量子通信领域非常热门的研究点。2001 年，H J Briegel 和 R Raussendorf 提出了新的量子纠缠态——团簇态，这种新的团簇态要求量子信道纠缠的粒子数目必须大于 3。团簇态有一些特殊性质，纠缠的持续性比 GHZ 态更好，团簇态包含 GHZ 类[62-63]和 W 类[64-67]纠缠态的特性。由于团簇态具有最大的关联度和最大的纠缠顽固度，使得纠缠状态更难被破坏，所以团簇态在量子隐形传态[68-69]、密集编码[70-71]、量子计算[72-75]和量子信息分离[76-77]等得到了广泛应用。在这些方法中，量子信息分离是实现量子信息处理常用的方法，因为它能够在三方或者多方之间通过纠缠态和经典通信信道传递信息。自从 Hillery 第一次提出利用 GHZ 态进行量子信息分离，量子信息分离引起了人们的重视，并且在实验中得到了广泛的应用[78-82]。量子态包括 Bell 态[83]，（四粒子、五粒子、六粒子）团簇态，GHZ 态等，都可以考虑作为量子信道。此后，Zhao 等人[84]提出了基于高维纠缠态的量子隐形传态。Yin 等人[85]提出了基于四粒子团簇态的量子隐形传态。Nie 等人[86]提出了通过 GHZ 态进行量子信息分离的方案，以作为量子信道分离任意单粒子的量子信息分离方案[87-93]。2014 年，Li 等人[94]提出了利用四粒子团簇态和GHZ 态分离任意三粒子态的量子信息分离方案。同年，Li 等人又提出了利用七粒子纠缠态分离任意三粒子的量子信息分离方案和利用四粒子纠缠态分离两粒子 Bell 态的量子信息分离方案[95-96]。

1.2.4 量子隐形传态协议相关研究

1994—1996 年，Davidovich 和 Bennett 等分别基于 Bell 态联合测量，提出新的量子隐形传态方案[97-98]。1997 年，奥地利科学家 Bouwmeester 等首次成功地实现基于纠缠的量子隐形传态[99]。1998 年，意大利的 Rome 和美国的 Kimble 等利用连续变量理论，分别进行具有相干特性的光场与核磁共振的量子隐形传态[100-101]，被列为当年美国的十大科技进展之一。

2002 年，Sangchul Oh 等在局域独立量子噪声环境中，提出了保真的量子隐形传态方案，分析了平均保真度和安全效率，开启了噪声信道上研究量子隐形传态的先河[102]。2003 年，澳大利亚国立大学的 Bowen 等成功地进行了该实验[103]；Takei 等人基于压缩态的特性，在不同电磁场模式（Electromagnetic field mode）的真空状态下实现了量子隐形传态[104]。2008 年，Jung 等利用三粒子 GHZ 态或 W 态为量子信道，在退极化环境和局域独立 Pauli 环境下，提出了单量子比特量子隐形传态理论，创新性地发现了量子信道的选取取决于所处的噪声环境。分析得出，在局域独立 Pauli 噪声下，选定的参数不同，GHZ 态和 W 态有不同的更适合的量子信道。但在局域独立退极化噪声下，选择 GHZ 态和 W 态作为量子信道都可获得相同的传输效果[105]。

2010 年，中国科技大学的潘建伟等人又进行了自由空间 16km 的量子隐形传态实验，该实验结果成功地登上了 *Nature Photonics* 杂志的封面[106]。2011—2013 年，Hu 等学者利用四粒子团簇态、二粒子 Bell 态、三粒子

GHZ 态或 W 态为量子信道，在局域独立高温、零温和退相位噪声下的量子隐形传态理论下，分析了各自的保真度[107-108]。2015 年以来，Li 等和其他学者们利用团簇态、GHZ 态等粒子态，分别在局域独立的联合退相位噪声、联合"旋转"噪声、比特翻转信道、退极化信道、振幅阻尼信道、Pauli 信道等环境中进行了量子隐形传态，并且分析了不同的纠缠度等指标[33-41,109-111]。Seshadreesan 等针对连续变量量子信息，提出了非高斯纠缠态和薛定谔猫态的量子态隐形传输方案[112]。同时，潘建伟等人突破单一自由度的局限，创新性地实现了多自由度下的量子隐形传态实验，该实验结果刊登在 *Nature* 上，为推动研究多自由度下的量子传输提供了有力的实验保证[6]。

2016 年，Zuppardo 等在噪声环境中提出并验证了量子纠缠的过度分布理论，量子纠缠的过度分布可能是实现纠缠收益的唯一途径[113]；Xiao 等在阻尼噪声信道下，通过调整测量的不同参数，提出了一种增强的量子隐形传态，通过部分测量和局域测量后逆转的组合可以消除退相干效应[114]；Li 等基于量子叠加和纠缠原理，利用核磁共振设备进行了一个小的应用冷冻细菌微生物量子态传输实验，使量子隐形传态进一步应用化[115]。

结合噪声信道下的纠缠源制备和 Bell 态测量特征，对量子隐形传态的理论与实验已有较多研究，但这些理论都是基于单自由度下的独立假设，无法满足远距离鲁棒的量子隐形传态要求。因此，必须将自旋-轨道角动量多自由度的特性和超 Bell 态测量资源的新方法引入量子隐形传态理论，在新形势下解决问题。

1.3　挑战性科学问题

从 1.2 节分析国内外相关研究动态可知，现有的量子隐形传态研究，在噪声信道下量子隐形传态纠缠演化引发了四个关键性科学问题，具体如下。

1.3.1　量子信道中量子态退相干及"纠缠死亡"问题的刻画

量子隐形传态信道中会存在量子"纠缠突然死亡"和量子态退相干问题，这既是免疫噪声模型建模分析的基础，也是实现多自由度量子隐形传态协议和量子信息分离的基础，更是研究基于高保真纠缠量子隐形传态信道新框架的基础。因此本书将首先建立噪声信道下的量子纠缠演化模型，分析量子通信过程中出现的"纠缠突然死亡"问题、量子退相干问题和局域共同噪声下的纠缠，构建"纠缠死亡"模型、量子退相干模型和局域共同噪声下的量子纠缠演化模型。这项工作不仅需要量子纠缠动力学分析研究基础，而且需要较强的数据抽象能力。因此，如何刻画纠缠量子隐形传态信道中因噪声引起的量子态退相干及"纠缠死亡"是需要解决的关键问题。对于该问题，本书第 3 章刻画了"纠缠死亡"、量子退相干、局域共同模式下的量子纠缠演化，构建了高保真纠缠量子隐形传态信道框架，有效地解决了这个问题。

1.3.2 考虑噪声信道下多自由度需求强度的信道容量理论

衡量噪声信道下量子隐形传态在信道性能与服务质量方面的参数指标，是推进量子隐形传态基础理论和解决网络信息安全问题的前提，也是本书研究的关键问题。同时，还为提出基于多自由度量子隐形传态协议提供了优化方案设计的理论基础。本书将在免疫噪声模型研究的基础上，引入量子图态级联编码思想，结合信息论安全和量子随机编码方法，考虑到多自由度的特性，深入量子信道容量编码方面的研究。进一步通过图态基对树图和森林图进行编码和推广验证，是本书的难点。因此，如何基于免疫噪声信道寻求解决多自由度下量子图态密集编码的新方法是需要解决的第二个科学问题。对于该问题，本书第 3 章提出了图态基信道容量编码方法，解决了信道性能与服务质量的问题。

1.3.3 解决不同信道中基于 Bell 态和任意态的量子信息分离

在量子通信信道框架基础上，根据粒子的不同特性，设计出基于 Bell 态和任意态的量子信息分离方案，通过以纠缠态、团簇态等为量子信道分离任意粒子和 Bell 态量子信息的分离，对不同数量粒子通过不同的测量方式，达到高效率、高安全、低成本的量子信息分离过程，是量子隐形传态的核心问题。选择不同的量子信道（比如纠缠态、团簇态、W 态等）对单粒子、两粒子、三粒子进行信息分离是本书的研究重点。同时，在不同信道中进行不同类型的粒子的量子信息分离，为连续变量的量子密钥分发应用提供基础，具有重要的研究和应用价值。因此，如何刻画在不同信道上对不同类型的粒子进行高效的量子信息分离，是需要解决的第三个科学问题。对于该问题，本书第 4 章将在不同信道中对 Bell 态和基于任意态（任意单粒子、任意两粒子和任意三粒子）进行量子信息分离。

1.3.4 解决量子隐形传态中基于多自由度的传输机制

在高保真纠缠量子隐形传态信道统一框架的基础上，依据光子在多自由度上的特征，设计新的多自由度量子隐形传态传输机制，通过调整光子在时间、空间、频率上的分布，达到光子在自旋-轨道角动量下满足高亮度纠缠源的制备和超纠缠 Bell 态测量的多重需求目标，是量子隐形传态要解决的关键问题。自旋-轨道角动量自由度下的量子隐形传态是本书研究的核心特色。同时，量子隐形传态协议为进一步设计量子对话和连续变量的量子密钥分发优化应用提供了基础，具有重要的实际应用价值。因此，如何刻画量子在自旋-轨道角动量多自由度下各自纠缠和超 Bell 态测量是需要解决的第三个科学问题。对于该问题，本书第 5 章设计了免疫噪声的可控多自由度量子隐形传态协议，第 6 章设计了噪声信道下容错的量子隐形传态应用，获取对量子对话和连续变量的量子密钥分发的真实观察。

1.4　研究内容与创新点

厘清研究思路可以为研究内容奠定良好的基础，确定研究内容可以为完成研究目标做好支撑，凝练创新点可以提升研究高度。

1.4.1　研究思路

采用理论建模、软件仿真和物理系统验证相结合的研究方式，提出统一的框架模型、编码方法和总体解决方案。充分利用已有的量子信息分离与安全对话、建模分析与优化设计，以及密码学和信息系统安全等方面的研究成果，吸收相关领域的前沿研究思想和技术，结合噪声信道下容错的量子隐形传态业务数据和用户需求，将量子隐形传态的研究方法与传统密码学相结合，选择典型的应用为具体研究对象，进行本书的基础理论研究与关键技术设计。具体研究思路如下：

1. 以面向安全的信息保密通信为牵引，开展量子隐形传态特征分析和理论建模研究

本书从安全的信息保密通信需求出发，针对噪声信道下量子隐形传态面临的四个科学问题，开展高保真纠缠量子隐形传态信道框架研究、不同信道中 Bell 态和任意态的量子信息分离、免疫噪声模型的量子隐形传态信道容量研究和噪声信道下容错的量子隐形传态应用，探寻增强量子隐形传态保真度、容量和安全性的途径，为减少噪声干扰，提高量子信息保真度和安全性提供理论支撑。

2. 引入多学科交叉研究视野，研究纠缠演化和信道容量问题

基于噪声信道下量子隐形传态纠缠演化和信息容量问题，引入多学科

交叉研究的开阔视角，运用信息论编码、密码学等多领域的分析方法，建立一种新的高保真纠缠量子隐形传态信道框架和编码方法。

3. 以噪声信道下安全应用为切入点，评估并验证理论模型和关键方法

采用软件仿真和实际系统实验相结合的方式，对理论工作进行评估和验证。首先通过仿真手段进行模型初步验证和修正，然后进一步通过真实环境下的实验进行更具说服力的验证评估，保证理论工作的可信性。

1.4.2 研究内容

噪声与多自由度给量子隐形传态基础理论和应用技术带来了巨大挑战，同时也带来了理论和应用层面产生基础创新的契机。本书注重源头创新，从噪声与多自由度相融合的纠缠演化这个新视角来审视量子隐形传态中免疫模型构建、高亮度纠缠源制备和超 Bell 态测量、信道容量需求关系等基础问题，研究噪声信道下多自由度的远程密集量子隐形传态机理，建立一种新的统一高保真量子隐形传态信道框架，设计高效安全的量子图态级联编码，构建新的量子隐形传态协议，探索量子信息理论在噪声信道下的新发展。

本书从噪声信道下出现的"纠缠死亡"问题和量子体系具有的多自由度特性这个新视角来审视量子隐形传态的关键问题，以"安全量子信道框架构建→量子信息分离→信道容量编码→量子隐形传态协议建立→典型应用设计"为主线，设计了量子隐形传态协议，探索量子隐形传态的新发展。

量子信道框架、量子信道容量和量子隐形传态是本书的核心，各部分内容自下而上，逐步递进。纠缠源的制备与多自由度量子隐形传态实验平台是本书必不可少的工具，这为验证和改善本书研究过程中的四个科学问题提供了相应手段；纠缠量子隐形传态信道框架为隐形传态应用提供了基础。这两部分内容为量子隐形传态提供了设计依据，进一步可进行基于信道框架与信道容量的隐形传态研究。同时，不同的研究内容之间也可以互为促进，比如通过实际系统部署引导机制，可以获得对量子信道与信道容量和隐形传态之间关系更充分的观察，指导理论模型的修正和改善。具体来说，本书开展了以下四个方面的研究，研究内容及相互关系如图 1-1 所示。下面逐一阐述本书的具体研究内容。

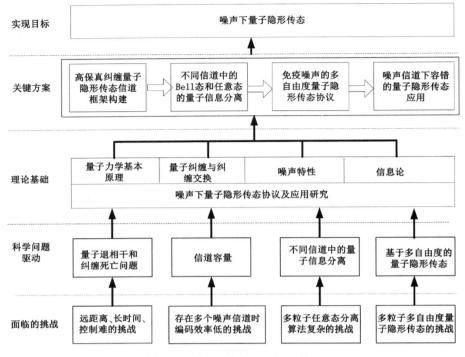

图 1-1　本书研究内容及相互关系

1. 高保真纠缠量子隐形传态信道框架

如何理解噪声信道下引入高保真的纠缠量子隐形传态信道是本书的基础问题。首先分析"纠缠突然死亡"问题和量子退相干的相互关系，进一步构建免疫量子隐形传态信道框架。基于外界环境与系统量子态耦合产生的纠缠特性，研究量子"纠缠突然死亡"和量子退相干性，分析在局域共同模式下不同噪声对纠缠混态纠缠演化的影响，构建开放量子系统密度矩阵的纠缠演化模型；在量子纠缠演化和幺正转换的基础上，分析真实物理系统与环境耦合的噪声特征，研究噪声下多自由度的相干保持态，设计免疫噪声的高保真和高安全性的框架，构建免疫不同噪声的动态切换模型。现有噪声信道的编码方案是在单自由度下完成的简单量子通信，传输效率低下，信道容量达不到远程传输的要求，且成本高。本书通过量子级联编码方法，有效计算噪声信道的量子容量的逼近值，计算速度和信道传输量子信息的噪声容限，由于其计算速度比 Monte Carlo 算法提高了三个数量级，因此使得信道容量利用率达到最高值。

2. 不同信道中的 Bell 态和任意态的量子信息分离

在高保真纠缠量子隐形传态信道框架基础上，根据粒子的不同特性，设计了基于 Bell 态和任意态的量子信息分离方案，通过选择不同的量子信道（比如纠缠态、团簇态、W 态等）对单粒子、两粒子、三粒子进行信息分离，对不同数量粒子通过不同的测量方式，达到高效率、高安全、低成本的量子信息分离过程。首先，利用四粒子纠缠态作为量子信道进行两粒子 Bell 态的量子信息分离。其次，利用五粒子纠缠态作为信道实现任意单粒子、两粒子和四粒子团簇态的量子信息分离，利用两粒子 Bell 态实现任意三粒子态的量子信息分离。最后，对于量子信息分离的过程，在腔量子电动力学中进行了物理实现。

3. 基于多自由度量子隐形传态协议

在免疫噪声模型和高容量的量子信道的基础上，考虑到量子的波长、动量、自旋角动量和轨道角动量等多自由度特性，通过在自旋-轨道角动量自由度下对高亮度纠缠源制备和 Bell 态测量，进行可控身份认证模型设计。考虑到量子物理体系拥有多自由度特性，通过光子在自旋角动量和轨道角动量下量子态的特点，实现多自由度下对高亮度量子纠缠源的制备。基于多自由度的高亮度纠缠源制备的研究，刻画纠缠源制备与 Bell 态测量间的递进关系，研究多自由度下多种测量方法，设计超纠缠 Bell 态基测量、增强局域测量和密集测量模型，实现多自由度下的安全量子隐形传态。

4. 噪声信道下容错的量子隐形传态应用

现有的量子隐形传态只适合理想环境或单量子传输，同时测量技术也是基于单自由度的。例如，通过单自由度进行量子信息分离，通信者之间通过一定的测量、幺正变换和密度矩阵等操作，接收方根据设定的测量基重建原始信息。基于以上研究，本书更进一步设计了两个应用方案，具体包括量子对话和连续变量的量子密钥分发两个问题。

1.4.3　创新点

（1）首次构建了一个统一高保真纠缠量子隐形传态的信道框架，并在此框架下设计了一个纠缠演化的、高效率的、鲁棒的、免疫噪声的量子隐形传态协议，并在此基础上实现了免疫噪声的量子对话和连续变量的量子密钥分发，为噪声信道下量子隐形传态从理论发展到实际应用提供了新思路。

（2）首次提出了运用"级联码"思想构造高利用率多自由度的安全量子图态编码，有效计算噪声信道的量子容量的逼近值、计算速度和信道传态量子信息的噪声容限。

（3）创新性地提出了噪声信道下时间和空间等可控多自由度量子隐形传态协议，分析在时间、空间等多自由度上的分布特征，通过引导自旋-

轨道角动量来调整多自由度需求强度，有效制备高亮度的纠缠源并进行超Bell 态测量，保证多自由度下的高效性。

（4）创新性地构造了在不同信道上 Bell 态和任意态量子信息的分离，为量子对话和量子密钥分发等量子隐形传态应用提供了新的思想。

（5）首次利用量子对话进行量子隐形传输，并实现了连续变量的量子密钥分发，为进一步推动实用化量子隐形传态技术开辟了新的应用领域。

1.5　本书的组织结构

本书共分为 7 章。第 1 章为概述，第 2 章为本书的理论基础知识，第3 至第 6 章为本书的核心研究内容，第 7 章为本书的总结和展望。章节结构安排如下：

第 1 章，概述。通过分析量子通信在网络与信息安全领域中所起的不可代替的作用，阐述了本书研究的背景和意义。对相关研究动态进行分析，提出了一些挑战性的科学问题。最后，介绍本书的创新点和章节安排组织结构。

第 2 章，理论基础。首先介绍了在量子隐形传态中常用的 3 个基本原理，包括：态叠加原理、不确定性原理、不可克隆定理；其次，介绍了量子纠缠和纠缠交换的基本概念、纠缠态和纠缠交换的相关知识；最后，介绍了开放系统的量子噪声特性，包括开放系统的演化过程、测量方法以及量子保真度的衡量。总之，本章为本书第 3 章～第 6 章的相关方案奠定了理论基础。

第 3 章，高保真纠缠量子隐形传态信道框架构建。本章构建了量子纠缠演化模型、免疫噪声模型和噪声下信道容量编码。

第 4 章，不同信道中的 Bell 态和任意态的量子信息分离。本章利用四粒子纠缠态实现了两粒子 Bell 态的量子信息分离，同时利用多种不同纠缠信道实现任意粒子态的量子信息分离。

第 5 章，免疫噪声的多自由度量子隐形传态协议。本章进行高亮度纠缠源的制备并进行测量和编码，对可控的量子隐形传态进行身份认证，描述量子隐形传态过程，对协议的效率进行分析。

第 6 章，噪声信道下容错的量子隐形传态应用。本章实现了量子隐形传态应用，即量子对话和连续变量的量子密钥分发。

第 7 章，总结与展望。本章对全书的研究作一个简要的总结和分析，并阐述现有工作的不足之处和待解决的问题。同时，对下一步工作进行展望。

第 2 章　理论基础

为了理解量子隐形传态协议是怎样工作的，也为了更好地阐述我们的研究工作，本章将介绍基于量子纠缠的隐形传态协议的理论基础知识，包括必备的数学基础、量子力学基本假设与原理、密度矩阵、量子纠缠与纠缠交换原理、开放系统的量子噪声特性等知识，为本书的后续章节奠定良好基础。

2.1　数学基础

线性代数主要的研究对象是向量和向量空间，掌握好线性代数是理解量子力学的基础。

2.1.1　线性代数和矢量空间

对于任意孤立的物理系统都有一个系统状态空间，在线性代数中我们称其为 Hilbert 空间，该空间是整个系统可能的状态的集合，是一个定义了内积的复向量空间。在线性代数中，定义了内积的向量空间被称为内积空间，当一个内积空间具有了完备性（如果一个内积空间 H 中每一个柯西序列都依模收敛于 H 中的一个元素 x，那么 H 就是完备的），就被称为 Hilbert 空间。

量子比特是量子信息的基础，在量子信息论中的地位不言而喻。我们可以使用二维 Hilbert 空间中的一个向量表示量子比特的状态，该向量被称为态矢量，符号记为 $|\cdot\rangle$（右失），其对偶表示为 $\langle\cdot|$（左失）。在一个 n 维矢量空间中，如果存在着一组向量 $|a_1\rangle$，$\cdots$，$|a_n\rangle$，能够使得该空间内的任意向量 $|a\rangle$ 能够被表示为 $|a\rangle = \sum_i c_i |a_i\rangle$ 这样的线性组合，那么这一组向量就被称为一组生成基。如果存在一组复数 c_1，c_2，c_3，$\cdots$，c_n 满足 $c_1|a_1\rangle + c_2|a_2\rangle + \cdots + c_n|a_n\rangle = 0$，且其中 c_1，c_2，c_3，$\cdots$，c_n 不全为 0，则这样的一组向量是线性无关的，且称其为 n 维向量空间中的一组基，一组基包含的向量个数称为向量空间的维数。我们可以使用这样一组基表示该系统内的任意一种量子态，一般一个向量空间可能有很多不同的基。例如，向量

空间 C^2 的一组基为：

$$|v_1\rangle = \begin{bmatrix} 1 \\ 0 \end{bmatrix}, \quad |v_2\rangle = \begin{bmatrix} 0 \\ 1 \end{bmatrix} \tag{2-1}$$

那么 C^2 中的任意向量 $|v\rangle$ 都可以写成

$$|v\rangle = \begin{bmatrix} a_1 \\ a_2 \end{bmatrix} = a_1 |v_1\rangle + a_2 |v_2\rangle \tag{2-2}$$

也可以使用另外一组基表示：

$$|v\rangle = \begin{bmatrix} a_1 \\ a_2 \end{bmatrix} = \frac{a_1 + a_2}{2} |v_3\rangle + \frac{a_1 - a_2}{2} |v_4\rangle \tag{2-3}$$

其中：

$$|v_3\rangle = \frac{1}{\sqrt{2}} \begin{bmatrix} 1 \\ 1 \end{bmatrix}, \quad |v_4\rangle = \frac{1}{\sqrt{2}} \begin{bmatrix} 1 \\ -1 \end{bmatrix} \tag{2-4}$$

2.1.2　矢量相关运算

1. 内积

上一小节中提到定义了内积且满足完备性的向量空间被称为 Hilbert 空间，其中内积是向量空间上的一个二元复数函数。我们可以在态矢量空间中选取任意两个态矢量 $|\alpha\rangle$ 和 $|\beta\rangle$，在某个标准正交基 $|v_i\rangle$ 下，定义它们的内积，记为：

$$c = \langle \alpha | \beta \rangle = \left(\sum_i a_i^* \langle v_i | \right) \left(\sum_i b_i |v_i\rangle \right) = \sum_i a_i^* b_i \langle v_i | v_i \rangle$$

$$= \sum_i a_i^* b_i = [a_1^* \cdots a_i^*] \begin{bmatrix} b_1 \\ \vdots \\ b_i \end{bmatrix} \tag{2-5}$$

其中：$\langle \alpha |$ 表示 $|\alpha\rangle$ 的对偶向量，a_i^* 表示 $|\alpha\rangle$ 在标准正交基 $|v_i\rangle$ 下分解后对应分量的复共轭。我们可以看出，内积运算的结果是一个复数。如果两个向量的内积为 0，我们称两个向量正交。如果两个单位向量对偶，那么其内积为 1。

2. 模与归一化

矢量 $|\alpha\rangle$ 和它自身的内积 $\langle \alpha | \alpha \rangle$ 是一个大于等于零的数，称为矢量 $|\alpha\rangle$ 的模方，记作 $\langle \alpha | \alpha \rangle = |\alpha|^2$。定义 $\| |\alpha\rangle \| = \sqrt{\langle \alpha | \alpha \rangle} = \sqrt{\sum_i |a_i|^2}$，称其为矢量的模。如果 $\| |\alpha\rangle \| = 1$，那么称为单位向量，或者称向量为归一化的。

用矢量自身除以自己的模可以对矢量进行归一化，即

$$|\widehat{\alpha}\rangle = \frac{|\alpha\rangle}{\||\alpha\rangle\|} \tag{2-6}$$

在一组标准正交基下，每个向量都是单位向量，不同向量之间相互正交。

3. 外积

使用 $|\alpha\rangle\langle\beta|$ 表示两个矢量的外积。观察内积的最终结果，我们很容易发现，外积就是一个矩阵。通常外积表示是利用内积表示线性算子的一个有用方法，假设 $|v\rangle$ 是内积空间 V 上的向量，$|w\rangle$ 表示内积空间 W 上的向量，定义 $|w\rangle\langle v|$ 为从 V 到 W 上的线性算子：

$$(|w\rangle\langle v|)(|v'\rangle) = |w\rangle\langle v|v'\rangle = \langle v|v'\rangle|w\rangle \tag{2-7}$$

4. 张量积

张量积是一种扩张向量空间的方法，它将两个或多个向量空间合在一起，从而构成更大的向量空间。假设 M 和 N 是维数分别为 m 和 n 的 Hilbert 空间，$M\otimes N$ 就表示维数为 mn 的向量空间，$M\otimes N$ 中的元素为 M 和 N 的元素的线性组合，如果 M 和 N 的一组标准正交基刚好为 $|i\rangle$ 和 $|j\rangle$，则 $|i\rangle\otimes|j\rangle$ 为 $M\otimes N$ 的一组标准正交基。

对于任意标量 z，m_1，$m_2 \in M$，n_1，$n_2 \in N$，张量积有以下的基本性质：

$$z(|m_1\rangle\otimes|n_1\rangle) = (z|m_1\rangle)\otimes|n_1\rangle = |m_1\rangle\otimes(z|n_1\rangle) \tag{2-8}$$

$$(|m_1\rangle + |m_2\rangle)\otimes|n_1\rangle = |m_1\rangle\otimes|n_1\rangle + |m_2\rangle\otimes|n_1\rangle \tag{2-9}$$

$$|m_1\rangle\otimes(|n_1\rangle + |n_2\rangle) = |n_1\rangle\otimes|m_1\rangle + |n_2\rangle\otimes|m_1\rangle \tag{2-10}$$

更直观地，我们可以从克罗内克积（kronecker product）、张量积的特殊形式去观察，表示为：

$$\begin{bmatrix} a_1 \\ \vdots \\ a_n \end{bmatrix} \otimes \begin{bmatrix} b_1 \\ \vdots \\ b_n \end{bmatrix} = \begin{bmatrix} a_1 \times \begin{bmatrix} b_1 \\ \vdots \\ b_n \end{bmatrix} \\ a_2 \times \begin{bmatrix} b_1 \\ \vdots \\ b_n \end{bmatrix} \\ \vdots \\ a_2 \times \begin{bmatrix} b_1 \\ \vdots \\ b_n \end{bmatrix} \end{bmatrix} = \begin{bmatrix} a_1 b_1 \\ \vdots \\ a_1 b_n \\ a_2 b_1 \\ \vdots \\ a_2 b_n \\ \vdots \\ a_n b_n \end{bmatrix} \tag{2-11}$$

通常对于量子比特，我们定义矩阵表示为：

$$|0\rangle = \begin{bmatrix} 1 \\ 0 \end{bmatrix}, \quad |1\rangle = \begin{bmatrix} 0 \\ 1 \end{bmatrix} \tag{2-12}$$

那么对于任意一对量子比特，两个粒子可以组成四个不重复的量子比特对：$|00\rangle$，$|01\rangle$，$|10\rangle$，$|11\rangle$，它们的张量积可以用矩阵表示如下：

$$|00\rangle = |0\rangle \otimes |0\rangle = \begin{bmatrix} 1 \\ 0 \end{bmatrix} \otimes \begin{bmatrix} 1 \\ 0 \end{bmatrix} = \begin{bmatrix} 1 \\ 0 \\ 0 \\ 0 \end{bmatrix} \tag{2-13}$$

$$|01\rangle = |0\rangle \otimes |1\rangle = \begin{bmatrix} 1 \\ 0 \end{bmatrix} \otimes \begin{bmatrix} 0 \\ 1 \end{bmatrix} = \begin{bmatrix} 0 \\ 1 \\ 0 \\ 0 \end{bmatrix} \tag{2-14}$$

$$|10\rangle = |1\rangle \otimes |0\rangle = \begin{bmatrix} 0 \\ 1 \end{bmatrix} \otimes \begin{bmatrix} 1 \\ 0 \end{bmatrix} = \begin{bmatrix} 0 \\ 0 \\ 1 \\ 0 \end{bmatrix} \tag{2-15}$$

$$|11\rangle = |1\rangle \otimes |1\rangle = \begin{bmatrix} 0 \\ 1 \end{bmatrix} \otimes \begin{bmatrix} 0 \\ 1 \end{bmatrix} = \begin{bmatrix} 0 \\ 0 \\ 0 \\ 1 \end{bmatrix} \tag{2-16}$$

我们可以通过张量积直观地看到量子比特对总体的状态，在多粒子的系统中，总体的系统状态也可以使用张量积来表示。态矢量的张量积的表达形式为 $|\phi\rangle \otimes |\psi\rangle$，一般省略掉张量积符号，简写为 $|\phi\rangle|\psi\rangle$ 或者 $|\psi\rangle|\phi\rangle$。

5. 特征向量与特征值

若存在线性算子 $\hat{A}$，满足 $\hat{A}|\psi\rangle = \lambda|\psi\rangle$（其中 λ 为常数，被称为特征值或本征值），则称 $|\psi\rangle$ 为 $\hat{A}$ 的特征向量（或本征态、本征向量）。$\hat{A}|\psi\rangle = \lambda|\psi\rangle$ 整个式子被称为 $\hat{A}$ 的特征值方程（或本征值方程）。根据代数的基本定理，特征方程的根就是算子 $\hat{A}$ 的特征值，每个算子 $\hat{A}$ 至少有一个对应的特征向量和特征值，算子 $\hat{A}$ 的迹是其特征值之和。一个特征值 λ 对应的本征空间，是以 λ 为特征值的特征向量的集合，本征空间的概念将在后续讲解算子对角化时使用到。

2.1.3 算子及相关概念

1. 线性算子与矩阵

对于两个矢量空间 V 和 W，将 $|v\rangle \in V$ 映射到 $|w\rangle \in W$，将该映射称为算符 $\hat{A}$，表示为：$|w\rangle = \hat{A}|v\rangle$。

如果满足：$\hat{A}(a|v\rangle + b|w\rangle) = a(\hat{A}|v\rangle) + b(\hat{A}|w\rangle)$，则称算符 $\hat{A}$ 为线性算子。

一般若提及某个线性算子定义在某个向量空间 V 上，那么算子 $\hat{A}$ 指的就是 V 到 V 上的映射。此外：

① 恒等算子 I_v：$I_v|v\rangle = |v\rangle$，一般也可以直接使用 I 表示恒等算子；

② 零算子，记作 0，作用为：$0|v\rangle = 0$。

线性算子的基本性质有：

① 两个线性算子之和也是线性的；

② 两个线性算子之积也是线性的，按顺序作用于对应的向量，例如：$(\hat{A}\hat{B})|v\rangle = \hat{A}(\hat{B}|v\rangle)$，且一般 $\hat{A}\hat{B} \neq \hat{B}\hat{A}$。

其实，我们可以通过线性算子的矩阵表示进行更好的理解。事实上，两者是完全等价的。在向量空间 C^n 中，一个向量 $|v\rangle$ 的矩阵表示为 n 维列矩阵，假设是 $m \times n$ 的，是以 A_{ij} 为元素的矩阵 $\boldsymbol{A}$，当 $\boldsymbol{A}$ 对于向量 $|v\rangle$ 作乘积时，就是将 n 维列矩阵变为 m 维列矩阵，相当于将 C^n 中的向量转移到了 C^m 中去。

上边我们看出可以将矩阵视为线性算子，那么同样的，也可以给出线性算子的矩阵表达式。假设向量空间 V 和 W 的一个标准正交基分别为 $\{v_1, v_2, \cdots, v_m\}$ 和 $\{w_1, w_2, \cdots, w_n\}$，定义算子 $\hat{A}$ 是向量空间 V 到向量空间 W 的一个线性算子，对于 $1 \leq j \leq m$，$1 \leq i \leq n$，存在复数 A_{ij} 使得：

$$\hat{A}|v_i\rangle = \sum_i A_{ij}|w_i\rangle \tag{2-17}$$

由满足条件的 A_{ij} 组成的矩阵 $\boldsymbol{A}$，就是线性算子 $\hat{A}$ 的一个矩阵表示。

2. Hermite 算子

假设 $\hat{A}$ 是 Hermite 空间 V 上的一个线性算子，那么在 V 上存在着唯一的线性算子 $\hat{A}^+$，使得 $|v\rangle$，$|w\rangle \in V$ 满足：

$$\langle v|\hat{A}|w\rangle = \langle v|\hat{A}^+|w\rangle \tag{2-18}$$

称算子 $\hat{A}^+$ 为 $\hat{A}$ 的 Hermite 共轭算子或者称为 $\hat{A}$ 的伴随。算子 $\hat{A}$ 的矩阵表示为 $\boldsymbol{A}$，那么 Hermite 共轭运算可以写为：$A^+ = (A^*)^T$，其中 * 表示复共轭，T 表示转置。如果一个算子的 Hermite 共轭仍然是这个算子，那么我们称这个算子为 Hermite 算子或自伴随算子。Hermite 算子有着以下一些重要的性质：

①在任何状态下，Hermite 算子的本征值必为实数；

②在任何状态下，平均值为实数的算子必为 Hermite 算子；

③Hermite 算子属于不同本征值的本征向量彼此正交；

④Hermite 算子的本征向量张起一个完整的矢量空间。

3. 幺正算子

如果算符满足：$\hat{A}\hat{A}^{+}=\hat{A}^{+}\hat{A}=I$，即一个算子的 Hermite 共轭算子与这个算子的逆算子相等，那么我们称这个算子为幺正算子。幺正算子有以下性质：

①如果 $\hat{A}$ 是幺正算子，那么 $\hat{A}^{+}$，A^{-1} 也是幺正算子；

②两个幺正算子的乘积也是幺正算子；

③幺正算子可以保持两个矢量之间的内积不变。

4. 正规算子和谱分解

正规算子的定义为：$\hat{A}\hat{A}^{+}=\hat{A}^{+}\hat{A}$，此时我们称 $\hat{A}$ 为正规算子。Hermite 算子和幺正算子都是正规算子。

当一个算子 $\hat{A}$ 可对角化时，$\hat{A}$ 可以表示为：

$$\hat{A}=\sum_{i}^{n}\lambda_{i}\,|\,i\,\rangle\langle\,i\,|=\begin{pmatrix}\lambda_{1}&0&0&0\\0&\lambda_{2}&0&0\\\vdots&\vdots&\ddots&\vdots\\0&0&0&\lambda_{n}\end{pmatrix} \tag{2-19}$$

其中 $|\,i\,\rangle$ 是 $\hat{A}$ 的本征矢量，该方程也被称为算子 $\hat{A}$ 的谱分解，由 $\hat{A}$ 的本征值构成它的谱。

谱分解定理：当且仅当一个算子是正规的，它才是可以对角化的，且具有正交归一化的本征基矢。

5. 投影算子

投影算子的作用是将一个向量投影到另一个向量的方向上。

假设两个向量分别为 $|\alpha\rangle$ 和 $|\beta\rangle$，将 $|\beta\rangle$ 投影到 $|\alpha\rangle$ 方向上的投影算子定义为：$P_{\alpha}=|\alpha\rangle\langle\alpha|$，投影后的向量为：$P_{\alpha}|\beta\rangle=|\alpha\rangle\langle\alpha|\beta\rangle=\langle\alpha|\beta\rangle|\alpha\rangle$。

6. 对易子与反对易子

对易子定义为：$[A，B]=\hat{A}\hat{B}-\hat{B}\hat{A}$，当 $\hat{A}$ 和 $\hat{B}$ 对易时，$\hat{A}\hat{B}=\hat{B}\hat{A}$，即 $[A，B]=0$；反对易子定义为：$\{A，B\}=\hat{A}\hat{B}+\hat{B}\hat{A}$，当 $\hat{A}$ 和 $\hat{B}$ 反对易时，$\hat{A}\hat{B}=-\hat{B}\hat{A}$，即 $\{A，B\}=0$。

2.2 常用逻辑门

在量子隐形传态的协议中，我们可以通过量子计算的语言，也就是借助量子逻辑门和逻辑线路来对系统的变化进行描述。我们下面介绍一些常用的量子逻辑门。

2.2.1 单比特量子门

根据态叠加原理（见后面 2.3.2 节），单量子比特在基 {0，1} 下可以表示为：

$$|v\rangle = a_1|0\rangle + a_2|1\rangle (a_1^2 + a_2^2 = 1) \tag{2-20}$$

其矩阵表示为：

$$|v\rangle = \begin{bmatrix} a_1 \\ a_2 \end{bmatrix} \tag{2-21}$$

那么改变单比特量子状态可以理解成改变这个矩阵的形式，从矩阵的基础知识我们知道要改变这个矩阵，就需要左乘一个 2×2 的方阵。同时为了保证满足归一化条件 $(a_1^2 + a_2^2 = 1)$，就需要利用到之前幺正变换的一个性质：幺正变化不会改变向量的内积。所以这个 2×2 的方阵必须是一个幺正变换。常用的量子逻辑门有：

（1）H 门（Hadamard 门）。

H 门的矩阵形式为：

$$\boldsymbol{H} = \frac{1}{\sqrt{2}} \begin{bmatrix} 1 & 1 \\ 1 & -1 \end{bmatrix} \tag{2-22}$$

H 门的作用是将基 {0，1} 和基 {+，−} 相互转换：

$$\boldsymbol{H}|0\rangle = |+\rangle, \quad \boldsymbol{H}|1\rangle = |-\rangle \tag{2-23}$$

其中：

$$|+\rangle = \frac{1}{\sqrt{2}}(|0\rangle + |1\rangle), \quad |-\rangle = \frac{1}{\sqrt{2}}(|0\rangle - |1\rangle) \tag{2-24}$$

计算易知，$\boldsymbol{H}^2|\alpha\rangle = |\alpha\rangle$。

（2）Pauli 矩阵。

Pauli-X 门的作用是对量子比特进行逻辑非操作，一般记为 σ_x，矩阵表示为：

$$\boldsymbol{X} = \begin{bmatrix} 0 & 1 \\ 1 & 0 \end{bmatrix} \tag{2-25}$$

经 X 门作用后，$\boldsymbol{X}|v\rangle = a_2|0\rangle + a_1|1\rangle$。

Pauli-Y 门的作用是对量子比特进行多逻辑非操作，在 Bloch 球面下将目标量子位绕 Y 轴旋转 180°，一般记为 σ_Y，矩阵表示为：

$$\boldsymbol{Y} = \begin{bmatrix} 0 & -i \\ i & 0 \end{bmatrix} \tag{2-26}$$

经 Y 门作用后，$\boldsymbol{Y}|v\rangle = \mathrm{e}^{\frac{i\pi}{2}}(a_1|1\rangle - a_2|0\rangle)$。我们通常也会使用 $-i\sigma_Y$

作为一个变换，这种写法也会更容易理解：$-i\boldsymbol{Y}|v\rangle = a_2|0\rangle - a_1|1\rangle$。其作用是将 $|1\rangle$ 变为 $|0\rangle$，将 $|0\rangle$ 变为 $-|1\rangle$。

Pauli-Z 门的作用是对量子比特做相位变换，一般记为 σ_Z，矩阵表示为：

$$\boldsymbol{Z} = \begin{bmatrix} 1 & 0 \\ 0 & -1 \end{bmatrix} \tag{2-27}$$

经 Z 门作用后，$\boldsymbol{Z}|v\rangle = a_1|0\rangle - a_2|1\rangle$。

剩下一个 Pauli-I 门，为恒等变换，矩阵表示为单位矩阵。

（3）S 门。

S 门属于相位门，本质是改变量子位状态的相位，它的作用是操作目标量子位，使其状态绕 Bloch 球面的 Z 轴逆时针旋转 90°。矩阵表示为：

$$\boldsymbol{S} = \begin{bmatrix} 1 & 0 \\ 0 & i \end{bmatrix} \tag{2-28}$$

经 S 门作用后，$\boldsymbol{S}|v\rangle = a_1|0\rangle + i\,a_2|1\rangle$。

（4）T 门。

T 门也属于相位门，作用是操作目标量子位，使目标量子位的状态绕 Bloch 球面的 Z 轴逆时针旋转 45°。矩阵表示为：

$$\boldsymbol{T} = \begin{bmatrix} 1 & 0 \\ 0 & e^{\frac{i\pi}{4}} \end{bmatrix} \tag{2-29}$$

经 T 门作用后，$\boldsymbol{T}|v\rangle = a_1|0\rangle + e^{\frac{i\pi}{2}} a_2|1\rangle$。

2.2.2 多比特量子门

（1）受控非门（CNOT 门）。

CNOT 门应该是使用最多的双量子比特门，该量子门需要两个输入，一个作为控制位，另一个为目标位（靶位）。假设控制位量子位为 $|x\rangle$，目标位为 $|y\rangle$，其实现线路如图 2-1 所示。

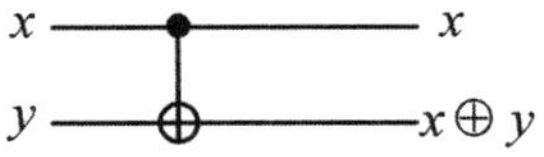

$$
\begin{array}{l}
x \;\;\text{———}\bullet\text{———}\;\; x \\
\qquad\quad|\\
y \;\;\text{———}\oplus\text{———}\;\; x \oplus y
\end{array}
$$

图 2-1　CNOT 门实现线路

它的矩阵表示为：

$$\text{CNOT} = \begin{bmatrix} 1 & 0 & 0 & 0 \\ 0 & 1 & 0 & 0 \\ 0 & 0 & 0 & 1 \\ 0 & 0 & 1 & 0 \end{bmatrix} \tag{2-30}$$

经 CNOT 门作用后，其结果为 $\mathrm{CNOT}\,|xy\rangle = |x\rangle\,|x \oplus y\rangle$，其中 $\oplus$ 表示模二加运算。

（2）交换门（SWAP）。

顾名思义，交换门就是将第一位量子比特和第二位量子比特位置互换。实现线路如图 2-2 所示。

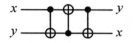

图 2-2　SWAP 门实现线路

它的矩阵表示为：

$$\mathrm{SWAP} = \begin{bmatrix} 1 & 0 & 0 & 0 \\ 0 & 0 & 1 & 0 \\ 0 & 1 & 0 & 0 \\ 0 & 0 & 0 & 1 \end{bmatrix} \tag{2-31}$$

（3）Toffoli 门。

Toffoli 门是常见的三量子比特门之一，当且仅当第一位和第二位都处于量子态 $|1\rangle$ 时，才对第三位量子比特执行翻转操作。简单来说，就是拥有了两个控制位。Toffoli 门的实现线路如图 2-3 所示。

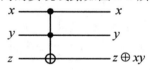

图 2-3　Toffoli 门实现线路

矩阵表示为：

$$\mathrm{Toffoli} = \begin{bmatrix} 1 & 0 & 0 & 0 & 0 & 0 & 0 & 0 \\ 0 & 1 & 0 & 0 & 0 & 0 & 0 & 0 \\ 0 & 0 & 1 & 0 & 0 & 0 & 0 & 0 \\ 0 & 0 & 0 & 1 & 0 & 0 & 0 & 0 \\ 0 & 0 & 0 & 0 & 1 & 0 & 0 & 0 \\ 0 & 0 & 0 & 0 & 0 & 1 & 0 & 0 \\ 0 & 0 & 0 & 0 & 0 & 0 & 0 & 1 \\ 0 & 0 & 0 & 0 & 0 & 0 & 1 & 0 \end{bmatrix} \tag{2-32}$$

2.3　量子力学基本原理

量子隐形传态的核心理论是量子力学，下面简单介绍与本书相关的几个量子力学的基本原理。

2.3.1　不确定性原理

该原理的启发式论述最先是由 W. Heisenberg 于 1927 年提出的，他希望能够成功地定性分析与描述简单量子实验的物理性质[116]。基于对易关系的不确定关系式最早是由 H. P. Robertson 于 1929 年推导出的[117]。这里引用文献［118］中的表述：两个可观测量 A 和 B 的不确定度关系式为：

$$\Delta(A)\Delta(B) \geqslant \frac{1}{2}|\bar{C}| \tag{2-33}$$

其中 $\Delta(A)$ 和 $\Delta(B)$ 分别表示在给定量子态 $|\psi\rangle$ 时可观测量 A 和 B 的不确定度（方均根偏差），即 $\Delta(A) = \sqrt{\langle\psi|A^2|\psi\rangle - \langle\psi|A|\psi\rangle^2}$，$\Delta(B) = \sqrt{\langle\psi|B^2|\psi\rangle - \langle\psi|B|\psi\rangle^2}$；$C$ 是 A 与 B 的厄米对易式，即 $C = i[B, A]$，$\bar{C}\langle\psi|C|\psi\rangle$。

根据不确定性原理，在给定量子态 $|\psi\rangle$ 下，两个不对易的可观测量，一般说来，不能同时具有确定值。但也有特殊的情况，如果量子态满足：

$$\bar{C} = \langle\psi|C|\psi\rangle \tag{2-34}$$

则可观测量 A 和 B 可以同时具有确定值[118]。

2.3.2　态叠加原理

数学中的叠加原理表明，线性方程的任意几个解的线性叠加依然是原方程的解。由于 Schrödinger 方程是线性方程，同样满足叠加原理，在量子力学中称为态叠加原理[119]。设相互正交的量子态 $|\varphi_i\rangle(i = 1, 2, \cdots, n)$ 是量子系统可能的状态，则它们的叠加态 $|\psi\rangle$ 可以表示为：

$$|\psi\rangle = \sum_i c_i|\phi\rangle \tag{2-35}$$

其中 $c_i = \langle\varphi_i|\psi\rangle$，表示测量叠加态 $|\psi\rangle$ 时，得到正交态 $|\varphi_i\rangle$ 的概率幅，且满足 $\sum_i |c_i|^2 = 1$。

量子态的叠加性是量子信息学中非常重要的一个性质，其中量子计算中的量子并行性、量子态的相干性等性质都依赖于量子态的叠加性。

2.3.3　量子不可克隆定理

基于量子态的叠加原理，W. K. Wootters 和 W. H. Zurek 于 1982 年提出了量子不可克隆定理[120]，即一个未知的量子态不可能被完全精确地被克隆。该文献［120］是以光子的偏振态为例来证明的，本书引用了文献［121］中的证明。设 $|\psi\rangle$ 是一个未知的量子态，假设存在一个物理过程 U可以完全精确地克隆它，即：

$$U(|\psi\rangle|0\rangle) \longrightarrow |\psi\rangle|\psi\rangle \qquad (2\text{-}36)$$

这一过程与量子态 $|\psi\rangle$ 无关。对于任意的量子态 $|\varphi\rangle \neq |\psi\rangle$，也有：

$$U(|\phi\rangle|0\rangle) \longrightarrow |\phi\rangle|\phi\rangle \qquad (2\text{-}37)$$

对于量子态 $|\varphi\rangle = \dfrac{1}{\sqrt{2}}[|\psi\rangle + |\phi\rangle]$，有：

$$U(|\varphi\rangle|0\rangle) = U\left(\frac{1}{\sqrt{2}}(|\psi\rangle + |\phi\rangle)|0\rangle\right) \longrightarrow \frac{1}{\sqrt{2}}(|\psi\rangle|\psi\rangle + |\phi\rangle|\phi\rangle)$$

$$\neq |\varphi\rangle|\varphi\rangle \qquad (2\text{-}38)$$

其结果不是量子态 $|\phi\rangle$ 的克隆，所以假设不成立，这样的物理过程不存在。

虽然量子不可克隆定理证明了未知的量子态不可以被精确地克隆，但在某些特殊情况下的量子态是可以被克隆的。H. P. Yuen 证明[122]：如果用一个酉变换表示复制过程，当且仅当两个量子态正交时，它们才可以被同一个复制过程克隆。前面的两个结论都是针对纯态而言的，对于混合态，H. Barnum 等[123]提出了量子不可播送定理（no-broadcasting theorem）。

2.4　密度矩阵

在量子力学中，叠加态和混合态不一样，叠加态属于纯态，能够用波函数或向量直接描述，但是混合态不能，只能通过密度矩阵来对其进行描述。密度矩阵是量子力学中十分有用的工具，它相比于态矢量能够带来更多的信息。

假设一个系统以 P_i 的概率处于 $|\psi_i\rangle$ 的状态下，我们称 $\{P_i, |\psi_i\rangle\}$ 是纯态的一个系综，系统的密度矩阵定义为：

$$\boldsymbol{\rho} = \sum_i P_i |\psi_i\rangle\langle\psi_i| \qquad (2\text{-}39)$$

当系统是纯态时，P_i 仅有唯一的取值且 $P_i = 1$，此时纯态可以由密度矩阵 $\boldsymbol{\rho} = |\psi\rangle\langle\psi|$ 来表示。

密度矩阵的性质：

①密度矩阵的迹为 1；

②密度矩阵是一个 Hermite 矩阵；

③密度矩阵是一个半正定矩阵；

④对于纯态 tr $(\boldsymbol{\rho}^2)$ = tr$\boldsymbol{\rho}$ = 1，对于混合态 tr $(\boldsymbol{\rho}^2)$ < 1（区分纯态和混合态的重要手段）。

我们并不会总是研究单一系统，当我们研究的系统是复合系统中的子系统时，我们需要用到约化密度矩阵。假设子系统为 A，外界系统为 B，整个系统的状态可以使用密度矩阵 $\boldsymbol{\rho}^{AB}$ 来描述，我们将需要研究的子系统的约化密度矩阵定义为 $\boldsymbol{\rho}^A = \mathrm{tr}_B(\boldsymbol{\rho}^{AB})$。其中 tr_B 是一个算子映射，称为在系统 B 上的偏迹。

假设系统 A 内的两个矢量为 a_1，a_2，系统 B 内的两个矢量为 b_1，b_2，我们可以将偏迹定义为：

$$\mathrm{tr}_B(|a_1\rangle\langle a_2|)\otimes|b_1\rangle\langle b_2| = |a_1\rangle\langle a_2|\,\mathrm{tr}_B(|b_1\rangle\langle b_2|) \qquad (2\text{-}40)$$

其中 $\mathrm{tr}_B(|b_1\rangle\langle b_2|) = \langle b_2|b_1\rangle$。

2.5 量子纠缠与纠缠交换

系统中粒子所拥有的特性会成为整个复合物理系统的性质，再也不能单独地描述各个子系统的性质，这种现象称为量子纠缠[124]。

量子纠缠的现象最早由 A. Einstein，B. Podolsky 和 N. Rosen 于 1935 年描述的[125]，在文献［125］中他们讨论了拥有两个自由粒子的系统纠缠态，并提出了著名的 EPR 佯谬。"纠缠"的术语最早由 E. Schr¨odingerger 给出[126]。20 世纪 50 年代，D. Bohm 提出了隐变量理论，并在他的书[127] 中，以自旋 $h/2$ 粒子组成的 2 粒子系统为例，讨论了 EPR 佯谬。在量子纠缠提出后的几十年中，以 Einstein 为首的一方和以 Bohr 为首的另一方，就量子力学的完备性展开了激烈的争论，但争论局限于认识论和哲学的范畴[91]。1964 年，J. S. Bell 基于局域隐变量理论，分析了 EPR 佯谬的 Bohm 形式，并得出了著名的 Bell 不等式[29]。1969 年，J. F. Clauser 等分析了两个粒子的自旋沿 4 个不同方向的分量之间的关联，得出了类似 Bell 不等式的 CHSH 不等式[128]。相比于 Bell 不等式，CHSH 不等式更实用于实验比较。1982 年，A. Aspect 等[129]首次从实验上验证了 CHSH 不等式在量子世界被违背，所得的实验结果与量子力学的预期一致。随后大量的实验也证明 CHSH 不等式被违背[130]。在量子密码学领域，量子纠缠被当作一种新的资源用来完成经典世界中难以完成的任务。

2.5.1 量子纠缠

虽然量子纠缠的概念在 1935 年就被提出，但直到 1989 年 R. F. Werner 才首次从数学上给出了量子纠缠较完整的刻画[131]。由于 Werner 的描述较为复杂，这里引用文献 [132] 中的定义。首先给出两体纯态纠缠的定义。

对于一个两体纯态 $|\psi\rangle \in H_{AB}$，如果存在量子态 $|\phi_A\rangle \in H_A$ 和 $|\phi_B\rangle \in H_B$，使得：

$$|\psi\rangle = |\phi^A\rangle \otimes |\phi^B\rangle \qquad (2\text{-}41)$$

则称量子态 $|\psi\rangle$ 为一个直积态或者可分的，否则就称量子态 $|\psi\rangle$ 是纠缠的。

如果一个量子系统处于直积态，则构成它的量子子系统彼此无关，而且这个量子可以通过分开制备。但量子纠缠态却不能分开制备，并且有很多奇特而有趣的性质。以下面的 Bell 态为例：

$$|\psi^+\rangle = |\beta_{01}\rangle = \frac{1}{\sqrt{2}}(|01\rangle + |10\rangle) \qquad (2\text{-}42)$$

当由两个粒子 A 和 B 构成的复合系统处于该量子态时，该系统具有下列性质[133]：

（1）粒子 A 和 B 所处的子系统处于完全混合态。

（2）当对粒子 A 进行测量时，若测得粒子 A 的状态为 $|1\rangle$，则粒子 B 必定处于 $|0\rangle$ 态；当粒子 A 的状态为 $|0\rangle$ 时，则粒子 B 必定处于 $|1\rangle$ 态。即粒子 A 和 B 总是处于相反的状态中。

2.5.2 混合态纠缠定义

采用和纯态时相同的思想，根据一个混合态是否可以分开制备，可以给出混合态可分和纠缠的定义[131-132]。

设 ρ 为一个符合系统的密度算子，如果存在处于 A 系统的量子态 ρ_A 和处于 B 系统的量子态 ρ_B，使得：

$$\rho = \rho^A \otimes \rho^B \qquad (2\text{-}43)$$

则称量子态 ρ 是一个直积态。如果存在一组权值 $p_i(\sum_i p_i = 1)$ 和一组直积态 $\rho_i^A \otimes \rho_i^B$，使得：

$$\rho = \sum_i p_i \rho_i^A \otimes \rho_i^B \qquad (2\text{-}44)$$

则称量子态 ρ 是可分的，否则就称量子态 ρ 是纠缠的。

从物理上讲，上面的定义描述了三种情况。首先，一个直积态是一个无关联的量子态，系统 A 和系统 B 各自拥有一个分离的量子态。对于非直积态，存在两种不同的关联。可分态是经典关联的。Alice（系统 A 的拥有者）和 Bob（系统 B 的拥有者）可以通过经典通信协商出生成结果 i 的权值 p_i。对于每个结果 i，他们可以通过局部操作的方式生成量子态 $\rho_i^A \otimes \rho_i^B$。这样就生成了量子态 $\rho = \sum_i p_i \rho_i^A \otimes \rho_i^B$。这个过程没有用到量子力学的理论，只涉及经典关联中的概念。然而，如果一个量子态是纠缠的，则不能用上面描述的过程来生成。从这个意义上讲，量子纠缠是量子力学的典型特征[132]。

2.5.3 多体量子态纠缠定义

下面首先给出多体量子纯态可分和纠缠的定义，然后据此给出混合态可分和纠缠的定义。

设 $|\psi\rangle$ 为一个 N 体量子纯态，如果对第 i 个子系统，存在纯态 $|\phi_i\rangle$，使得：

$$|\psi\rangle = \bigotimes_{i=1}^{N} |\phi_i\rangle \tag{2-45}$$

则称量子态 $|\psi\rangle$ 是完全可分的。如果一个量子纯态不是全可分的，则它包含某种形式的纠缠。这分两种情况讨论。如果存在一个划分，可以把 N 个子系统分成 $m(1 < m < N)$ 份：P_1，P_2，…，P_m，使得：

$$|\psi\rangle = \bigotimes_{i=1}^{m} |\phi P_i\rangle \tag{2-46}$$

则称量子态 $|\psi\rangle$ 是 m – 可分的。如果一个量子态既不是全可分的又不是 m – 可分的，则称这个量子态是真正纠缠的。对于一个混合态 ρ，如果它可写成完全可分量子纯态的凸组合的形式，即：

$$\rho = \sum_k p_k \rho_k^1 \otimes \rho_k^2 \otimes \cdots \otimes \rho_k^N \tag{2-47}$$

则称混合态 ρ 是完全可分的。类似地，如果一个混合态可以写成 m – 可分纯态的凸组合形式，则称这个混合态是 m – 可分的。

2.5.4 纠缠交换

纠缠交换是量子纠缠的一个非常重要的性质，可以使相隔较远处于相互独立纠缠源的两个量子系统之间建立纠缠关系。这是一种独特的量子效应，在经典世界中没有与之相对应的理论。

设有两对纠缠粒子，粒子 1 和粒子 2 共享 Bell 态 $|\phi^+\rangle_{12}$，粒子 3 和粒子 4 共享 Bell 态 $|\phi^+\rangle_{34}$。它们组成复合系统 $|\phi^+\rangle_{12} \otimes |\phi^+\rangle_{34}$，可以改写成：

$$|\phi^+\rangle_{12}|\phi^+\rangle_{34} = \frac{1}{2}(|\phi^+\rangle_{23}|\phi^+\rangle_{14} + |\phi^-\rangle_{23}|\phi^-\rangle_{14} + |\psi^+\rangle_{23}|\psi^+\rangle_{14}$$

$$+ |\psi^-\rangle_{23}|\psi^-\rangle_{14}) \tag{2-48}$$

如果对粒子 2 和粒子 3 进行联合 Bell 态测量，则这 4 个粒子以 1/4 的等概率塌缩至 $|\phi^+\rangle_{23}|\phi^+\rangle_{14}$，$|\phi^-\rangle_{23}|\phi^-\rangle_{14}$，$|\psi^+\rangle_{23}|\psi^+\rangle_{14}$ 或 $|\psi^-\rangle_{23}|\psi^-\rangle_{14}$。即粒子 1 和粒子 4 纠缠，粒子 2 和粒子 3 纠缠，从而实现了纠缠交换。

如果初始的粒子处于其他 Bell 态，也可以得到类似的结果。此外，也可以把两对 Bell 态之间的纠缠交换推广到多对 Bell 态之间的纠缠交换[134]。

2.6　开放系统的量子噪声特性

噪声已成为影响量子对话安全性和准确性的一个决定性的因素，实用的量子信道大多数是光纤，而光纤具有双折射的波动性，由于光子旅行的时间窗比噪声源变化短，因此，光子在量子信道中传输的时候往往会受到噪声的影响。

2.6.1　开放系统

对于一个封闭量子系统[135-136]，系统哈密顿量为 H，则系统量子态的演化是幺正的：

$$|\Psi(0)\rangle \xrightarrow{U(t)} |\Psi(0)\rangle = U(t)|\Psi(0)\rangle, \quad U^\dagger(t)U(t) = 1 \tag{2-49}$$

如果 H 不显含时间，则 $U(t) = \mathrm{e}^{-iHt/h}$。但对于一个开放的量子系统，以上公式不再适用，需要应用新的方法来讨论它的演化。

假设系统 A 和环境 B 构成一个封闭的系统——总系统，系统和环境的哈密顿量分别是 HA 和 HE，初始时刻它们的密度算符分别是 ρ_A 和 $|0\rangle_E\langle 0|$。总系统的演化过程为幺正演化，可表示为：

$$\rho_A \otimes |0\rangle_E\langle 0| \xrightarrow{U_{AE}(t)} U_{AE}(t)(\rho_A \otimes |0\rangle_E\langle 0|)U_{AE}^\dagger(t) \tag{2-50}$$

式中的 $U_{AE}(t)$ 是总系统演化的幺正算符。设环境的希尔伯特空间中有一组正交完备基 $\{|\mu\rangle_E\}$，通过对环境取迹，则系统的演化可表示为：

$$
\begin{aligned}
\rho_A \xrightarrow{\$} \rho_A' &= \mathrm{tr}_E\left[U_AE(t)(\rho_A \otimes |0\rangle_E\langle 0|)U_{AE}^\dagger(t)\right] \\
&= \sum_\mu {}_E\langle \mu | U_{AE}(t)|0\rangle_E\rho_A\langle 0| U_{AE}^\dagger(t)|u\rangle_E \\
&= \sum_\mu M_\mu \rho_A M_\mu^\dagger
\end{aligned}
\tag{2-51}
$$

式中，$M_{\mu} = {}_E\langle \mu \mid U_{AE} \mid 0\rangle_E$，满足：

$$\sum_{\mu} M_{\mu}^{\dagger} M_{\mu} = \sum_{\mu} \langle 0 \mid U_{AE}^{\dagger} \mid \mu\rangle_{EE}\langle \mu \mid U_{AE} \mid 0\rangle_E = {}_E\langle 0 \mid U_{AE}^{\dagger} U_{AE} \mid 0\rangle_E = I_A$$

(2-52)

M_{μ} 称为 Kraus 算符，而映射 $ 称为超算符。

2.6.2 测量方法

如何从开放系统中提取量子态信息？这需要对该系统进行测量。量子测量由一组测量算子 $\{M_m\}$ 描述，这组算子满足完备性方程：

$$\sum_m M_m^{\dagger} M_m = I$$

(2-53)

其中，指标 m 表示可能出现的测量结果。设测量前量子系统的状态为 $\mid\psi\rangle$，结果 m 发生的可能性由

$$p(m) = \langle\psi \mid M_m^{\dagger} M_m \mid\psi\rangle$$

(2-54)

给出，测量后系统的状态为：

$$\frac{M_m \mid\psi\rangle}{\sqrt{\langle\psi \mid M_m^{\dagger} M_m \mid\psi\rangle}}$$

(2-55)

完备性方程说明，对所有 $\mid\psi\rangle$，测量所得结果的概率和为 1：

$$\sum_m p(m) = \sum_m \langle\psi \mid M_m^{\dagger} M_m \mid\psi\rangle = 1$$

(2-56)

上面所描述的测量称为一般测量。在量子密码学中常用的是下面将要介绍的投影测量和正定算子值测量（positive operator-valued measure，POVM）[137]。

1. 投影测量

投影测量可以用被测量状态空间中的一个可观测量 Hermite 算子 M 来刻画。M 具有谱分解形式：$M = \sum_m m P_m$，其中 m 是可观测量 M 的特征值，P_m 是对应于特征值 m 的投影子空间。若对应于 m 的特征矢量为 $\mid\xi m\rangle$，则 $P_m = \mid\xi m\rangle\langle\xi m\mid$。测量可能得到的结果对应于特征值 m。若测量前量子系统的状态为 $\mid\psi\rangle$，测量得到结果 m 的概率为：

$$p(m) = \langle\psi \mid P_m \mid\psi\rangle$$

(2-57)

测量后该系统的状态为：

$$\frac{P_m \mid\psi\rangle}{\sqrt{p(m)}}$$

(2-58)

事实上，当同时考虑量子力学的其他公理时，投影测量加上酉操作完全等价于一般测量。

2. POVM 测量

如果在某些应用中，只关注测量系统后得到不同结果的概率，而不关心测量后系统的状态，POVM 测量就特别适用。

POVM 测量由一组称为 POVM 元的半正定算子 $\{E_m\}$ 描述。同样，这组算子满足完备性方程：

$$\sum_m E_m = 1 \qquad (2\text{-}59)$$

在系统状态 $|\psi\rangle$ 上测量得到结果 m 的概率为：

$$p(m) = \langle \psi | E_m | \psi \rangle \qquad (2\text{-}60)$$

在一般测量中，如果定义 $E_m = M_m^\dagger M_m$，即可得到 POVM 测量。

2.6.3 量子保真度

在量子通信中，由于噪声等因素的影响，量子态在传输的过程中可能会发生变化。为了描述传输前后两个量子态之间的接近程度，需要引入量子保真度（fidelity）的概念。

两个量子态 ρ 和 σ 之间的保真度定义为[138]：

$$F(\rho, \sigma) = \mathrm{tr}\sqrt{\rho^{1/2}\sigma\rho^{1/2}} \qquad (2\text{-}61)$$

量子保真度用来度量两个量子态之间的接近程度，如果保真度的值越靠近 1，说明这两个量子态越接近。下面给出两种特殊情况下量子态的保真度。

若两个量子态 ρ 和 σ 的密度矩阵是对易的，说明它们可以同时对角化，且在同一组标准正交基 $|i\rangle$ 下，这两个密度矩阵可以表示为：

$$\rho = \sum_i r_i |i\rangle\langle i|, \ \sigma = \sum_i s_i |i\rangle\langle i| \qquad (2\text{-}62)$$

它们的保真度为：

$$F(\rho, \sigma) = \mathrm{tr}\sqrt{\sum_i r_i s_i |i\rangle\langle i|} = \mathrm{tr}\left(\sum_i \sqrt{r_i s_i}|i\rangle\langle i|\right) = \sum_i \sqrt{r_i s_i} = F(r_i, s_i)$$

$$(2\text{-}63)$$

此时，这两个量子态之间的保真度还原成以它们的密度矩阵的特征值 r_i 和 s_i 为概率分布的经典保真度。另一个特殊情况是计算纯态 $|\psi\rangle$ 和任意量子态 ρ 之间的保真度：

$$F(|\psi\rangle, \rho) = \mathrm{tr}\sqrt{\langle\psi\rho|\psi\rangle|\psi\rangle\langle\psi|} = \sqrt{(\langle\psi|\rho|\psi\rangle)} \qquad (2\text{-}64)$$

由此可以得出，两个纯态 $|\psi\rangle$ 和 $|\phi\rangle$ 之间的保真度为它们内积的模 $|\langle\psi|\varphi\rangle|$。

2.7　本章小结

本章在 2.1 节中介绍了在量子隐形传态中常用的 3 个基本原理，包括：态叠加原理、不确定性原理、不可克隆定理；2.2 节介绍了量子纠缠和纠缠交换的基本概念、纠缠态以及纠缠交换的相关知识；2.3 节介绍了开放系统的量子噪声特性，包括开放系统的演化过程、测量方法以及量子保真度的衡量，为后面提出的第 3 章、第 4 章、第 5 章、第 6 章相关方案奠定了理论基础，指导和支撑了高保真纠缠量子隐形传态信道框架构建、不同信道中的 Bell 态和任意态的量子信息分离、免疫噪声的可控多自由度量子隐形传态协议设计和应用方案。

第 3 章　高保真纠缠量子隐形传态信道框架构建

　　真实的物理系统是一个半开放的系统，当真实物理系统与环境相互耦合时，不仅存在量子态退相干问题，还存在"纠缠死亡"问题。这几乎是不可避免的问题，但又不得不克服这个障碍，这对量子隐形传态任务来说是一个非常大的威胁。发现抗噪声的研究主要包括利用纠缠纯化、单量子拒错来克服量子态退相干效应和"纠缠死亡"问题。纠缠纯化是从混合系统中提取出最大纠缠态，需要消耗大量的量子资源[14]；而单量子拒错虽然需要少量的量子资源，但是只是概率地完成拒错[15-16]。总之，两者为减少或消除噪声的影响，均引入了辅助粒子来降低噪声引起的量子态退相干和纠缠死亡的概率。由于量子隐形传态过程中需要消耗大量的量子资源，不可避免地降低了信道容量，无法满足远程的量子隐形传态需要，且免疫模型只能解决单一孤立系统中的局域噪声问题，因此，构建基于多自由度特性与几种共同噪声影响下的纠缠演化特征、噪声特征、纠缠测度特征的量子纠缠演化模型，刻画在局域独立和局域共同两种模式下不同量子噪声信道系统的纠缠演化模型，找到纠缠突然死亡发生的原因，控制量子系统的纠缠演化，了解噪声对系统纠缠演化的影响，构建实时性和自适应性的动态切换免疫噪声模型，使得量子纠缠在应用过程中得到最大限度保持，将为量子隐形传态过程中维持最大纠缠态提供有力的理论支撑。

　　传统的基于噪声信道的编码方法是，在时间、空间或者频率单自由度下进行的单一操作，发送方（Alice）和接收方（Bob）在控制方（Charlie）的测量下，引入辅助粒子并构造幺正变换矩阵，纯化量子信道，以一定的概率实现密集编码和量子纠错码。接收方无法完全区分进行量子编码操作。通过对不同级联码信道容量的计算分析，得到不同噪声信道中各种级联码的相干信息、信道容量的逼近值和在信道上传输的量子信息噪声容限，并分析在不同参数信道中不同的级联码的独立的两个原子系统和两个三能级原子系统纠缠随时间演化的特性，来设计"纠缠死亡"发生时与共同模式下不同的噪声对纠缠态的纠缠演化特性的影响，特别是当量子信道受局域共同量子噪声环境影响时，非常准确地刻画纠缠突然死亡和复活的过程，从而构建基于密度矩阵和基于 DFS 联合噪声的免疫模型。最后，提出基于图态基的方法对树图和森林图进行多自由度下的量子图态编码，并分析相干性信息和信道容量，从而得到不同噪声信道在该编码的多信道相干信息，有效计算噪声信道量子容量的逼近值、计算速度和信道传态量子信息的噪声容限，从而得到在不同噪声信道中和在几种共同下噪声信道中可传输量子信息的区域，有效提高信道容量。本章的组织结构如图3-1 所示。

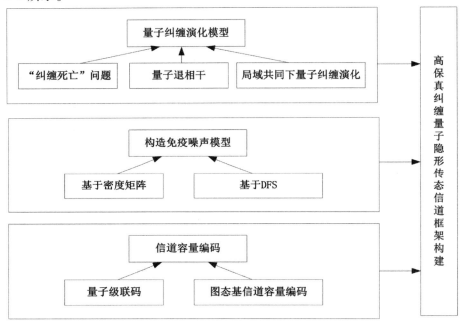

图 3-1　高保真纠缠量子隐形传态信道框架构建组织结构

3.1　量子纠缠演化模型建立

基于外界环境与系统量子态耦合产生的纠缠特性，研究量子纠缠突然死亡和量子退相干性，分析在局域独立和局域共同模式下不同噪声对纠缠混态纠缠演化的影响，是构建开放量子系统下的纠缠演化模型的核心。

3.1.1　"纠缠死亡"问题刻画

真实物理系统是一个半开放的系统，当物理系统与外界环境耦合时，会造成系统中的态与环境中的态产生纠缠，量子系统不再是理想的真空系统，相互之间的耦合演化也不再是幺正和可逆的，不再遵从 Schrönger 方程。使得系统的相干性逐渐衰减，无法保持。与此同时，与量子相关性关联的量子纠缠，也会出现衰减，甚至突然出现"纠缠死亡"的问题，从而降低了量子隐形传态的服务质量。本节我们从两个方面刻画纠缠随时间的演化特性，寻找出"纠缠死亡"的原因，为建立量子纠缠演化模型奠定基础。

3.1.1.1　相互独立的两个系统纠缠演化特性刻画

我们假设有一个处于双模腔[139]的原子 Ω_1 和一个处于腔外的孤立原子 Ω_2，如果原子和腔相互作用的时间远小于腔的最大寿命（腔消耗导致的退相干效应可以忽略不计），则在旋波近似下，原子和场的哈密顿量我们写成：

$$|H\rangle = \sigma_+ ag + \sigma_- a^+ g = (\sigma_+ a + \sigma_- a^+)g \quad (\hbar = 1) \tag{3-1}$$

其中，σ_+ 和 σ_- 为泡利自旋算符，a^+ 为腔场的产生算符，a 为原子的湮灭算符，g 为原子和腔场的耦合常数。

处于初始纠缠态的原子我们描述为：

$$|\Theta(0)\rangle = \cos\theta |e_1 g_2\rangle + \sin\theta |g_1 g_2\rangle \tag{3-2}$$

初始双模腔场的纠缠态我们描述为：

$$|\Theta(0)\rangle_f = \cos\phi |10\rangle_{XY} + \sin\phi |01\rangle_{XY} \tag{3-3}$$

其中，X，Y 分别为两个腔模。由此，两个原子 Ω_1 和 Ω_2 及双模腔场 XY 构成系统的初始态矢量为：

$$
\begin{aligned}
|\Theta(0)\rangle_{\Omega_1\Omega_2 f} &= \cos\theta |e_1 g_2\rangle\cos\phi |10\rangle_{XY} + \cos\theta |e_1 g_2\rangle\sin\phi |01\rangle_{XY} \\
&\quad + \sin\theta |g_1 g_2\rangle\cos\phi |10\rangle_{XY} + \sin\theta |g_1 g_2\rangle\sin\phi |01\rangle_{XY} \\
&= \cos\theta\cos\phi |e_1 g_2 1_X 0_Y\rangle + \cos\theta\sin\phi |e_1 g_2 0_X 1_Y\rangle \\
&\quad + \sin\theta\cos\phi |g_1 g_2 1_X 0_Y\rangle + \sin\theta\sin\phi |g_1 g_2 0_X 1_Y\rangle
\end{aligned}
$$

$$\tag{3-4}$$

处于双模腔中的原子 Ω_1 和腔模发生相互作用，通过求解薛定谔方程我们得到的态矢量为：

$$
\begin{aligned}
|\Theta(0)\rangle_{\Omega_1\Omega_2 f} &= \cos\theta\cos\phi\cos(\sqrt{2}gt) |e_1 g_2 1_X 0_Y\rangle + \cos\theta\sin\phi\cos(gt) |e_1 g_2 1_X 0_Y\rangle \\
&\quad + \sin\theta\cos\phi\cos(gt) |g_1 e_2 1_X 0_Y\rangle + \sin\theta\sin\phi |g_1 e_2 1_X 0_Y\rangle \\
&\quad - i\cos\theta\cos\phi\sin(\sqrt{2}gt) |e_1 g_2 1_X 0_Y\rangle - i\cos\theta\sin\phi\sin(gt) |e_1 g_2 1_X 1_Y\rangle \\
&\quad - i\sin\theta\cos\phi\sin(gt) |e_1 e_2 0_X 0_Y\rangle
\end{aligned}
$$

$$\tag{3-5}$$

在系统密度矩阵 $\rho_{\Omega_1\Omega_2 f(t)} = |\Theta(t)_{\Omega_1\Omega_2 f}\rangle\langle\Theta(t)_{\Omega_1\Omega_2 f}|$ 下对场自由度进行取迹，得到原子 Ω_1 和 Ω_2 的约化密度矩阵 $\rho_{\Omega\Omega_1\Omega_2(t)}$，其表达式我们描述为：

$$\rho_{\Omega_1\Omega_2(t)} = \begin{bmatrix} \rho_{11}(t) & 0 & 0 & 0 \\ 0 & \rho_{22}(t) & \rho_{23}(t) & 0 \\ 0 & \rho_{32}(t) & \rho_{33}(t) & 0 \\ 0 & 0 & 0 & \rho_{44}(t) \end{bmatrix}$$

由此，我们得到两个原子Ω_1和Ω_2的纠缠信息，纯态量子系统的纠缠度可以用任何一个子系统的约化密度矩阵的冯诺依曼熵来表示。

两原子之间的纠缠可以由并发度来度量，我们将并发度定义为：

$$C(t) = \max[0, \lambda_1(t) - \lambda_2(t) - \lambda_3(t) - \lambda_4(t)] \quad (3-6)$$

其中，算符$[\sqrt{\rho}, \bar{\rho} \sqrt{\rho}]^{\frac{1}{2}}$的本征值的降序排列为$\lambda_1(t)$，$\lambda_2(t)$，$\lambda_3(t)$和$\lambda_4(t)$。时间反演矩阵$\bar{\rho}$，$\rho$的表达式为：

$$\bar{\rho} = \sigma_y \otimes \sigma_y \rho^* \sigma_y \otimes \sigma_y \quad (3-7)$$

其中，$*$表示取复共轭，当$C = 0$时，表示两个原子是没有纠缠的，当$C = 1$时，表示量子原子处于最大纠缠态。

由原子Ω_1和Ω_2的约化密度矩阵$\rho_{\Omega_1\Omega_2(t)}$和并发度的定义，可知并发度的解析表达式为：

$$\begin{aligned} C_1(t) &= 2|\rho_{23}| - 2\sqrt{\rho_{11}\rho_{44}} \\ &= |\sin(2\theta)\cos(gt)[\cos^2\phi\cos(\sqrt{2}gt) + \sin^2\phi] \\ &\quad - \sqrt{\sin^2 2\theta \cos^2\phi \sin^2(gt)[\cos^2(\sqrt{2}gt) + \sin^2\phi\sin^2(gt)]} \end{aligned} \quad (3-8)$$

原子Ω_1和Ω_2的线性熵为：

$$\begin{aligned} S(t) &= 1 - T_r[\rho^2 \Omega_2 \Omega_1(t)] \\ &= 1 - [\rho_{11}^2(t) + \rho_{22}^2(t) + \rho_{44}^2(t) + 2\rho_{23}(t)\rho_{32}(t)] \end{aligned} \quad (3-9)$$

因此，当$S = 0$时为解纠缠，$S = 0.75$时为最大纠缠态。

两原子Ω_1和Ω_2之间的纠缠并发度随时间演化特性如图3-2所示。

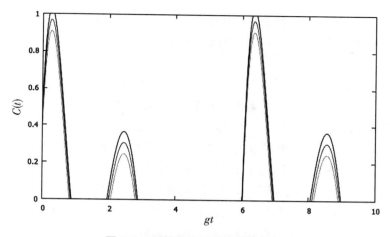

图 3-2 纠缠并发度随时间演化一

从图 3-2 中可知当腔场系统处于最大纠缠态 $\phi = \pi/4$ 时，不同纠缠态对原子的纠缠演化特性刻画的过程。当两个原子之间的纠缠突然减小到零，并且在纠缠复苏之前这种纠缠为零的状态保持一段时间，这种现象就是"纠缠死亡"。发生的原因主要是处于双模腔的原子 Ω_1 和腔模场相互发生作用，使得原子和腔之间的信息能量被不断地转移，导致两原子之间的纠缠转移到了双模腔中。我们从图 3-2 中分析出，"纠缠死亡"的时间与原子的初始纠缠度关系不大，且初始纠缠度越小时，"纠缠死亡"持续的时间就会越长。

当原子初始处于最大纠缠态 $\theta = \pi/4$，腔场参数 ϕ 取不同的值时，并发度随时间演化的特性如图 3-3 所示。

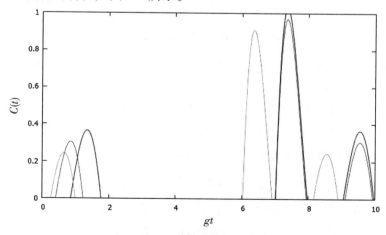

图 3-3 纠缠并发度随时间演化二

从图 3-3 中可知依然发生"纠缠死亡"，但是"纠缠死亡"持续的时间和腔场纠缠度有关，原子的初始纠缠度越小，则两原子发生第一次"纠缠死亡"的时间越短。

当原子初始处于最大纠缠态 $\theta = \pi/4$，腔场也处于最大纠缠态 $\phi = \pi/4$ 时，两原子 Ω_1 和 Ω_2 的线性熵随时间的演化如图 3-4 所示。

两原子 Ω_1，Ω_2 和腔场 f 之间的纠缠大小由线性熵的大小来反映。从图 3-4 中可知，当原子和腔场相互作用时，原子和腔场之间就会发生能量交换，继而产生纠缠，当相互作用进行到一定程度时，线性熵就会达到最大值 $S = 0.75$。这时，两原子 Ω_1，Ω_2 和腔场 f 出现了纠缠最大特性。从图 3-4 中可知，整个线性熵随时间演化的过程都是大于零的，也就是说，原子 Ω_1，Ω，子系统和腔场 f 子系统在线性熵随时间演化的过程中一直保持纠缠状态。

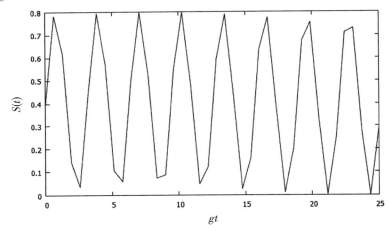

图 3-4　两原子的线性熵随时间演化过程

我们利用并发度和线性熵作为度量，研究了原子和腔场初始纠缠度对并发度的影响，结果表明，"纠缠死亡"持续的时间与原子的初始纠缠度没有关系，而是与腔场的初始纠缠度有关。当腔场的初始纠缠度越小时，第一次发生"纠缠死亡"持续的时间就越短，但是在整个演化的过程中，两原子 Ω_1，Ω_2 和腔场 f 一直都保持着纠缠的状态。

3.1.1.2　两个三能级系统的纠缠演化特性刻画

我们假设存在两个三能级原子 A、B，将它们放置到一个真空腔中，每个原子都会有激发态 $|e\rangle$，$|a\rangle$ 和基态 $|g\rangle$。原子之间可以产生自发辐射的电偶级跃迁，即从 $|e\rangle \rightarrow |g\rangle$，$|a\rangle \rightarrow |g\rangle$[140]。

为了分析两原子之间的纠缠随时间的演化规律，我们通过主方程，将两原子放置较远的距离和相对较近的距离，求出两原子的密度算符随时间变化的解析表达式，并通过一系列操作变化刻画纠缠演化的规律。

1. 远距离的三能级系统的纠缠演化特性刻画

如果空间距离大于两原子自发发射光场的波长，在真空辐射场下，各原子各自独立地自发衰变，我们得出两原子的密度算符随时间的演化规律为：

$$\rho_{22}(t) = \rho_{22}(0)\, e^{-(x_1+x_2)\,t},$$

$$\rho_{33}(t) = [\rho_{11}(0)(1 - e^{-x_1 t}) + \rho_{22}(0)(1 - e^{-x_2 t}) + \rho_{33}(0)\, e^{-x_1 t},$$

$$\rho_{44}(t) = \rho_{44}(0)\, e^{-(x_1+x_2)\,t},$$

$$\rho_{66}(t) = [\rho_{55}(0)(1 - e^{-x_2 t}) + \rho_{44}(0)(1 - e^{-x_1 t}) + \rho_{66}(0)\, e^{-x_2 t},$$

$$\rho_{88}(t) = [\rho_{55}(0)(1 - e^{-x_2 t}) + \rho_{22}(0)(1 - e^{-x_1 t}) + \rho_{88}(0)\, e^{-x_2 t},$$

$$\rho_{15}(t) = \rho_{15}(0)\, e^{-(x_1+x_2)\,t} \quad \rho_{19}(t) = \rho_{19}(0)\, e^{-x_1 t} \quad \rho_{59}(t) = \rho_{59}(0)\, e^{-x_2 t} \quad (3\text{-}10)$$

其中，x 为自发辐射率。我们采用密度矩阵方法对得到的任意时刻的两原子进行部分转置操作，可以得到如下的本征值：

$$E_1 = \rho_{11}(t), \qquad E_2 = \rho_{55}(t), \qquad E_3 = \rho_{99}(t),$$

$$E_4 = \frac{1}{2}\big[(\rho_{22}(t) + \rho_{44}(t)) - \sqrt{(\rho_{22}(t) + \rho_{44}(t))^2 + 4(|\rho_{15}(t)|^2 - \rho_{22}(t)\rho_{44}(t))}\,\big],$$

$$E_5 = \frac{1}{2}\big[(\rho_{22}(t) + \rho_{44}(t)) + \sqrt{(\rho_{22}(t) + \rho_{44}(t))^2 + 4(|\rho_{15}(t)|^2 - \rho_{22}(t)\rho_{44}(t))}\,\big],$$

$$E_6 = \frac{1}{2}\big[(\rho_{33}(t) + \rho_{77}(t)) - \sqrt{(\rho_{33}(t) + \rho_{77}(t))^2 + 4(|\rho_{19}(t)|^2 - \rho_{33}(t)\rho_{77}(t))}\,\big],$$

$$E_7 = \frac{1}{2}\big[(\rho_{33}(t) + \rho_{77}(t)) + \sqrt{(\rho_{33}(t) + \rho_{77}(t))^2 + 4(|\rho_{19}(t)|^2 - \rho_{33}(t)\rho_{77}(t))}\,\big],$$

$$E_8 = \frac{1}{2}\big[(\rho_{66}(t) + \rho_{88}(t)) - \sqrt{(\rho_{66}(t) + \rho_{88}(t))^2 + 4(|\rho_{59}(t)|^2 - \rho_{66}(t)\rho_{88}(t))}\,\big],$$

$$E_9 = \frac{1}{2}\big[(\rho_{66}(t) + \rho_{88}(t)) + \sqrt{(\rho_{66}(t) + \rho_{88}(t))^2 + 4(|\rho_{59}(t)|^2 - \rho_{66}(t)\rho_{88}(t))}\,\big]$$

$$(3\text{-}11)$$

分析可知，上式中本征值 E_4、E_6 和 E_8 的值可能为负，我们表示为：

$$N(t) = \max\{-E_4,\ 0\} + \max\{-E_6,\ 0\} + \max\{-E_8,\ 0\} \quad (3\text{-}12)$$

当满足 $|\rho_{15}(t)|^2 > \rho_{22}(t)\rho_{44}(t)$ 或者 $|\rho_{19}(t)|^2 > \rho_{33}(t)\rho_{77}(t)$ 或者 $|\rho_{59}(t)|^2 > \rho_{66}(t)\rho_{88}(t)$ 中的一种时，两个原子之间存在纠缠。

当某一个时刻存在 $|\rho_{15}(t)|^2 = \rho_{22}(t)\rho_{44}(t)$ 或者 $|\rho_{19}(t)|^2 = \rho_{33}(t)\rho_{77}(t)$ 或者 $|\rho_{59}(t)|^2 = \rho_{66}(t)\rho_{88}(t)$ 时，纠缠就会突然发生变化，根据两原子的密度算

符随时间变化的规律可知，此时发生了纠缠"突然死亡"或者"纠缠复苏"。

由于纠缠演化与腔场的初始态有关，选取由单位矩阵 I 和态函数 $|\Phi\rangle$ 构成的九维单位矩阵为例：

$$\left.\begin{array}{l} |\Phi\rangle = \cos\theta\sin\phi|1\rangle + \sin\theta\sin\phi|5\rangle + \cos\phi|9\rangle \\ \rho_0 = [(1-P)/9]I + P|\phi\rangle\langle\phi| \end{array}\right\} \quad (3\text{-}13)$$

上式中，θ 和 ϕ 取不同的值。当 $\theta = 0$ 且 $\phi = \pi/4$ 时，$|\Phi\rangle = \frac{\sqrt{2}}{2}(|1\rangle + |9\rangle)$，即系统的初始态由 $|1\rangle$，$|9\rangle$ 及单位矩阵 I 组成。我们由本征值的公式可知，系统纠缠的特性可由本征值 E_6 刻画。系统纠缠度 Λ 随时间 t 演化的规律如图 3-5 所示。

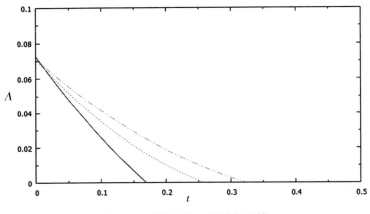

图 3-5　纠缠度随时间演化规律

由图 3-5 可知，"纠缠死亡"是因原子间的自发辐射减少而引起的，纠缠死亡的时间与原子衰变的速率有关。即衰变速率越大，纠缠死亡时间越早，这就说明了激发态衰变的速率会直接影响到纠缠退化的速度。

当 $\theta = \pi/2$ 且 $\phi = \pi/4$ 时，$|\Phi\rangle = \frac{\sqrt{2}}{2}(|5\rangle + |9\rangle)$，即系统的初始态由 $|5\rangle$，$|9\rangle$ 及单位矩阵 I 组成。此时，本征值 $E_4 > 0$ 且 $E_6 > 0$，由本征值的公式可知，系统纠缠的特性可由本征值 E_8 刻画。同样，在某一个时刻也会发生纠缠死亡，并且纠缠死亡发生的时刻与原子衰变的速率有关，衰变速率越大，纠缠死亡时间越早。因此，纠缠退化的速度与原子激发态的衰变速率有关。

当 $\theta = \pi/4$ 且 $\phi = \pi/2$ 时，$|\Phi\rangle = \frac{\sqrt{2}}{2}(|1\rangle + |5\rangle)$，即系统的初始态由 $|1\rangle$，$|5\rangle$ 及单位矩阵 I 组成。由本征值的公式可知，系统纠缠的特性可由本征值 E_4 刻画。此时，$\rho_{22}(t)\rho_{44}(t)$ 与 $|\rho_{15}(t)|^2$ 有相同的衰变速率。如果

$|\rho_{15}(t)|^2 > \rho_{22}(t)\rho_{44}(t)$，则 $E_4 < 0$，说明系统在演化过程中一直存在着纠缠。如果 $|\rho_{15}(t)|^2 < \rho_{22}(t)\rho_{44}(t)$，意为初始状态是没有纠缠的，两个原子之间也不会出现纠缠。

当 $\theta = \pi/4$ 且 $\phi = \pi/4$ 时，$|\Phi\rangle = \dfrac{1}{2}(|1\rangle + |5\rangle) + \left(\dfrac{\sqrt{2}}{2}\right)|9\rangle$，即系统的初始态由 $|1\rangle$，$|5\rangle$，$|9\rangle$ 及单位矩阵 I 组成。

由以上分析可知，如果是 $E_4 > 0$ 的情况，则纠缠始终是为零的。如果某个时刻下 $E_6 = 0$ 且 $E_8 = 0$，在"纠缠死亡"的影响下系统纠缠度 Λ 随时间 t 演化的规律如图 3-6 所示。

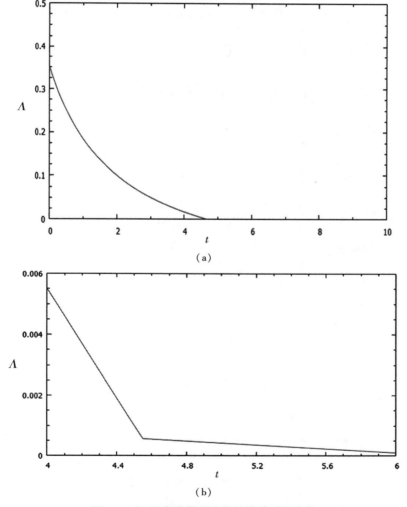

（a）

（b）

图 3-6 远距离的量子演化特性随时间变化

本征值$E_6 = 0$，$E_8 = 0$时出现了"纠缠死亡"。如果$E_4 < 0$，则由E_4刻画的纠缠会一直存在，此时，如果某一时刻E_6和E_8都为零时，纠缠就会发生突变，但因E_4的存在，系统只是瞬间地突变而不会出现"纠缠死亡"现象。

当本征值$E_6 = 0$时，体系的纠缠会出现第一次突变，当本征值$E_6 = 0$且$E_8 = 0$时，体系的纠缠会出现第二次突变，然后会逐渐地减弱，但是不会出现纠缠死亡的情况。

2. 近距离的三能级系统的纠缠演化特性刻画

在这种系统中我们选取单位矩阵I的混合态、激友态$|5\rangle$和基态$|9\rangle$的相干叠加态作为初始态，我们得到纠缠演化特性刻画的规律为：

$$\rho_{11}(t) = \frac{1}{9}e^{-2xt}(1 - P) = \rho_{22}(t) = \rho_{44}(t) , \quad \rho_{55}(t) = \frac{1}{18}e^{-2xt}(2 + 7P) ,$$

$$\rho_{33}(t) = \frac{1}{36}e^{-2xt}(1 - P)(1 + 3e^{-2xt} + 6xt) = \rho_{77}(t) ,$$

$$\rho_{66}(t) = \frac{1}{36}e^{-2xt}(1 - P)(1 + 3e^{-2xt} + 6xt) + \frac{P}{2xt}e^{-2xt} = \rho_{88}(t) ,$$

$$\rho_{37}(t) = \rho_{73}(t) = \frac{1}{12}e^{-2xt}(1 - P)(1 - e^{2xt} + 2xt) ,$$

$$\rho_{86}(t) = \rho_{68}(t) = \frac{1}{12}e^{-2xt}(1 - P)(1 - e^{2xt} + 2xt) + \frac{P}{2xt}e^{-2xt} ,$$

$$\rho_{59}(t) = \rho_{95}(t) = \frac{1}{2}e^{-xt}P , \quad \rho_{99}(t) = 1 - \sum_{i=1}^{8}\rho_{ii}(t) \tag{3-14}$$

系统纠缠度Λ随时间t演化的规律如图3-7所示。

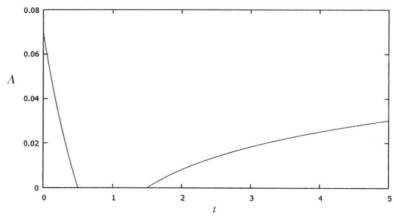

图3-7　纠缠度随时间演化规律

由图3-7可知，初始的纠缠因自发辐射而衰减，从而导致突然死亡现象会在每一个时刻发生，但因真空辐射原子间的合作效应，经过一段纠缠死亡的时间后，系统会慢慢出现复苏迹象，并逐渐趋于增大，最终变为恒定状态。初始的纠缠由本征值 E_8 来刻画：

$$E_8 = \frac{1}{2}\left[\rho_{66}(t) + \rho_{88}(t) - \sqrt{(\rho_{66}(t) + \rho_{88}(t))^2 + 4(|\rho_{59}(t)|^2 - |\rho_{66}(t)|\rho_{88}(t))}\right]$$

$$(3-15)$$

由密度算符随时间变化的规律可知，当 $|\rho_{59}(t)|^2 > \rho_{66}(t)\rho_{88}(t)$ 时，本征值 $E_8 < 0$，则两原子之间是存在纠缠的。当 $|\rho_{59}(t)|^2 = \rho_{66}(t) \cdot \rho_{88}(t)$ 时，本征值 $E_8 = 0$，此时会发生纠缠消失的现象，则发生"纠缠死亡"。由此分析可知，当跃迁态的粒子比相干态的粒子数少时，系统就会存在纠缠，但不会出现纠缠死亡现象；当跃迁态的粒子比相干态的粒子数相等时，系统就会发生纠缠突变和死亡现象。

为了解决纠缠死亡这个问题，我们用 E_3 来刻画纠缠的复苏过程。当 E_3 的值逐步增大直至平稳时，平稳后的纠缠分析如下：

$$\rho_{33}(\infty) = \rho_{77}(\infty) = \rho_{66}(\infty) = \rho_{88}(\infty) = -\rho_{37}(\infty) = -\rho_{68}(\infty) = \frac{P-1}{12},$$

$$\rho_{11}(\infty) = \rho_{22}(\infty) = \rho_{44}(\infty) = \rho_{55}(\infty) = \rho_{59}(\infty) = 0, \ \rho_{99}(\infty) = \frac{2+P}{3}$$

$$(3-16)$$

从而我们得到本征值 E_3 如下：

$$E_3 = \frac{1}{2}\left[\rho_{99}(\infty) - \sqrt{\rho_{99}^2(\infty) + 4(|\rho_{37}(\infty)|^2 + |\rho_{68}(\infty)|^2)}\right] \quad (3-17)$$

综上说明，跃迁态的单粒子是纠缠稳态的核心和决定因素，只要跃迁态上单粒子数不为零，则纠缠会一直存在。死亡前的纠缠是由两原子相干叠加态和跃迁态上的单粒子数共同影响决定的。而复苏后的纠缠是由单粒子跃迁态上的粒子数决定的。我们在设计系统的时候要考虑如上的因素。

3.1.2　量子退相干刻画

构建免疫噪声模型的关键是解决混合物理系统与环境之间耦合引起的量子态退相干问题。如何寻找、构造基于多自由度（如时间、空间、频率）特征的噪声信道下的相干保持态，让获取的量子态永远处于最大纠缠态，为量子隐形传态过程始终如一地保持高标准的服务，是首先要解决的问题。

如果要"观察"量子是怎样运动的，那么我们就必须有宏观物体与它相互作用，从而形成纠缠，这样就不可避免地引起了量子退相干现象，这种现象会对量子传态具有非常大的影响。我们在厘清了纠缠死亡问题的基础上，刻画在 T-C 模型中原子与腔场间的量子退相干特性、J-C 模型中两个腔场和两个二能级原子的量子退相干特性，为建立量子纠缠演化模型扫清障碍。

3.1.2.1　T-C 模型的量子退相干刻画

Tavis-Cummings（T-C）模型[141]是两个原子和腔场相互作用的模型。我们假设原子采用两个二能级原子，腔场采用单模光场，如果原子之间的距离小于光场的波长，则系统的哈密顿量为（$\hbar = 1$）：

$$H = w\,a^+ a + \frac{1}{2}\sum_{i=1}^{2} w_i\,\sigma_i^z + \sum_{i=1}^{2} g_i(a_i^+\,\sigma_i^- + a_i\,\sigma_i^+) + \Omega\sum_{i=1}^{2}\sigma_i^-\,\sigma_j^+$$

$$(3-18)$$

其中，w_1 和 w_2 为两原子的本征跃迁频率，a_i 表示光场的湮灭算符，a_i^+ 表示光场的产生算符，σ_i^z，$\sigma_i^\pm$ 表示原子的自旋算符，$|e_i\rangle$ 表示原子的激发态，$|g_i\rangle$ 表示原子的基态，Ω 表示原子间的相互作用。

假设初始状态时，$w_1 = w_2 = w$，$g_1 = g_2 = g$，两原子处于纠缠状态，光场也具有粒子数状态，则系统状态为：

$$|\Phi(0)\rangle = (\cos\theta\,|e_1,\ g_2\rangle + \sin\theta\,|g_1,\ e_2\rangle)\otimes|n\rangle \qquad (3-19)$$

当 $t > 0$ 时，系统状态演化为：

$$\begin{aligned}|\Phi(t)\rangle = &\ C_1(t)\,|e_1,\ e_2,\ n-1\rangle + C_2(t)\,|e_1,\ e_2,\ n\rangle \\ &+ C_3(t)\,|g_1,\ e_2,\ n\rangle + C_4(t)\,|g_1,\ g_2,\ n+1\rangle\end{aligned} \qquad (3-20)$$

代入薛定谔方程：$i\hbar\dfrac{\partial\ |\Phi(t)\rangle}{\partial\,t} = H|\Phi(t)\rangle$，我们得到：

$$\begin{aligned}
C_1(t) = &\ (\cos\theta + \sin\theta)\,g\,\sqrt{n}\,(e^{iat} - e^{ibt})\,/\Delta, \\
C_2(t) = &\ [-a(\cos\theta + \sin\theta)\,e^{iat} + b(\cos\theta + \sin\theta)\,e^{ibt}]/2\Delta + [(\cos\theta - \sin\theta)/2]\,e^{i\Omega}, \\
C_3(t) = &\ [-a(\cos\theta + \sin\theta)\,e^{iat} + b(\cos\theta + \sin\theta)\,e^{ibt}]/2\Delta + [(\sin\theta - \cos\theta)/2]\,e^{i\Omega}, \\
C_4(t) = &\ (\cos\theta + \sin\theta)g\,\sqrt{n+1}\,(e^{iat} - e^{ibt})/\Delta
\end{aligned} \qquad (3-21)$$

两原子的约化密度矩阵为：

$$\rho_{12}(t) = \begin{bmatrix} |C_4(t)|^2 & 0 & 0 & 0 \\ 0 & |C_3(t)|^2 & C_3(t)\,C_2(t) & 0 \\ 0 & C_2(t)\,C_3(t) & |C_2(t)|^2 & 0 \\ 0 & 0 & 0 & |C_1(t)|^2 \end{bmatrix}$$

利用线性熵进行度量后，我们定义线性熵如下：

$$S = 1 - \mathrm{tr}\{\rho_{12}^2(t)\} \qquad (3-22)$$

由上面公式分析可知，当 $S = 1$ 时，两个子系统处于最大纠缠态；当 $S = 0$ 时，两个子系统是相互分离开的；当 S 介于 0 和 1 之间时，两个子系统处于纠缠状态。

当两个原子的初始状态发生改变时，我们分析了原子与腔场之间的纠缠演化与退相干规律，即纠缠量 S 随 θ 的变化规律。

当 $g = 1$，$\Omega = 1$，$n = 0$，$\theta = 0$ 时，原子与场之间的纠缠演化如图 3-8 所示。

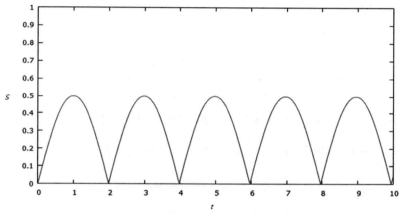

图 3-8 $\theta = 0$ 时原子与场之间的纠缠演化

当 $g = 1$，$\Omega = 1$，$n = 0$，$\theta = \pi/4$ 时，原子与场之间的纠缠演化如图 3-9 所示。

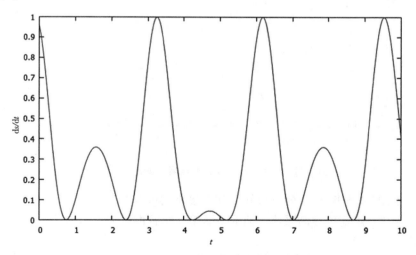

图 3-9 $\theta = \pi/4$ 时原子与场之间的纠缠演化

当 $g = 1$，$\Omega = 1$，$n = 0$，$\theta = 3\pi/4$ 时，原子与场之间的纠缠演化如图

3-10 所示。

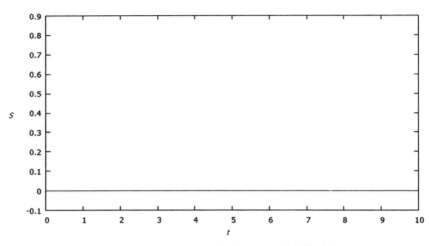

图 3-10 $\theta = 3\pi/4$ 时原子与场之间的纠缠演化

当 $g = 1$，$\Omega = 1$，$n = 0$，$\theta = 7\pi/8$ 时，原子与场之间的纠缠演化如图 3-11 所示。

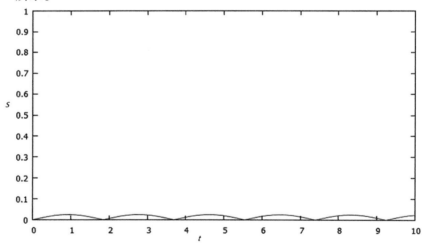

图 3-11 $\theta = 7\pi/8$ 时原子与场之间的纠缠演化

由图3-8至图3-11分析可知，纠缠度随时间从0开始增大，但是最大不能达到1，接着再逐渐减小，直到 S 为0，然后再增大，再减小，呈周期性变化。

由图3-11可知，纠缠度为0时，这时 $\cos\theta = \sin\theta = -\dfrac{\sqrt{2}}{2}$，即初态等于哈

密顿量的本征态。

辐射原子和激发原子的概率大小相等，两原子会产生干涉相消，可以看出两原子始终处于最大纠缠态，也就是说，相互作用后量子态保持在分离的状态，这样纠缠度就为零。

如何体现这个相干性刻画过程？量子体系的相干性由密度矩阵的非对角项来体现，当发生退相干效应时，会呈现出不同的演化特性，这时密度矩阵的非对角项变为零，所以退相干的时间尺度就很好地衡量了密度矩阵的非对角项随时间演化速度的过程。当 $g = 1$，$\Omega = 1$ 时，改变 θ 的角度和光子数，则退相干随时间变化的曲线如图 3-12 所示，这个过程就是退相干的刻画。

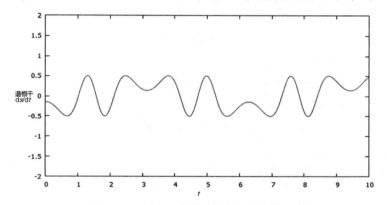

图 3-12 $\theta = \pi/6$，$n = 1$ 时退相干随时间变化曲线

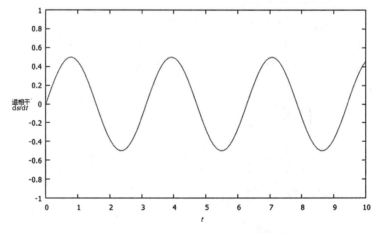

图 3-13 $\theta = 7\pi/8$，$n = 0$ 时退相干随时间变化曲线

从图 3-12 和图 3-13 可知，当 $n = 1$ 时纠缠度的幅度比较大，纠缠周期短；当 $n = 0$ 时纠缠度的幅度相对比较小，但纠缠周期长。因此，如果需要较大的纠缠度，则需要选择较大的 n，反之亦然。

因此，我们分析可知，光场所处的状态对原子和场之间纠缠的退相干周期和变化幅度都有很大的影响。

3.1.2.2 J-C 模型的量子退相干刻画

我们假设存在两个互相纠缠的腔场 C_1，C_2 和两个二能级原子 A，B 构成的体系，将原子 A 放置到腔场 C_1 中，将原子 B 放置到腔场 C_2 中，根据 J-C 模型理论，在近似旋转波下，系统的哈密顿量表示为：

$$H = g(a_1 \sigma_+ + a_1^+ \sigma_- + a_2 \sigma_+ + a_2^+ \sigma_-) \tag{3-23}$$

其中，a^+ 是腔场的产生算符，a 是腔场的湮灭算符，g 是耦合强度系数，$a^\pm$ 是自旋算符，则系统的演化方程为：

$$\rho_1 = -i[H, \rho]$$
$$= -ig(a_1 \sigma_+ \rho + a_1^+ \sigma_- \rho - \rho a_1 \sigma_+ - \rho a_1 \sigma_- + a_2 \sigma_+ \rho + a_2^+ \sigma_- \rho$$
$$- \rho a_2 \sigma_+ - \rho a_2 \sigma_-) \tag{3-24}$$

$$\rho_2 = -K_1(a_1^+ a_1 \rho - 2 a_1 \rho a_1^+ + \rho a_1^+ a_1) - K_2(a_2^+ a_2 \rho - 2 a_2 \rho a_2^+ + \rho a_2^+ a_2) \tag{3-25}$$

其中，$k_{1,2}$ 为耗散系数。系统初始状态（当 $t = 0$ 时）的波函数为：

$$|\phi\rangle_{C_1 C_2 AB} = \frac{1}{\sqrt{2}}(|01\rangle + |10\rangle)_{12} \otimes |gg\rangle_{12} \tag{3-26}$$

从而我们得到系统的密度矩阵算符为：

$$|\Psi\rangle = \Omega_1 |0_1 1_2 g_1 g_2\rangle\langle 0_1 1_2 g_1 g_2| + \Omega_2 |0_1 0_2 g_1 e_2\rangle\langle 0_1 0_2 g_1 e_2| + \Omega_3 |1_1 0_2 g_1 g_2\rangle$$
$$\langle 1_1 0_2 g_1 g_2| + \Omega_4 |0_1 0_2 e_1 g_2\rangle\langle 0_1 0_2 e_1 g_2| + \Omega_5 |0_1 1_2 g_1 g_2\rangle\langle 1_1 0_2 g_1 g_2| +$$
$$\Omega_5 |1_1 0_2 g_1 g_2\rangle\langle 0_1 1_2 g_1 g_2| + \Omega_6 |0_1 0_2 g_1 e_2\rangle\langle 0_1 0_2 e_1 g_2| \tag{3-27}$$

其中，

$$\left.\begin{array}{l} \Omega_1 = \left(1 - \dfrac{e^{-k_1 t}}{2}\right) e^{-k_2 t} \cos^2 gt, \quad \Omega_2 = (\sin^2 gt) e^{-k_2 t}\left(1 - \dfrac{e^{-k_1 t}}{2}\right), \\[3mm] \Omega_3 = (\cos^2 gt) e^{-k_1 t}\left(1 - \dfrac{e^{-k_2 t}}{2}\right), \quad \Omega_4 = (\sin^2 gt) e^{-k_1 t}\left(1 - \dfrac{e^{-k_2 t}}{2}\right), \\[3mm] \Omega_5 = [(\cos gt) e^{-k_1 \frac{t}{2}} e^{-k_2 \frac{t}{2}}]/2, \\[3mm] \Omega_6 = \dfrac{1}{2}\left(e^{-k_1 \frac{t}{2}} \sin t - \dfrac{k_1 e^{-k_1 \frac{t}{2}}}{2g} + k_1/2g\right) \end{array}\right\} \tag{3-28}$$

结合以上公式，我们得到两个原子的约化密度矩阵为：

$$\rho(t)_{AB} = \text{tr } C_1 C_2 \rho(t) = (\Omega_1 + \Omega_3)|g_1 g_2\rangle\langle g_1 g_2| + \Omega_2 |g_1 e_2\rangle\langle g_1 e_2|$$

$$+ \Omega_4 | e_1 g_2 \rangle \langle e_1 g_2 | + \Omega_5 | g_1 e_2 \rangle \langle e_1 g_2 | + \Omega_6 | e_1 g_2 \rangle \langle g_1 e_2 |$$

$$(3\text{-}29)$$

量子系统的退相干由密度矩阵的非对角元来衡量，当非对角元不为零时，存在退相干现象。分析可得到两个原子的退相干因子如下所示：

$$F(g, \ k, \ t) = \frac{1}{2} \Big[e^{-k_1 \frac{t}{2}} \sin gt - (K_1 e^{-k_1 \frac{t}{2}}) / 2g + k_1 / 2g \Big] \cdot$$

$$\Big[e^{-k_1 \frac{t}{2}} \sin t - (K_2 e^{-k_2 \frac{t}{2}}) / 2g + k_2 / 2g \Big] \qquad (3\text{-}30)$$

由上式可知，量子系统的退相干与腔肠耗散系数、耦合常数有关。也可以通过图 3-14 来表示。

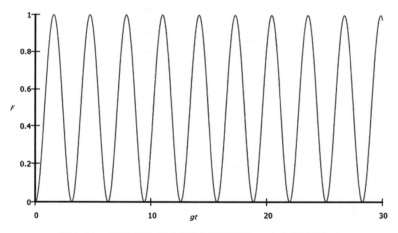

图 3-14　两原子之间的退相干因子随 gt 变化的曲线图

当没有耗散系数时，两个原子之间的退相干因子随 gt 变化，如图 3-14 所示。由图 3-14 分析可知，当没有耗散系数时，量子系统的退相干因子的振幅大小不随时间变化，变化范围为 0~1，并且周期相同。

当耗散系数 $k_1 = k_2 = 0.1g$ 时，两个原子之间的退相干因子随 gt 的变化情况如图 3-15 所示。

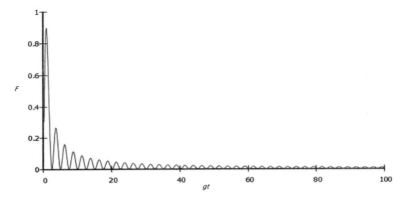

图 3-15　两原子之间的退相干因子随 gt 变化的曲线图

当耗散系数 $k_1 = k_2 = 0.2g$ 时，两个原子之间的退相干因子随 gt 的变化情况如图 3-16 所示。

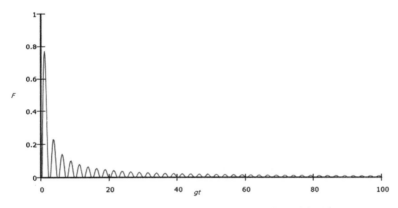

图 3-16　两原子之间的退相干因子随 gt 变化的曲线图

由图 3-15 和图 3-16 比较分析而知，在耗散系统存在的情况下，两个原子之间的退相干因子出现了减幅的振幅震荡，经过一段时间的减幅震荡后振幅减小为零，并出现了完全的退相干现象，这说明耗散系统影响着量子系统的退相干性。

3.1.3　局域共同模式下的量子纠缠演化

在构建开放系统中的纠缠死亡和量子退相干刻画模型的基础上，分析在局域共同模式下不同的噪声对纠缠混态的纠缠演化特性的影响，特别是当受到局域共同噪声时，如何刻画纠缠突然死亡和复活的过程是构建量子纠缠演化模型的核心。

我们采用量子主方程的幺正演化和非幺正演化理论，构建了开放量子系统的密度矩阵，计算相应的并发度，刻画局域独立和局域共同噪声下影响的量子系统演化，其主方程为：

$$\frac{d\rho(t)}{dt} = \sum_\mu \left(L_\mu \rho(t) L_\mu^\dagger - \frac{1}{2} L_\mu^\dagger L_\mu \rho(t) - \frac{1}{2}\rho(t) L_\mu^\dagger L_\mu \right) \qquad (3\text{-}31)$$

选择不同的 L_μ 噪声产生算符，来反映不同系统和不同环境相互耦合导致的对系统状态的耗散部分，其性质如下：

① 若系统与零温环境相耦合而引起能量耗散，则 $L_\mu = \sigma_\mu^-$；

② 若在系统平均激发数不变的情况下，只是量子相干性随时间指数衰减的过程，是一种单纯的解相过程，则 $L_\mu = \sigma_\mu^+ \sigma_\mu^-$。

③ 若与系统的耦合热库温度趋于无限大，而耦合强度又趋于零时导致的噪声，则 $L_\mu = \sigma_\mu^-$ 和 $L_\mu = \sigma_\mu^+$；

④ 若在 Pauli 和退激化噪声环境中，则 $L_\mu = \sigma_\mu (i = x，y，z)$。

通过不同的量子噪声信道模型（Pauli 通道、比特翻转通道、振幅阻尼通道、退极化通道等）可以模拟众多物理系统的噪声环境。其中，比特翻转通道将以概率 $1 - P$ 由 $|0\rangle$ 翻转到 $|1\rangle$（或相反），我们将噪声产生表示为：$M_0 = \sqrt{P}\begin{pmatrix} 1 & 0 \\ 0 & 1 \end{pmatrix}$，$M_1 = \sqrt{1-P}\,\sigma_x = \sqrt{1-P}\begin{pmatrix} 0 & 1 \\ 1 & 0 \end{pmatrix}$。退极化通道中的量子比特以概率 P 退极化，这个过程纠缠演化明显，而以 $1 - P$ 概率维持不变，则量子系统为：$\rho_{sys}(t) = \frac{PI}{2} + (1-P)\rho$，而对于 d 维量子系统，退极化通道仍以概率 P 被完全混态 I/d 代替，模型为：$\rho_{sys}(t) = \frac{PI}{2} + (1-P)\rho$，退极化噪声密度矩阵是完全非偏振状态，其 Kraus 模型为：$E_1 = \sqrt{1 - 3P/4}$，$E_2 = \sqrt{P/4}\,\sigma_x$，$E_3 = \sqrt{P/4}\,\sigma_y$，$E_4 = \sqrt{P/4}\,\sigma_z$。振幅阻尼通道以概率 P 通过 Kraus 操作可以改变相位：$|1\rangle \to -|1\rangle$，$E_1 = \sqrt{1-P}\,I$，$E_2 = \sqrt{P}\,\sigma_z$。下面重点刻画在局域共同模式下基于 Pauli 噪声下的纠缠演化过程。

3.1.3.1　Pauli σ_x 噪声下的纠缠演化

当混合纠缠态处于 Pauli σ_x 噪声下时，我们得到 Lindblad 算符 $(L_{1,x} = \sqrt{k}\,\sigma_x \otimes I，\qquad L_{2,x} = I \otimes \sqrt{k}\,\sigma_x)$ 在主方程 $\dfrac{d\rho(t)}{dt} = \sum_\mu \left[L_\mu \rho(t) L_\mu^\dagger - \frac{1}{2} L_\mu^\dagger L_\mu \rho(t) - \frac{1}{2}\rho(t) L_\mu^\dagger L_\mu \right]$ 中获得 t 时刻的密度矩阵有

两类，第一类我们描述如下：

$$\rho_{Mi}(0) \rightarrow \rho_x^{\text{in}, Mi}(t) = \begin{bmatrix} \rho_{11}^{\text{in}, M1(2)} & 0 & 0 & \rho_{14}^{\text{in}, M1(2)} \\ 0 & \rho_{22}^{\text{in}, M1(2)} & \rho_{23}^{\text{in}, M1(2)} & 0 \\ 0 & \rho_{32}^{\text{in}, M1(2)} & \rho_{33}^{\text{in}, M1(2)} & 0 \\ \rho_{41}^{\text{in}, M1(2)} & 0 & 0 & \rho_{44}^{\text{in}, M1(2)} \end{bmatrix}$$

（3-32）

其中：

$$\rho_{11}^{\text{in},M1} = \frac{[1 - e^{-4kt} + 2\alpha_{M1}(e^{-4kt} + e^{-2kt})]}{4}, \rho_{11}^{\text{in},M2} = \frac{[1 - e^{-4kt} + 2\alpha_{M2}(e^{-4kt} - e^{-2kt})]}{4},$$

$$\rho_{22}^{\text{in},M1(2)} = \rho_{33}^{\text{in},M1(2)} = \frac{e^{-4kt}(e^{4kt} + 1 - 2\alpha_{M1(2)})}{4}, \rho_{44}^{\text{in},M2} = \frac{[1 - e^{-4kt} + 2\alpha_{M2}(e^{-4kt} + e^{-2kt})]}{4},$$

$$\rho_{14}^{\text{in},M1(2)} = \rho_{41}^{\text{in},M1(2)} = \frac{[e^{-4kt}(1 - \alpha_{M1(2)})(e^{4kt} - 1)]}{4},$$

$$\rho_{44}^{\text{in},M1} = \frac{[1 - e^{-4kt} + 2\alpha_{M1}(e^{-4kt} - e^{-2kt})]}{4},$$

$$\rho_{14}^{\text{in},M1(2)} = \rho_{41}^{\text{in},M1(2)} = \frac{e^{-4kt}(1 - \alpha_{M1(2)})(e^{4kt} + 1)}{4},$$

分别表示在 Pauliσ_x 噪声下的密度矩阵元。

从而我们得到 t 时刻的并发度，描述如下：

$$C_x^{\text{in}, Mi} = \max\left\{0, \ 2\sqrt{\rho_{23}^{Mi}\rho_{32}^{Mi}} - 2\sqrt{\rho_{11}^{Mi}\rho_{44}^{Mi}}\right\} = \frac{1}{2}e^{-4kt}q \qquad （3-33）$$

其中：

$$q = |(\alpha_{Mi} - 1)(e^{4kt} + 1)| - e^{4kt}\sqrt{e^{-8kt}(e^{4kt} - 1)(e^{4kt} + 4\alpha_{Mi} - 1 - 4\alpha_{Mi}^2)}$$

第二类我们描述如下：

$$\rho_{Ni}(0) \rightarrow \rho_x^{\text{in}, Ni}(t) = \begin{bmatrix} \rho_{11}^{\text{in}, N1(2)} & 0 & 0 & \rho_{14}^{\text{in}, N1(2)} \\ 0 & \rho_{22}^{\text{in}, N1(2)} & \rho_{23}^{\text{in}, N1(2)} & 0 \\ 0 & \rho_{32}^{\text{in}, N1(2)} & \rho_{33}^{\text{in}, N1(2)} & 0 \\ \rho_{41}^{\text{in}, N1(2)} & 0 & 0 & \rho_{44}^{\text{in}, N1(2)} \end{bmatrix} \quad （3-34）$$

其中：

$$\rho_{11}^{\text{in},N1} = \frac{e^{-4kt}(e^{4kt} + 1 + e^{2kt}\alpha_{N1})}{4}, \rho_{11}^{\text{in},N2} = \frac{e^{-4kt}(e^{4kt} + 1 - e^{2kt}\alpha_{N2})}{4},$$

$$\rho_{22}^{\text{in},N1(2)} = \rho_{33}^{\text{in},N1(2)} = \frac{e^{-4kt}(e^{4kt} - 1)}{4}, \rho_{14}^{\text{in},N1(2)} = \rho_{41}^{\text{in},N1(2)} = \frac{e^{-4kt}(2 - a_{N1(2)})(e^{4kt} + 1)}{4},$$

$$\rho_{23}^{\text{in},N1(2)} = \rho_{32}^{\text{in},N1(2)} = \frac{e^{-4kt}(2-\alpha_{N1(2)})(e^{4kt}-1)}{4}, \rho_{44}^{\text{in},N1} = \frac{e^{-4kt}(e^{4kt}+1-e^{2kt}\alpha_{N1})}{4},$$

$$\rho_{44}^{\text{in},N2} = \frac{e^{-4kt}(e^{4kt}+1+e^{2kt}\alpha_{N2})}{4},$$

分别表示在 Pauli σ_x 噪声下的密度矩阵元。

计算后得到 t 时刻的并发度，我们描述如下：

$$C_{xi}^{\text{in},Ni} = \max\left\{0, 2\sqrt{\rho_{14}^{Ni}\rho_{41}^{Ni}}\right\} - 2\sqrt{\rho_{22}^{Ni}\rho_{33}^{Ni}}$$

$$= \frac{1}{4}\left\{e^{-4kt}|(1+e^{4kt})(\alpha_{Ni}-2)| - 2\sqrt{e^{-8kt}(e^{4kt}-1)^2}\right\} \quad (3-35)$$

可以看出，系统在局域独立泡利噪声下的并发度是一个与叠加角 γ、初始条件纯度 r 和时间 kt 有关的函数。

在局域独立泡利噪声下，当 $r=1$ 时，系统为贝尔纯态，系统并发度演化如图 3-17 所示。

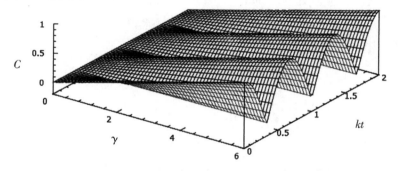

图 3-17　局域独立泡利噪声下 $r=1$ 时系统并发度演化

由图 3-17 分析可知，并发度随着叠加角 γ 呈现周期性的变化，均在有限时间内逐步衰减最终变成零。当 $\gamma = (1+2n)\dfrac{\pi}{4}$，$n = 0, 1, 3, \cdots$ 时，这个时候，系统处于最大纠缠 Bell 态，并发度会按指数规律逐渐衰减，在时间 ∞ 时并发度衰减为零。当 $r < 1$ 时，系统处于混合状态。由公式：

$$C(\rho^{x,\text{in}}(t)) = 2\max\left\{0, \sqrt{\rho_{14}^{x,\text{in}}\rho_{41}^{x,\text{in}}} - \sqrt{\rho_{22}^{x,\text{in}}\rho_{33}^{x,\text{in}}}\right\} = \frac{r(1+e^{-4kt})|\sin 2\gamma|}{2}$$

$-\dfrac{|r\,e^{-4kt}-1|}{2}$ 可知并发度衰减至零的时间 kt，此时并发度与 γ 和 r 有关。

在局域独立泡利噪声下，当 $r=0.7$ 时，系统并发度演化如图 3-18 所示。

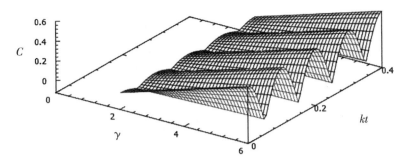

图 3-18 局域独立泡利噪声下 $r=0.7$ 时系统并发度演化

由图 3-18 分析可知，并发度也是随 γ 呈现出周期性的变化，并且在某个时间间隔内是存在的。

3.1.3.2 Pauli σ_y 噪声下的纠缠演化

当混合纠缠态处于 Pauli σ_y 噪声下时，我们得到 Lindblad 算符 $(L_{1,y} = \sqrt{k}\,\sigma_y \otimes I,\ L_{2,y} = I \otimes \sqrt{k}\,\sigma_y)$ 在主方程中获得 t 时刻的密度矩阵有两类，第一类我们描述如下：

$$\rho_{Mi}(0) \rightarrow \xi_y^{in,\ Mi}(t) = \begin{bmatrix} \xi_{11}^{in,\ M1(2)} & 0 & 0 & \xi_{14}^{in,\ M1(2)} \\ 0 & \xi_{22}^{in,\ M1(2)} & \xi_{23}^{in,\ M1(2)} & 0 \\ 0 & \xi_{32}^{in,\ M1(2)} & \xi_{33}^{in,\ M1(2)} & 0 \\ \xi_{41}^{in,\ M1(2)} & 0 & 0 & \xi_{44}^{in,\ M1(2)} \end{bmatrix}$$

$$(3\text{-}36)$$

其中：

$\xi_{44}^{in,\ M1(2)} = \rho_{44}^{in,\ M1(2)},\ \xi_{11}^{in,\ M1(2)} = \rho_{11}^{in,\ M1(2)},\ \xi_{22}^{in,\ M1(2)} = \rho_{22}^{in,\ M1(2)},$

$\xi_{33}^{in,\ M1(2)} = \rho_{33}^{in,\ M1(2)}\ \xi_{23}^{in,\ M1(2)} = \rho_{23}^{in,\ M1(2)},\ \xi_{32}^{in,\ M1(2)} = \rho_{32}^{in,\ M1(2)},$

$\xi_{14}^{in,\ M1(2)} = \xi_{41}^{in,\ M1(2)} = -\rho_{14}^{in,\ M1(2)} = -\rho_{41}^{in,\ M1(2)}$。

这里 $\xi_{ij}^{in,\ M1(2)}$（$i(j) = 1,\ 2,\ 3,\ 4$）表示在 σ_y 噪声下以 $\rho_{M1(2)}(0)$ 为初始状态的密度矩阵第 i 行 j 列的元素，计算得到 t 时刻的并发度为：

$$C_y^{in,\ Mi} = C_x^{in,\ Mi}$$

$$(3\text{-}37)$$

另外一类密度矩阵我们描述如下：

$$\rho_{Ni}(0) \rightarrow \xi_y^{in,\ Ni}(t) = \begin{bmatrix} \xi_{11}^{in,\ N1(2)} & 0 & 0 & \xi_{14}^{in,\ N1(2)} \\ 0 & \xi_{22}^{in,\ N1(2)} & \xi_{23}^{in,\ N1(2)} & 0 \\ 0 & \xi_{32}^{in,\ N1(2)} & \xi_{33}^{in,\ N1(2)} & 0 \\ \xi_{41}^{in,\ N1(2)} & 0 & 0 & \xi_{44}^{in,\ N1(2)} \end{bmatrix}\ (3\text{-}38)$$

其中：

$$\xi_{23}^{\text{in}, N1(2)} = \xi_{32}^{\text{in}, N1(2)} = -\rho_{23}^{\text{in}, N1(2)} = -\rho_{32}^{\text{in}, N1(2)}, \quad \xi_{11}^{\text{in}, N1(2)} = \rho_{11}^{\text{in}, N1(2)}$$

$$\xi_{14}^{\text{in}, N1(2)} = \rho_{41}^{\text{in}, N1(2)}, \quad \xi_{22}^{\text{in}, N1(2)} = \rho_{22}^{\text{in}, N1(2)}, \quad \xi_{33}^{\text{in}, N1(2)} = \rho_{33}^{\text{in}, N1(2)},$$

$$\xi_{41}^{\text{in}, N1(2)} = \rho_{41}^{\text{in}, N1(2)} \quad \xi_{44}^{\text{in}, N1(2)} = \rho_{44}^{\text{in}, N1(2)}。$$

这里 $\xi_{ij}^{\text{in}, N1(2)}$（$i(j) = 1, 2, 3, 4$）表示在 σ_y 噪声下以 $\rho_{N1(2)}(0)$ 为初始状态的密度矩阵第 i 行 j 列的元素，计算后得到 t 时刻的并发度，我们描述如下：

$$C_y^{\text{in}, Ni} = C_x^{\text{in}, Ni} \tag{3-39}$$

局域共同噪声环境的并发度如图 3-19 所示，可知并发度由 α_{Ni} 决定，已知 α_{Ni} 可知，分析得到并发度初始值不变，只是随着纯度的增加，系统的纠缠度也会越少，$\rho_{Ni}(0)$ 态的纠缠在共同 σ_y 噪声下会随着纯态的增加而减少，有效地避免了纠缠死亡的问题，最大程度地保持了最大相干性。

接下来，我们分析讨论了在不同的 α_{Mi} 和 α_{Ni} 下并发度随变量 kt 的演化，这个过程如图 3-19 所示。

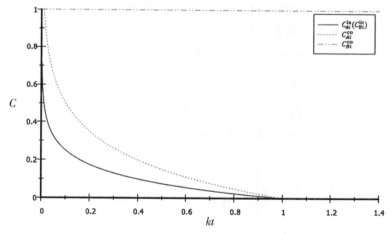

图 3-19　$\alpha_{Mi} = 0$，$\alpha_{Ni} = 0$ 时的并发度

由图 3-19 可知，当 $\alpha_{Mi} = 0$，$\alpha_{Ni} = 0$ 时，系统的并发度并没有出现突然死亡的现象，共同噪声下的最大纠缠态为 $(|10\rangle + |01\rangle)(\langle 10| + \langle 01|)/2$ 时，并发度会逐渐衰减。最大纠缠态 $(|11\rangle + |00\rangle)(\langle 11| + \langle 00|)/2$ 的并发度始终保持为 1，非常好地说明了最大纠缠态能抵御共同 σ_y 噪声的影响，保持了量子的相干性。

当 $\alpha_{Mi} = 0.5$，$\alpha_{Ni} = 1$ 时，系统处于混合状态，这个时候初始的并发度逐渐减小，如图 3-20 所示。

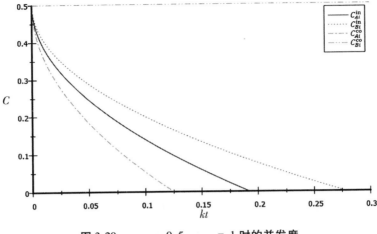

图3-20　$\alpha_{Mi} = 0.5$，$\alpha_{Ni} = 1$ 时的并发度

由图 3-20 分析可知，如果 $\alpha_{Mi} = 0.5$，$\alpha_{Ni} = 1$，也就是说初始状态下的并发度为 0.5，在共同噪声下的纠缠值始终不变，其他情况下会随着时间出现纠缠死亡，当初始状态为 $(|10\rangle + |01\rangle)(\langle 10| + \langle 01|)/2$ 时，在局域独立噪声下的衰减速度要比共同噪声下的慢。

3.1.3.3　Pauli σ_z 噪声下的纠缠演化

当混合纠缠态处于 Pauli σ_z 噪声下时，我们得到 Lindblad 算符 $\left(L_{1,z} = \sqrt{k}\, \sigma_z \otimes I,\ L_{2,z} = I \otimes \sqrt{k}\, \sigma_z\right)$ 在主方程中获得 t 时刻的密度矩阵有两类，其中一类密度矩阵我们描述如下：

$$\rho_{Mi}(0) \rightarrow F_z^{\text{in}, Mi}(t) = \begin{bmatrix} F_{11}^{\text{in}, M1(2)} & 0 & 0 & F_{14}^{\text{in}, M1(2)} \\ 0 & F_{22}^{\text{in}, M1(2)} & F_{23}^{\text{in}, M1(2)} & 0 \\ 0 & F_{32}^{\text{in}, M1(2)} & F_{33}^{\text{in}, M1(2)} & 0 \\ F_{41}^{\text{in}, M1(2)} & 0 & 0 & F_{44}^{\text{in}, M1(2)} \end{bmatrix}$$

$$(3\text{-}40)$$

其中：$F_{11}^{\text{in}, M1} = \alpha_{A1}$，$F_{11}^{\text{in}, M2} = F_{44}^{\text{in}, M1} = 0$，$F_{44}^{\text{in}, M2} = \alpha_{M2}$，$F_{22}^{\text{in}, M1(2)} = F_{33}^{\text{in}, M1(2)} = \dfrac{1 - \alpha^{A1(2)}}{2}$，$F_{23}^{\text{in}, M1(2)} = F_{32}^{\text{in}, M1(2)} = \dfrac{e^{-4kt}(1 - \alpha^{M1(2)})}{2}$。

这里 $F_{ij}^{\text{in}, M1(2)}$（$i(j) = 1, 2, 3, 4$）表示在 σ_z 噪声下以 $\rho_{M1(2)}(0)$ 为初始状态的密度矩阵第 i 行 j 列的元素，我们计算得到 t 时刻的并发度为：

$$C_z^{\text{in}, Mi} = \max\left\{0,\ 2\sqrt{F_{23}^{Mi} F_{32}^{Mi}} - 2\sqrt{F_{11}^{Mi} F_{44}^{Mi}}\right\}$$

$$= (1 - \alpha_{Mi})\, e^{-4kt} \tag{3-41}$$

另外一类密度矩阵我们描述如下：

$$\rho_{Ni}(0) \rightarrow F_z^{\text{in}, \, Ni}(t) = \begin{bmatrix} F_{11}^{\text{in}, \, N1(2)} & 0 & 0 & F_{14}^{\text{in}, \, N1(2)} \\ 0 & 0 & 0 & 0 \\ 0 & 0 & 0 & 0 \\ F_{41}^{\text{in}, \, N1(2)} & 0 & 0 & F_{44}^{\text{in}, \, N1(2)} \end{bmatrix} \qquad (3\text{-}42)$$

其中：$F_{11}^{\text{in}, \, N1} = \dfrac{2 + \alpha_{N1}}{4}$，$F_{44}^{\text{in}, \, N1} = \dfrac{2 - \alpha_{N1}}{4}$，$F_{14}^{\text{in}, \, N1(2)} = F_{41}^{\text{in}, \, N1(2)} =$

$\dfrac{\mathrm{e}^{-4kt}(2 - \alpha^{N1(2)})}{4}$，$F_{11}^{\text{in}, \, N2} = \dfrac{2 - \alpha_{N2}}{4}$，$F_{44}^{\text{in}, \, N2} = \dfrac{2 + \alpha_{N2}}{4}$。

这里 $F_{ij}^{\text{in}, \, N1(2)}(i(j) = 1, \, 2, \, 3, \, 4)$ 表示在 σ_z 噪声下以 $\rho_{N1(2)}(0)$ 为初始状态的密度矩阵第 i 行 j 列的元素，我们计算得到 t 时刻的并发度为：

$$\begin{aligned} C_z^{\text{in}, \, Ni} &= \max\left\{0, \, 2\sqrt{F_{14}^{Ni} F_{41}^{Ni}} - 2\sqrt{F_{22}^{Ni} F_{33}^{Ni}}\right\} \\ &= (2 - \alpha_{Ni}) \, \mathrm{e}^{-4kt} \end{aligned} \qquad (3\text{-}43)$$

混合纠缠态在局域共同噪声下的纠缠演化如图 3-21 所示。

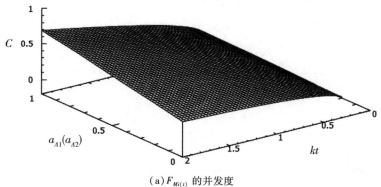

（a）$F_{Mi(t)}$ 的并发度

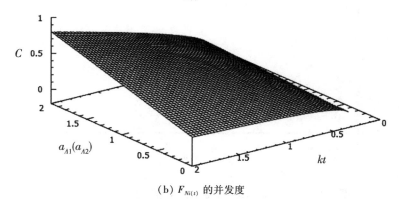

（b）$F_{Ni(t)}$ 的并发度

图 3-21　纠缠演化并发度

混合纠缠态在共同噪声 σ_z 下，由图 3-21 我们可以分析出，无论是 $F_{Mi(t)}$ 还是 $F_{Ni(t)}$，纠缠都以指数形式呈现出衰减趋势，没有出现纠缠死亡现象。由图 3-21（a）可知，系统的并发度与纯度 α_{Mi} 有关，如果纯度 α_{Mi} 逐渐减小，并发度会随之逐渐减小，但是 $F_{Mi(t)}$ 的并发度在 α_{Mi} 给定的情况下初始值不变。由此可见，$\rho_{Mi(0)}$ 纠缠态在噪声环境 σ_z 下避免了纠缠死亡问题的出现，这就使得系统的纠缠保持得很好。而由图 3-21（b）可知，$F_{Ni(t)}$ 态的并发度呈现出了逐步衰减的趋势。

我们分析了在不同 α_{Mi} 和 α_{Ni} 参数下并发度 C 随变量 kt 的演化，如图 3-22 所示。

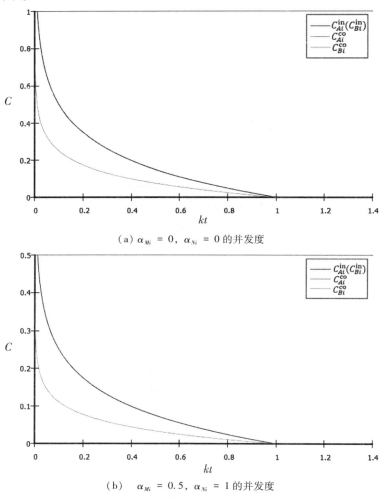

（a）$\alpha_{Mi}=0$，$\alpha_{Ni}=0$ 的并发度

（b）$\alpha_{Mi}=0.5$，$\alpha_{Ni}=1$ 的并发度

图 3-22　不同 α_{Mi} 和 α_{Ni} 参数下并发度 C 随变量 kt 的演化

如图 3-22（a）所示，当 $\alpha_{Mi} = 0$，$\alpha_{Ni} = 0$ 时，最大纠缠态（$|10\rangle +$ $|01\rangle$）（$\langle 10| + \langle 01|$）/2 的并发度处于最大值为 1，这说明它能很好地抵御共同 σ_z 噪声，而（$|00\rangle + |11\rangle$）（$\langle 00| + \langle 11|$）/2 的并发度在局域独立或共同噪声下都呈现出指数形式并逐渐衰减。

如图 3-22（b）所示，当 $\alpha_{Mi} = 0.5$，$\alpha_{Ni} = 1$ 时，最大纠缠态（$|10\rangle +$ $|01\rangle$）（$\langle 10| + \langle 01|$）/2 的并发度在局域共同噪声下保持初始时的值 0.5，在局域独立 σ_z 噪声下呈现出指数衰减趋势，而最大纠缠态（$|00\rangle +$ $|11\rangle$）（$\langle 00| + \langle 11|$）/2 的并发度在两种噪声下都呈现出了指数衰减的趋势。

3.1.3.4　局域退极化噪声下的纠缠演化

当混合纠缠态处于共同退极化噪声下时，我们得到 Lindblad 算符（$L_{1,x} + L_{2,x}$，$L_{1,y} + L_{2,y}$，$L_{1,z} + L_{2,z}$）在主方程中获得 t 时刻的密度矩阵有两类，其中一类密度矩阵我们描述如下：

$$\rho_{Mi}(0) \rightarrow \Xi_d^{co, Mi}(t) = \begin{bmatrix} \Xi_{11}^{co, M1(2)} & 0 & 0 & \Xi_{14}^{co, M1(2)} \\ 0 & \Xi_{22}^{co, M1(2)} & \Xi_{23}^{co, M1(2)} & 0 \\ 0 & \Xi_{32}^{co, M1(2)} & \Xi_{33}^{co, M1(2)} & 0 \\ \Xi_{41}^{co, M1(2)} & 0 & 0 & \Xi_{44}^{co, M1(2)} \end{bmatrix}$$

$$(3-44)$$

其中：

$\Xi_{11}^{co, M1} = [2(1 - e^{-12kt}) + 3\alpha_{M1}(e^{-12kt} + e^{-4kt})]/6$,

$\Xi_{14}^{co, M1(2)} = \Xi_{41}^{co, M1(2)} = 0$,

$\Xi_{11}^{co, M2} = [2(1 - e^{-12kt}) + 3\alpha_{M2}(e^{-12kt} + e^{-4kt})]/6$,

$\Xi_{44}^{co, M1} = [2(1 - e^{-12kt}) + 3\alpha_{M1}(e^{-12kt} + e^{-4kt})]/6$,

$\Xi_{22}^{co, M1(2)} = \Xi_{33}^{co, M1(2)} = \Xi_{23}^{co, M1(2)} = \Xi_{32}^{co, M1(2)} = e^{-12kt}(e^{12kt} + 2 - 3\alpha_{M1(2)})/6$,

$\Xi_{44}^{co, M2} = [2(1 - e^{-12kt}) + 3\alpha_{M2}(e^{-12kt} + e^{-4kt})]/6$。

这里 $\Xi_{ij}^{co, M1(2)}$（$i(j) = 1, 2, 3, 4$）表示在退极化噪声下以 $\rho_{M1(2)}(0)$ 为初始状态的密度矩阵第 i 行 j 列的元素，我们计算得到 t 时刻的并发度为：

$$C_d^{co, Mi} = \max\left\{0, 2\sqrt{\Xi_{23}^{Mi}\Xi_{32}^{Mi}} - 2\sqrt{\Xi_{11}^{Mi}\Xi_{44}^{Mi}}\right\}$$

$$= \frac{1}{3}e^{-12kt}\{|2 + e^{12kt} - 3\alpha_{Mi}| - e^{-12kt} \cdot$$

$$\sqrt{e^{-24kt}[4(-1 + e^{12kt})^2 + 12(-1 + e^{12kt})\alpha_{Mi} - 9(-1 + e^{16kt})\alpha_{Mi}^2]}\}$$

$$(3-45)$$

另外一类密度矩阵我们描述如下：

$$\rho_{Ni}(0) \rightarrow \Xi_d^{co, \ Ni}(t) = \begin{bmatrix} \Xi_{11}^{co, \ N1(2)} & 0 & 0 & \Xi_{14}^{co, \ N1(2)} \\ 0 & \Xi_{22, \ N1(2)}^{co} & \Xi_{23, \ N1(2)}^{co} & 0 \\ 0 & \Xi_{32}^{co, \ N1(2)} & \Xi_{33}^{co, \ N1(2)} & 0 \\ \Xi_{41}^{co, \ N1(2)} & 0 & 0 & \Xi_{44}^{co, \ N1(2)} \end{bmatrix}$$

$$(3-46)$$

其中：$\Xi_{11}^{co, \ N1} = (4 + 2 e^{-12kt} + 3 \alpha_{N1} e^{-4kt}) / 12,$

$\Xi_{11}^{co, \ N2} = (4 + 2 e^{-12kt} - 3 \alpha_{N2} e^{-4kt}) / 12,$

$\Xi_{44}^{co, \ N1} = (4 + 2 e^{-12kt} - 3 \alpha_{N1} e^{-4kt}) / 12,$

$\Xi_{44}^{co, \ N2} = 4 + 2 e^{-12kt} + 3 \alpha_{N2} e^{-4kt} / 12,$

$\Xi_{22}^{co, \ N1(2)} = \Xi_{33}^{co, \ N1(2)} = \Xi_{23}^{co, \ N1(2)} = \Xi_{32}^{co, \ N1(2)} = e^{-12kt} (e^{12kt} - 1) / 6,$

$\Xi_{14}^{co, \ N1(2)} = \Xi_{41}^{co, \ N1(2)} = e^{-12kt} (2 - \alpha_{N1(2)}) / 4$ $\quad(3-47)$

这里 $\Xi_{ij}^{co, \ N1(2)}(i(j) = 1, 2, 3, 4)$ 表示在退极化噪声下以 $\rho_{N1(2)}(0)$ 为初始状态的密度矩阵第 i 行 j 列的元素，我们计算得到 t 时刻的并发度为：

$$C_d^{co, \ Ni} = \max\{0, \ 2 \sqrt{\Xi_{14}^{Ni} \Xi_{41}^{Ni}} - 2 \sqrt{\Xi_{22}^{Ni} \Xi_{33}^{Ni}}\}$$

$$= \frac{1}{2} e^{-12kt} | - 2 + \alpha_{Ni} | - \frac{1}{3} \sqrt{e^{-24kt} (-1 + e^{12kt})^2} \quad (3-48)$$

在局域独立退极化噪声下，混合纠缠态和 Pauli σ_x 环境下类似，我们得到了并发度与 $\alpha_{Mi}(\alpha_{Ni})$ 和 kt 有关的函数，并发度随 $\alpha_{Mi}(\alpha_{Ni})$ 和 kt 的演化如图 3-23 所示。

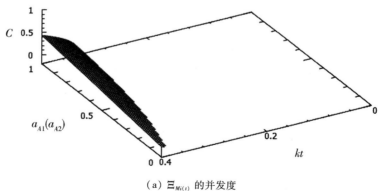

（a）$\Xi_{Mi(t)}$ 的并发度

图 3-23　并发度随 L 的演化图

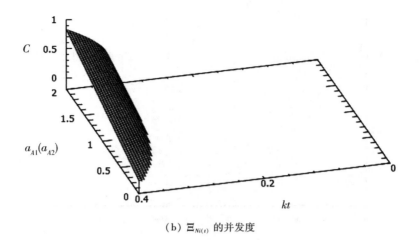

（b） $\Xi_{Ni(t)}$ 的并发度

图 3-23　并发度随 L 的演化图（续）

如图 3-23 所示，除了某些特殊点 $\alpha_{Mi}=1$，$\alpha_{Ni}=2$ 外，以 $\rho_{Mi}(0)(i=1,$ 2）或者 $\rho_{Ni}(0)(i=1,2)$ 为初始态的系统并发度均在有限时间内出现纠缠消失的现象。当 $\alpha_{Mi}=1$ 时，系统处于分离态 $|00\rangle$，当 $\alpha_{Ni}=2$ 时，系统处于分离态 $|11\rangle$，此时并发态为 0，当 $\alpha_{Mi}=0$，$\alpha_{Ni}=0$ 时，系统处于最大纠缠态，即 $(|10\rangle+|01\rangle)(\langle10|+\langle01|)/2$ 或者 $(|00\rangle+|11\rangle)(\langle00|+\langle11|)/2$，此时系统并发度出现了有限时间内消失的现象，原因是 Lindblad 算符非对易，也就是说 $[L_{1,x}+L_{2,x}]\neq0$。并发度在不同的参数 α_{Mi} 和 α_{Ni} 下随变量 kt 的演化如图 3-23 所示。

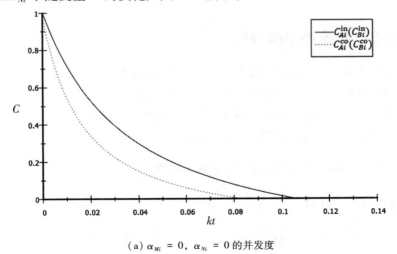

（a） $\alpha_{Mi}=0$，$\alpha_{Ni}=0$ 的并发度

图 3-24　并发度在不同的参数 α_M 和 α_{Ni} 下随变量 kt 的演化图

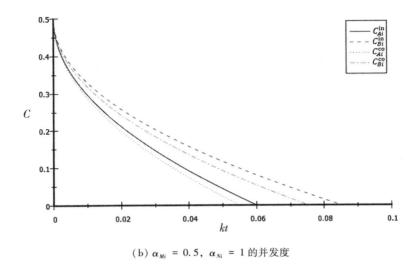

（b）$\alpha_{Mi} = 0.5$，$\alpha_{Ni} = 1$ 的并发度

图 3-24　并发度在不同的参数 α_M 和 α_{Ni} 下随变量 Lt 的演化图（续）

如图 3-24（a）所示，并发度在参数 $\alpha_{Mi} = 0$，$\alpha_{Ni} = 0$ 下衰减为零，且在局域共同噪声下衰减的速度快于局域独立噪声。

如图 3-24（b）所示，当 $\alpha_{Mi} = 0.5$，$\alpha_{Ni} = 1$ 时，初始时刻的并发度为 0.5，共性的现象为：局域共同环境下的并发度衰减速度快于局域独立环境。相比而言，初始态 $\rho_{Mi}(0)$ 在局域独立环境下的衰减速度最快，而初始态 $\rho_{Ni}(0)$ 在局域独立环境下的衰减速度最慢，这样很好地刻画了退极化噪声下的纠缠演化过程。

3.2　构建免疫噪声模型

本节在 3.1 节量子纠缠演化刻画和幺正转换的基础上，我们分析了真实物理系统与环境耦合的噪声特征，构建了免疫不同噪声的动态切换模型，建立了鲁棒的基于密度矩阵和基于 DFS 的免疫噪声模型，这是构建高保真纠缠量子隐形传态信道统一框架的核心。

3.2.1　基于密度矩阵的免疫噪声模型

3.2.1.1　性质

为同时实现信道的高保真性和安全性，我们设计免疫噪声模型应具有的性质如下：

量子比特在噪声下的相互作用通过量子在希尔伯特空间中相互作用的

噪声算子来表示，E_k 表示 Kraus 操作中一种类型的噪声，用来跟踪保存此操作（概率守恒），它满足条件：$\sum_{j=1}^{n} E_j^\dagger E_j = I$，$I$ 为希尔伯特空间上的单位矩阵。总的密度矩阵 $\rho = \rho_{in} \otimes \rho_{ch}$ 描述最初始的状态，它根据噪声类型对每个量子比特进行独立的改变，利用量子比特 k 上的噪声算子，通过密度矩阵 $\rho_k \longrightarrow \rho_k' = \underset{j=1}{\overset{n}{E}} E_j \rho_k E_j^\dagger$ 得到多个噪声源作用后，总的密度矩阵为：

$$\rho' = \sum_{j=1}^{n_1} E_i(P_I) \left[\sum_{j=1}^{n_A} F_j(P_A) \left(\sum_{k=1}^{n_B} G_k(P_B) \rho \, G_k^\dagger(P_B) \right) E_j^\dagger(P_A) \right] E_i^\dagger(P_I)$$

$$(3\text{-}49)$$

针对量子噪声信道的每个量子通道状态发生的概率，我们定义保真度 $F_j = \langle \psi | \rho_{B_j} | \psi \rangle$ 和平均保真度 $\bar{F} = \sum_{j=2}^{4} \text{tr}[P_j^\varphi \rho] \, \text{tr}[\rho_{in} \rho_{B_j}']$ 来度量免疫模型的有效性和安全性。并且为了更加直观地度量噪声的影响，定义最佳效率 $\overline{\langle F_{X,\,\varphi,\,Y} \rangle}$，其中 X 为输入量子比特遭受的噪声信道，φ 为 Alice 在量子信道上不受噪声影响的量子比特，Y 为 Bob 受到噪声影响的量子比特。

具体地，我们分三种情况进行分析：

① 当量子噪声信道（如比特翻转通道、退极化通道、振幅阻尼通道、Pauli 通道等）免受噪声（$P_A = P_B = 0$），而仅输入者 Alice 的量子在噪声环境（$P_I \neq 0$）中时，描述和量化每一个量子通道类型的噪声平均保真度和最佳效率值。进一步度量输入者 Alice 的量子比特遭受其中一种噪声且 Bob 量子比特可能处于部分其他几个噪声中的情况，描述和量化不同情况下的平均保真度和最佳效率。当噪声无法避免时，进一步分析当 Bob 选择隐形传态过程中的量子比特在不同噪声时的平均保真度和最佳效率；

② 当 Alice 所有量子比特遭受相同类型噪声时（$P_A = P_B = P$），如果 Alice 的量子比特遭受其中一种噪声，Bob 量子比特受到几种类型噪声影响，描述和量化不同情况下的平均保真度和最佳效率；

③ 当通道的量子比特遭受相同类型的噪声时（$P_A \neq P_B \neq P$），也就是在量子比特由 Alice 发送信息给 Bob 的过程中遭遇到噪声，此时，输入的量子比特可能遭受一种或者几种不同类型的噪声，分别描述和量化不同情况下的平均保真度和最佳效率。

3.2.1.2　噪声建模

单粒子在噪声环境中的相关性，我们在希尔伯特空间中通过量子操作来表示，算子 E_j 表示一定类型的噪声，通常称之为 Kraus 算子，用来跟踪和保持操作(概率守恒)[142]，满足如下条件：

$$\sum_{j=1}^{n} E_j^\dagger E_j = I \tag{3-50}$$

其中，$1 < n < 4$，并且 I 是作用在希尔伯特空间上的单位矩阵，k 表示噪声对量子比特的作用，我们得到了密度矩阵 ρ_k：

$$\rho_k \rightarrow p_k = \sum_{j=1}^{n} E_j \rho_k E_j^\dagger \tag{3-51}$$

接着，我们针对作用在量子比特上的四种不同类型的噪声建立在不同噪声中的实现模型。假定在量子隐形传态中的每一个量子比特处在其中一种噪声中，首先我们简单描述一下不同噪声的物理意义和 Kraus 算子。

（1）比特翻转噪声。

比特翻转噪声可以改变量子比特的状态，以概率 p 翻转：$|0\rangle \rightarrow |1\rangle$，$|1\rangle \rightarrow |0\rangle$，它的 Kraus 算子我们描述为：

$$E_1 = \sqrt{1-p}\, I, \quad E_2 = \sqrt{p}\, \sigma_x \tag{3-52}$$

（2）相位翻转或相位阻尼噪声。

相位翻转噪声改变了量子比特的相位：$|1\rangle \rightarrow -|1\rangle$，它的 Kraus 算子我们描述为：

$$E_1 = \sqrt{1-p}\, I, \quad E_2 = \sqrt{p}\, \sigma_z \tag{3-53}$$

相位翻转噪声相当于相位阻尼，噪声过程中考虑到了在没有能量损失的情况下量子态的信息损失。这是典型的退相干模型，因为相位阻尼噪声破坏了量子比特的量子叠加，使得密度矩阵的非对角元素达到零。

（3）去极化噪声。

去极化噪声是一种很重要的噪声，这种类型的噪声需要一个量子位，并且通过混合态 $I/2$ 以概率 P 来取代它，它被认为是一种"白色噪声"。它将以完全非偏振态的密度矩阵表示，即 $\langle\sigma_x\rangle = \langle\sigma_y\rangle = \langle\sigma_z\rangle = 0$，它的 Kraus 算子我们描述为：

$$E_1 = \sqrt{1-3P/4}\, I, \quad E_2 = \sqrt{P/4}\, \sigma_x \tag{3-54}$$

$$E_3 = \sqrt{P/4}\, \sigma_y, \quad E_4 = \sqrt{P/4}\, \sigma_z \tag{3-55}$$

（4）振幅阻尼噪声。

在几个量子系统中振幅阻尼的建模消能过程是很重要的，它的 Kraus 算子我们描述为：

$$E_1 = \begin{bmatrix} 1 & 0 \\ 0 & \sqrt{1-P} \end{bmatrix}, \quad E_2 = \begin{bmatrix} 0 & \sqrt{P} \\ 0 & 0 \end{bmatrix} \tag{3-56}$$

其中，P 可以看作是在二能级系统中从激发态到基态的衰变概率。对某个特定的退相干模型，可以得到 $P = 1 - e^{-\frac{t}{T}}$（t 表示时间，T 表示退相干过程的特定时间）。

3.2.1.3　量子比特效率性能分析

1. Alice 的量子比特效率

我们假设此时量子信道免疫噪声的（$P_A = P_B = 0$），而输入态处于子噪声环境（$P_I \neq 0$）中，对于每种类型的噪声写成：

$$\langle \bar{F}_1 \rangle = \frac{2}{3}\left[1 - \frac{P_I}{2} + \frac{1 - P_I}{2}\sin(2\theta)\sin(2\phi)\right] \qquad (3\text{-}57)$$

$$\langle \bar{F}_2 \rangle = \frac{2}{3}\left[1 + \frac{1 - 2P_I}{2}\sin(2\theta)\sin(2\phi)\right] \qquad (3\text{-}58)$$

$$\langle \bar{F}_3 \rangle = \frac{2}{3}\left[1 - \frac{P_I}{4} + \frac{1 - P_I}{2}\sin(2\theta)\sin(2\phi)\right] \qquad (3\text{-}59)$$

$$\langle \bar{F}_4 \rangle = \frac{2}{3}\left[1 - \frac{P_I}{4} + \frac{1}{2}\sqrt{1 - P_I}\sin(2\theta)\sin(2\phi)\right] \qquad (3\text{-}60)$$

其中，公式（3-57）中等号左边下标表示比特翻转，公式（3-58）中等号左边下标表示相位翻转，公式（3-59）中等号左边下标表示去极化噪声，公式（3-60）中等号左边下标表示振幅阻尼。当 $\theta = \phi = \pm\frac{\pi}{4}$，$1 - P_I > 0$ 时，如果 $\sin(2\theta)\sin(2\phi) = 1$，表达式可以获得最大值。在表达式 $\langle \bar{F}_2 \rangle$ 中，$\sin(2\theta)\sin(2\phi)$ 和 $1 - 2P_I$ 相乘，当 $P_I < \frac{1}{2}$ 时，最佳设置是 $\theta = -\phi = \pm\frac{\pi}{4}$，而当 $P_I > \frac{1}{2}$ 时，最佳设置是 $\theta = \phi = \pm\frac{\pi}{4}$。这就意味着，如果输入的量子比特在特定时间进行相位翻转$\left(P_I > \frac{1}{2}\right)$，Alice 可以改变和提高量子隐形传态协议的效率（$\phi \to -\phi$）。另外，Alice 可以使用原来的测量基，并且她或者 Bob 在量子信道上执行 σ_z 操作，即从 $|B_1^\theta\rangle$ 到 $|B_1^{-\theta}\rangle$ 我们采用上面的优化设置，公式（3-57）至公式（3-60）可以简化为：

$$\langle \bar{F}_1' \rangle = 1 - \frac{2P_I}{3} \qquad (3\text{-}61)$$

$$\langle \bar{F}_2' \rangle = \frac{2}{3} + \frac{|1 - 2P_I|}{3} \qquad (3\text{-}62)$$

$$\langle \bar{F}_3' \rangle = 1 - \frac{P_I}{2} \qquad (3\text{-}63)$$

$$\langle \bar{F}'_4 \rangle = \frac{2}{3} - \frac{P_I}{6} + \frac{1}{3}\sqrt{1 - P_I} \qquad (3\text{-}64)$$

如图 3-25 所示，可以看到比特翻转噪声是四个噪声中最严重的，当 $0 \leqslant P_I \leqslant \frac{1}{2}$ 时，相位翻转和比特翻转一样严重。另一方面，从 $P_I = 0$ 到 $P_I \approx 0.6$，振幅阻尼是最严重的噪声，其次是去极化噪声，对于最高值的 P_r，相位翻转噪声有最大平均保真度。

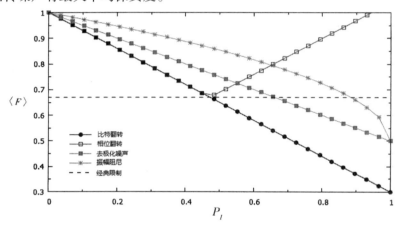

图 3-25　噪声信道下输入态量子隐形传态效率

在最佳效率中吗，$\langle \bar{F}_{X,\ \phi,\ Y} \rangle$ 第一个下标 X 表示输入状态的受到的噪声，第二个下标 ϕ 表示 Alice 的量子比特在量子信道上不受到噪声影响，第三个下标 Y 表示 Bob 的量子比特受到的噪声类型。这里的 X 和 Y 科研是四种噪声中的任意一种。

当 Bob 的量子比特处于四种不同类型噪声环境中时，总受到比特翻转噪声的影响，它们的最佳效率我们描述为：

$$\langle \bar{F}_1,\ \phi,\ 1 \rangle = 1 - \frac{2}{3}(P_I + P_B - 2P_I P_B) \qquad (3\text{-}65)$$

$$\langle \bar{F}_1,\ \phi,\ 2 \rangle = \frac{2}{3} - \frac{1}{3}[P_I - (1 - P_I)\ |1 - 2P_B|] \qquad (3\text{-}66)$$

$$\langle \bar{F}_1,\ \phi,\ 3 \rangle = 1 - \frac{P_B}{2} - \frac{2}{3}P_I(1 - P_B) \qquad (3\text{-}67)$$

$$\langle \bar{F}_1,\ \phi,\ 4 \rangle = \frac{2}{3} - \frac{1}{3}\Big[P_I + \frac{P_B}{2}(1 - 2P_I)\ (1 - \cos(2\theta))$$

$$- (1 - P_I)\ \sqrt{1 - P_B}\sin(2\theta)\Big] \qquad (3\text{-}68)$$

当 $\theta = \phi = \pm \dfrac{\pi}{4}$ 时为最优参数，当 $P_B < \dfrac{1}{2}$ 时，$\theta = \phi = \pm \dfrac{\pi}{4}$，当 $P_B > \dfrac{1}{2}$ 时，$\theta = -\phi = \pm \dfrac{\pi}{4}$。当 $\phi = \dfrac{\pi}{4}$ 时，θ 满足 $\mathrm{d}(\bar{F}_1, \phi, 4\rangle \mid \mathrm{d}\theta = 0$，即：

$$\tan(2\theta) = \frac{2(1 - P_I)\sqrt{1 - P_B}}{P_B(1 - 2P_I)} \tag{3-69}$$

其中：当 $P_I < \dfrac{1}{2}$ 时，有 $\cos(2\theta) > 0$ 且 $\sin(2\theta) > 0$，当 $P_I > \dfrac{1}{2}$ 时，有 $\cos(2\theta) < 0$。

这意味着减少纠缠可以提高效率，这种情况下，当 Bob 的量子比特受到振幅阻尼噪声影响时，减少纠缠量可以提高效率（当输入态为纯态时）。下面研究当输入态为混合态时具有的相同功能。当 $\theta \neq \dfrac{\pi}{4}$ 且 $P_B \neq 0$ 时，较少的纠缠会导致一个更好的隐形传态协议。如图 3-26 所示。

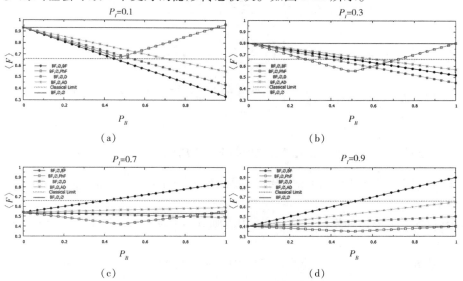

图 3-26　噪声信道下 P_I 和 P_B 在量子隐形传态协议中的效率

说明：图 3-26 至图 3-28 中三个字符分别表示输入状态、Alice 和 Bob 受到的噪声类型。BF、PhF、D 和 AD 分别代表比特翻转、相位翻转、去极化噪声和振幅阻尼四种噪声。ϕ 表示不受噪声影响。classical limit 表示经典极限值。

在图 3-26 中，我们为 P_I 取了四个值，当 $P_I > 0.5$ 时可知噪声越大效率越高。事实上，对于 $P_I > 0.5$，可以看到 $\langle \bar{F}_1, \phi, \phi \rangle$ 低于 P_B 对应的经典

限度。然而，通过在协议中加入更多的噪声，让 Bob 的量子比特在噪声环境中进行比特翻转后，当 $P_B > 0.5$ 时，会提高协议的效率，当 $P_I < 0.5$ 时，总是会降低协议的效率。值得一提的是，当输入的量子比特不受噪声影响时也会有类似事实发生，但是量子信道中的两个量子比特都会遭受振幅阻尼噪声的影响。当噪声不可避免地发生时，Bob 可以选择噪声环境进行量子隐形传态，在这种情况下，最佳的噪声取决于非常规的 P_I 和 P_B 值。例如，当 $P_I < 0.3$ 时，如果 Bob 的量子比特受到振幅阻尼噪声的影响，当 P_B 不超过 0.6 时，该协议实现了更好的性能。然而，当 P_B 大于 0.6 时，如果 Bob 的量子比特受到相位翻转噪声，我们可得到更好的结果。

当输入的量子比特受到相位翻转噪声影响，而 Bob 的量子比特遭受到其中一种噪声时，最佳效率我们描述为：

$$\langle \bar{F}_2, \phi, 2 \rangle = \frac{2}{3}\left[1 + \frac{|(1 - 2P_I)(1 - 2P_B)|}{2}\right] \tag{3-70}$$

$$\langle \bar{F}_2, \phi, 1 \rangle = \frac{2}{3}\left[1 - \frac{P_B}{2} + \frac{|1 - 2P_I|(1 - P_B)}{2}\right] \tag{3-71}$$

$$\langle \bar{F}_2, \phi, 3 \rangle = \frac{2}{3}\left[1 - \frac{P_B}{4} + \frac{|1 - 2P_I|(1 - P_B)}{2}\right] \tag{3-72}$$

$$\langle \bar{F}_2, \phi, 4 \rangle = \frac{2}{3}\left[1 - \frac{P_B}{4} + \frac{P_B\cos(2\theta)}{4} + \frac{(1 - 2P_I)\sqrt{1 - P_B}\sin(2\theta)}{2}\right] \tag{3-73}$$

公式(3-70)中的最优参数，如果 $(1 - 2P_I)(1 - 2P_B) > 0$，有 $\theta = \phi = \pm\frac{\pi}{4}$，如果 $(1 - 2P_I)(1 - 2P_B) < 0$，有 $\theta = -\phi = \pm\frac{\pi}{4}$。在公式(3-69)和公式(3-70)中，如果 $(1 - 2P_I) > 0$，则 $\theta = \phi = \pm\frac{\pi}{4}$，如果 $(1 - 2P_I) < 0$，则 $\theta = -\phi = \pm\frac{\pi}{4}$。在公式(3-71)中，一组可能的最佳参数是 $\phi = \frac{\pi}{4}$ 并且 θ 满足 $\mathrm{d}\langle \bar{F}_2, \phi, 4 \rangle / \mathrm{d}\theta = 0$，即：

$$\tan(2\theta) = \frac{2(1 - 2P_I)\sqrt{1 - P_B}}{P_B} \tag{3-74}$$

当 $P_I < \frac{1}{2}$ 时有 $\cos(2\theta) > 0$ 且 $\sin(2\theta) > 0$，当 $P_I > \frac{1}{2}$ 时有 $\sin(2\theta) < 0$。当 $P_B \neq 0$ 时，意味着最小的纠缠可以达到最大的效率。

在图 3-27 中，P_B 作为函数有对应的 P_I 值，相反，对于在比特翻转噪声中输入的量子比特，相对于没有噪声($P_B = 0$)，当$P_B \neq 0$时，如果放入噪声中的 Bob 的量子比特，可以使得噪声增加而且不提高效率。然而，如果噪声不可避免并且 Bob 可以选择不同的噪声信道，他可以通过选择正确的噪声以提高协议的效率。他的选择取决于噪声信道下作用于量子比特的概率P_B，等价地，在同一时间他的量子比特在噪声环境中的效率如图 3-27 所示。

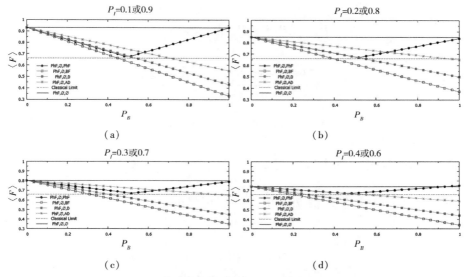

图 3-27　噪声信道下量子隐形传态中P_I和P_R的效率

注意到如果 Bob 的量子比特遭受到振幅阻尼噪声，P_B处在 0～0.6 的范围内时，协议会达到最好的性能。另一方面，当输入的量子态和 Bob 的量子态遭受到相同类型的噪声，P_B处在 0.6～1 的范围内时，协议的效率会更好。

2. 噪声中所有的量子比特

当 Alice 的所有粒子遭受相同类型噪声时，比如量子隐形传态任务中 Alice 的输入态和纠缠信道。在这种情况下，输入的量子比特和 Alice 的纠缠态处于同一个噪声环境，因此在同一时间跨度下受到相同类型的噪声，这意味着 $P_I = P_B = P$。Bob 的粒子在从 Alice 到 Bob 的传输过程中遭受不同类型的噪声。

当 Alice 的量子比特遭受到翻转噪声时，可以通过 Bob 的量子比特遭受的噪声影响得到最佳效率，我们写成：

$$\langle \bar{F}_1, 1, \phi \rangle = 1 - \frac{4P(1 - P)}{3} \tag{3-75}$$

$$\langle \bar{F}_1, 1, 1 \rangle = 1 - \frac{2P_B}{3} - \frac{4P(1-P)(1-2P_B)}{3} \qquad (3\text{-}76)$$

$$\langle \bar{F}_1, 1, 2 \rangle = \frac{2}{3} - \frac{2P(1-P)}{3} + \frac{[1-2P(1-P)](1-2P_B)}{3} \qquad (3\text{-}77)$$

$$\langle \bar{F}_1, 1, 3 \rangle = 1 - \frac{P_B}{2} - \frac{4P(1-P)(1-P_B)}{3} \qquad (3\text{-}78)$$

$$\langle \bar{F}_1, 1, 4 \rangle = \frac{2}{3} - \frac{P_B}{6} - \frac{2P(1-P)(1-P_B)}{3} + \frac{(1-2P)^2 P_B \cos(2\theta)}{6}$$

$$+ \frac{[1-2P(1-P)]\sqrt{1-P_B}\sin(2\theta)}{3} \qquad (3\text{-}79)$$

在公式(3-75)、(3-76)和(3-77)中，给定了最优参数是 $\theta = \varphi = \pm \dfrac{\pi}{4}$。

在公式(3-76)中，如果 $P_B < \dfrac{1}{2}$，则有 $\theta = \varphi = \pm \dfrac{\pi}{4}$，如果 $P_B > \dfrac{1}{2}$，则有 $\theta = -\varphi = \pm \dfrac{\pi}{4}$。在公式(3-78)中，一组可能的最优参数是 $\varphi = \dfrac{\pi}{4}$，θ 给定为：

$$\tan(2\theta) = \frac{2[1-2P(1-P)]\sqrt{1-P_B}}{(1-2P)^2 P_B} \qquad (3\text{-}80)$$

其中，$\cos(2\theta) > 0$ 且 $\sin(2\theta) > 0$。

P_B 作为函数有一系列的 P_I 值，如图 3-28 所示。

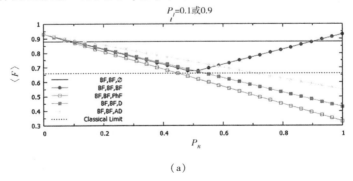

(a)

图 3-28 当 Alice 的粒子遭受比特翻转噪声时量子隐形传态协议效率

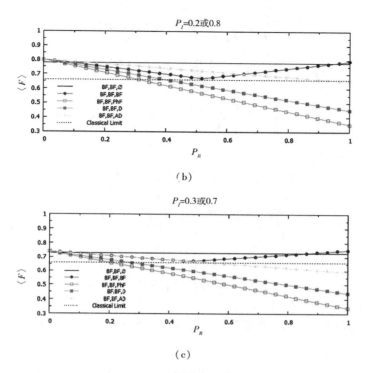

（b）

（c）

图 3-28 当 Alice 的粒子遭受比特翻转噪声时量子隐形传态协议效率（续）

增加更多噪声并不能提高协议的效率，相反，只有输入比特在比特翻转噪声中受到影响，Bob 的量子比特也同样受到比特翻转噪声的影响。如图 3-28 中，如果噪声不可避免，Bob 可以根据 P_I 和 P_B 的值来选择正确的噪声信道来提高协议的效率。

如果 Alice 的粒子受到其他三种噪声的影响，没有发现任何一种噪声提高了整体的效率。在这三种噪声情况下，Alice 的噪声信道不同于 Bob 的噪声信道，可以提高协议的效率。当 Bob 的量子比特遭受到振幅阻尼噪声时，可以用最低的 P_B 值达到最佳的性能。对于最高值 P_B，相位翻转通道是一个提供最佳性能的布局。当至少一个粒子作用在振幅阻尼信道上时，得到量子信道的最佳纠缠度趋势，即纠缠越小，性能越好。

3. 量子信道上的量子比特

在量子隐形传态过程中，信道粒子可能会遭受到噪声影响。在这种情况下，Alice 和 Bob 通信过程中量子比特在相同的噪声环境中，他们在相同的时间内遭受同样的噪声，这意味着 $P_A = P_B = P$。

如果信道粒子遭受比特翻转噪声，我们根据量子比特的噪声类型得到如下最佳的效率：

$$\langle \bar{F}_{\phi}, 1, 1 \rangle = 1 - \frac{4P(1-P)}{3} \tag{3-81}$$

$$\langle \bar{F}_1, 1, 1 \rangle = 1 - \frac{2P_I}{3} - \frac{4(1-2P_I)P(1-P)}{3} \tag{3-82}$$

$$\langle \bar{F}_2, 1, 1 \rangle = \frac{2}{3} - \frac{2P(1-P)}{3} + \frac{|1-2P_I|[1-2P(1-P)]}{3} \tag{3-83}$$

$$\langle \bar{F}_3, 1, 1 \rangle = 1 - \frac{P_I}{2} - \frac{4(1-P_I)P(1-P)}{3} \tag{3-84}$$

$$\langle \bar{F}_4, 1, 1 \rangle = \frac{2}{3} - \frac{P_I}{6} - \frac{2(1-P_I)P(1-P)}{3} + \frac{\sqrt{1-P_I}[1-2P(1-P)]}{3} \tag{3-85}$$

当 $\theta = \phi = \pm \frac{\pi}{4}$ 时，最优参数在公式（3-82）、（3-83）和（3-84）中给定，并且在公式（3-85）中，如果 $P_I < \frac{1}{2}$，则有 $\theta = \phi = \pm \frac{\pi}{4}$，如果 $P_I > \frac{1}{2}$，则有 $\theta = -\phi = \pm \frac{\pi}{4}$。

当 $\langle \bar{F}_1, 1, X \rangle = \langle \bar{F}_X, 1, 1 \rangle$ 时，$X = \phi$，1，2，3，4。对于 $P_B = P_I$ 且 $\phi = \frac{\pi}{4}$ 的情况，我们已经在前面进行了分析与讨论。

3.2.2　基于 DFS 的联合噪声免疫模型

本节在量子纠缠演化模型的基础上，针对联合噪声采用了无消相干子空间来建立免疫噪声模型。

3.2.2.1　构建联合退相位噪声的免疫模型

根据联合退相位噪声对量子态的影响特性，我们构造出的可免疫退相位噪声下的逻辑量子比特为：$|0_{dp}\rangle = |01\rangle \equiv |0\rangle|1\rangle$ 和 $|1_{dp}\rangle = |10\rangle \equiv |1\rangle|0\rangle$（其中，下标"dp"表示抵抗噪声的逻辑态）。任何 $|0_{dp}\rangle$ 和 $|1_{dp}\rangle$ 的叠加态都可构成对联合退相位噪声免疫的无消相干子空间（DFS）。在该空间中，另一个测量基为：$|\pm\rangle_{dp} = \frac{1}{\sqrt{2}}(|0_{dp}\rangle \pm |1_{dp}\rangle) \equiv \frac{1}{\sqrt{2}}(|0\rangle|1\rangle \pm |1\rangle|0\rangle)$，这一组基底对联合噪声也是免疫的。

在该子空间（DFS）下的两个非正交测量基为：$\{|0_{dp}\rangle，|1_{dp}\rangle\}$ 和

$$\left\{|+\rangle_{dp}=\frac{1}{\sqrt{2}}(|0_{dp}\rangle+|1_{dp}\rangle)\,,\quad|-\rangle_{dp}=\frac{1}{\sqrt{2}}(|0_{dp}\rangle-|1_{dp}\rangle)\right\}\,。$$

以四粒子团簇态为例，我们将四粒子团簇态表示为：

$$|\varphi^{+}\rangle_{XYZM}=\frac{1}{2}(|0000\rangle+|0011\rangle+|1100\rangle+|1111\rangle)_{XYZM}$$

$$=\frac{1}{\sqrt{2}}(|00\rangle+|11\rangle)_{XY}\otimes\frac{1}{\sqrt{2}}(|00\rangle+|11\rangle)_{ZM}\qquad(3\text{-}86)$$

假设发送者 Alice 拥有处于最大纠缠的团簇态粒子 X，Y，Z 和 M，并且她要将粒子 Y 和粒子 M 发送给接收者 Bob。为了防止退相位噪声的影响，Alice 首先要将粒子 Y 和粒子 M 表示成逻辑量子态，即

$$|0\rangle_{Y}\equiv|0\rangle_{Y1}|1\rangle_{Y2}，\quad|1\rangle_{Y}\equiv|1\rangle_{Y1}|0\rangle_{Y2}\text{ 和}|0\rangle_{M}\equiv|0\rangle_{M1}|1\rangle_{M2},$$

$|1\rangle_{M}\equiv|1\rangle_{M1}|0\rangle_{M2}$。

$$|\varphi^{+}\rangle_{XYZM}\equiv|\varphi^{+}_{dp}\rangle_{XYZM}=|\varphi^{+}_{dp}\rangle_{XY}\otimes|\varphi^{+}_{dp}\rangle_{ZM}$$

$$=\frac{1}{\sqrt{2}}(|0\rangle_{X}|01\rangle_{Y_1Y_2}+|1\rangle_{X}|10\rangle_{Y_1Y_2})\otimes\frac{1}{\sqrt{2}}(|0\rangle_{Z}|01\rangle_{M_1M_2}+|1\rangle_{Z}|10\rangle_{M_1M_2})$$

光子在信道中传输时，即在 $|1\rangle\longrightarrow|1\rangle e^{i\theta}$ 的演化过程中，θ 随时间而波动，当 $\theta=0$ 时，相位不变，模也不变。此时发送者 Alice 只需要制备二维 4 量子比特的 Bell 态 $|\varphi^{+}\rangle_{XYZM}$，然后将粒子 Y_1 Y_2 和 M_1 M_2 发送给接收者 Bob，Bob 在接收到逻辑量子态以后，进行适当的变换，我们就得到原始发送的信息。在此，Bob 需要进行控制非（C－NOT）操作，将 Y_1 和 M_1 作为控制位，将 Y_2 和 M_2 作为靶位，我们就得到：

$$\frac{1}{\sqrt{2}}(|0\rangle_{X}|0\rangle_{Y_1}|1\rangle_{Y_2}+|1\rangle_{X}|1\rangle_{Y_1}|1\rangle_{Y_2})\otimes\frac{1}{\sqrt{2}}(|0\rangle_{Z}|0\rangle_{M_1}|1\rangle_{M_2}+|1\rangle_{Z}|1\rangle_{M_1}$$

$|1\rangle_{M_2})，$

即 $\dfrac{1}{\sqrt{2}}\{(|0\rangle_{X}|0\rangle_{Y_1}+|1\rangle_{X}|1\rangle_{Y_1})|1\rangle_{Y_2}\}\otimes\dfrac{1}{\sqrt{2}}\{(|0\rangle_{Z}|0\rangle_{M_1}+|1\rangle_{Z}|1\rangle_{M_1})|1\rangle_{M_2}\}$。

可知，Bob 拥有的粒子 Y_1，M_1 和 Alice 拥有的粒子 X，Z 都仍然处于最大纠缠态 $|\varphi^{+}\rangle$。由此，我们可以理解为，粒子 Y 和粒子 M 在传输过程中对联合退相位噪声是免疫的，也就是说没有受到联合退相位噪声的影响。

在 $|1\rangle\rightarrow|1\rangle e^{i\theta}$ 的演化过程中，当 $\theta\neq0$ 时，相位不变，但模要改变。即 $|\varphi^{+}_{dp}\rangle$ 在不同的 θ_1 和 θ_2 影响下，以四粒子团簇态为例，可以建立对退相位噪声免疫的量子模型：

$$|\varphi^{+}_{dp}\rangle_{1234}=\frac{1}{\sqrt{2}}(|0_{dp}\rangle|0_{dp}\rangle+|1_{dp}\rangle|1_{dp}\rangle)_{12}\otimes$$

$$\frac{1}{\sqrt{2}}(|0_{dp}\rangle|0_{dp}\rangle + |1_{dp}\rangle 1_{dp}\rangle)_{34}$$

$$= \frac{1}{\sqrt{2}}\left[\left(e^{i\theta_1}|01\rangle e^{i\theta_2}|01\rangle\right) + \left(e^{i\theta_1}|10\rangle e^{i\theta_2}|10\rangle\right)\right]_{12} \otimes$$

$$\frac{1}{\sqrt{2}}\left[\left(e^{i\theta_1}|01\rangle e^{i\theta_2}|01\rangle\right) + \left(e^{i\theta_1}|10\rangle e^{i\theta_2}|10\rangle\right)\right]_{34}$$

$$= \frac{1}{\sqrt{2}}\left[\left(e^{i\theta_1+i\theta_2}|01\rangle|01\rangle\right) + \left(e^{i\theta_t+i\theta_2}|10\rangle|10\rangle\right)\right]_{12} \otimes$$

$$\frac{1}{\sqrt{2}}\left[\left(e^{i\theta_1+i\theta_2}|01\rangle|01\rangle\right) + \left(e^{i\theta_1+i\theta_2}|10\rangle|10\rangle\right)\right]_{34}$$

$$= \frac{e^{i\theta_1+i\theta_2}}{\sqrt{2}}\left[\left(|01\rangle|01\rangle + |10\rangle|10\rangle\right)\right]_{12} \otimes \frac{e^{i\theta_1+i\theta_2}}{\sqrt{2}}\left[\left(|01\rangle|01\rangle\right.\right.$$

$$\left.\left. + |10\rangle|10\rangle\right)\right]_{34}(控制非操作)$$

$$= \frac{e^{i\theta_1+i\theta_2}}{\sqrt{2}}\left[\left(|00\rangle|00\rangle + |11\rangle|11\rangle\right)\right]_{12} \otimes \frac{e^{i\theta_1+i\theta_2}}{\sqrt{2}}\left[\left(|00\rangle|00\rangle\right.\right.$$

$$\left.\left. + |11\rangle|11\rangle\right)\right]_{34}$$

$$= e^{i\theta_t+i\theta_2}(|\varphi_{dp}^+\rangle_{12} \otimes |\varphi_{dp}^+\rangle_{34}) \tag{3-87}$$

由上述公式可知，在联合退相位噪声下，θ 随时间而波动时，Bob 拥有的粒子 2 和粒子 4 及 Alice 拥有的粒子 1 和粒子 3 都仍然处于最大纠缠态 $|\varphi^+\rangle$。由此，我们可以理解为，粒子 2 和粒子 4 在传输过程中对联合退相位噪声是免疫的，也就是说没有受到联合退相位噪声的影响。

3.2.2.2　构建联合旋转噪声的免疫模型

我们将两个光子分别表示成逻辑量子态形式：$|0_r\rangle \equiv |\Phi^+\rangle = \frac{1}{\sqrt{2}}(|00\rangle + |11\rangle)$ 和 $|1_r\rangle \equiv |\Psi^-\rangle = \frac{1}{\sqrt{2}}(|01\rangle - |10\rangle)$（其中，下标"r"表示抗联合噪声的逻辑态，$|\Phi^+\rangle$ 和 $|\Psi^-\rangle$ 仅仅是四个原始 Bell 态中的其中两个，它们在旋转噪声下可以不改变其状态）。两个逻辑态 $|\Phi^+\rangle$ 和 $|\Psi^-\rangle$ 的叠加态可以构成对噪声免疫的无消相干子空间（DFS）。在该空间中，另一个测量基为：$|+\rangle_r = \frac{1}{\sqrt{2}}(|0_r\rangle + |1_r\rangle) = \frac{1}{\sqrt{2}}(|\Phi^+\rangle + |\Psi^-\rangle)$ 和 $|-\rangle_r = \frac{1}{\sqrt{2}}(|0_r\rangle - |1_r\rangle) = \frac{1}{\sqrt{2}}(|\Phi^+\rangle - |\Psi^-\rangle)$，这一组基对联合噪声也是免疫的。

在该子空间（DFS）下的两个非正交测量基为：$\{|0_r\rangle, |1_r\rangle\}$ 和

$$\left\{ |+\rangle_r = \frac{1}{\sqrt{2}}(|0_r\rangle + |1_r\rangle) ,\ |-\rangle_r = \frac{1}{\sqrt{2}}(|0_r\rangle - |1_r\rangle) \right\}。$$

通过量子隐形传态进行通信时，首先发送方将物理的光子表示成逻辑量子态的形式，然后在信道上进行传输，接收方接收到该逻辑量子态形式后，通过适当的幺正操作就可以恢复到原来的量子态，这样就保证了在传输的过程中光子不受噪声的影响，保证了光子传输的准确性。

以四粒子团簇态为例，我们将四粒子团簇态表示为：

$$|\varphi^+\rangle_{XYZM} = \frac{1}{2}(|0000\rangle + |0011\rangle + |1100\rangle + |1111\rangle)_{XYZM}$$

$$= \frac{1}{\sqrt{2}}(|00\rangle + |11\rangle)_{XY} \otimes \frac{1}{\sqrt{2}}(|00\rangle + |11\rangle)_{ZM} \qquad (3\text{-}88)$$

假设发送者 Alice 拥有处于最大纠缠的团簇态粒子 X，Y，Z 和 M，并且她要将粒子 Y 和粒子 M 发送给接收者 Bob。为了防止旋转噪声的影响，Alice 首先要将粒子 Y 和粒子 M 表示成逻辑量子态，即 $|0\rangle_Y = |\Phi^+\rangle_{Y_1Y_2}$，$|1\rangle_Y = |\Psi^+\rangle_{Y_1Y_2}$ 和 $|0\rangle_M = |\Phi^+\rangle_{M_1M_2}$，$|1\rangle_M = |\Psi^+\rangle_{M_1M_2}$，因此 $|\varphi_{XYZM}^+\rangle$ 可表示成：

$$|\varphi_r^+\rangle_{XYZM} = \frac{1}{\sqrt{2}}(|0\rangle_X |\Phi^+\rangle_{Y_1Y_2} + |1\rangle_X |\Psi^-\rangle_{Y_1Y_2}) \otimes$$

$$\frac{1}{\sqrt{2}}(|0\rangle_Z |\Phi^+\rangle_{M_1M_2} + |1\rangle_Z |\Psi^-\rangle_{M_1M_2})$$

$$= \frac{1}{2}[|0\rangle_X(|00\rangle_{Y_1Y_2} + |11\rangle_{Y_1Y_2}) + |1\rangle_X(|01\rangle_{Y_1Y_2} - |10\rangle_{Y_1Y_2}) \otimes$$

$$\frac{1}{2}[|0\rangle_Z(|00\rangle_{M_1M_2} + |11\rangle_{M_1M_2}) + |1\rangle_Z(|01\rangle_{M_1M_2} - |10\rangle_{M_1M_2})]$$

因此，发送者 Alice 只需要制备二维 4 量子比特的 Bell 态 $|\varphi^+\rangle_{XYZM}$，然后将粒子 $Y_1 Y_2$ 和 $M_1 M_2$ 发送给接收者 Bob。Alice 和 Bob 分别对粒子 $X Y_1 Y_2$ 和 $Z M_1 M_2$ 进行互换门（swap gate）操作，即 $S_X \otimes S_{Y_1} \otimes S_{Y_2}$ 和 $S_Z \otimes S_{M_1} \otimes S_{M_2}$ 操作（互换门 $S = \begin{pmatrix} 1 & 0 \\ 0 & i \end{pmatrix} = \alpha|0\rangle + i\beta|1\rangle$，其中 α 和 β 是复数，满足 $|\alpha|^2 + |\beta|^2 = 1$），再进行阿达马门（Hadamard gate）操作，即 $H_X \otimes H_{Y_1} \otimes H_{Y_2}$ 和 $H_Z \otimes H_{M_1} \otimes H_{M_2}$ 操作（其中，阿达马门 $H = \frac{1}{\sqrt{2}}\begin{pmatrix} 1 & 1 \\ 1 & -1 \end{pmatrix}$，$|0\rangle \equiv \frac{(|0\rangle + |1\rangle)}{\sqrt{2}}$，$|1\rangle \equiv \frac{(|0\rangle - |1\rangle)}{\sqrt{2}}$）。

此时，粒子 XY_1Y_2 和粒子 ZM_1M_2 的联合量子态将变为：

$$|\mathscr{X}_r\rangle_{XYZM} = \frac{1}{\sqrt{2}}(|1\rangle_X|10\rangle_{Y_1Y_2} + |0\rangle_X|01\rangle_{Y_1Y_2}) \otimes$$

$$\frac{1}{\sqrt{2}}(|1\rangle_Z|10\rangle_{M_1M_2} + |0\rangle_Z|01\rangle_{M_1M_2}) \qquad (3\text{-}89)$$

Bob 在接收到逻辑量子态以后，进行适当的变换，就得到原始发送的信息。在此，Bob 需要进行控制非（C-NOT）操作（其中，控制非C-NOT $= \begin{pmatrix} I & 0 \\ 0 & I \end{pmatrix}$, $I = \begin{pmatrix} 1 & 0 \\ 0 & 1 \end{pmatrix} = \alpha|0\rangle + \beta|1\rangle$, α 和 β 是复数，满足 $|\alpha|^2 + |\beta|^2 = 1$）。将 Y_1 和 M_1 作为控制位，将 Y_2 和 M_2 作为靶位，我们就得到：

$$|\mathscr{X}_r\rangle'_{XYZM} = \frac{1}{\sqrt{2}}(|1\rangle_X|11\rangle_{Y_1Y_2} + |0\rangle_X|01\rangle_{Y_1Y_2}) \otimes$$

$$\frac{1}{\sqrt{2}}(|1\rangle_Z|11\rangle_{M_1M_2} + |0\rangle_Z|01\rangle_{M_1M_2})$$

$$= \frac{1}{\sqrt{2}}[(|0\rangle_X|0\rangle_{Y_1} + |1\rangle_X|1\rangle_{Y_1})|1\rangle_{Y2}] \otimes$$

$$\frac{1}{\sqrt{2}}[(|0\rangle_Z|0\rangle_{M_1} + |1\rangle_Z|1\rangle_{M_1})|1\rangle_{M_2}]$$

可知，Bob 拥有的粒子 Y_1，M_1 和 Alice 拥有的粒子 X，Z 都仍然处于最大纠缠态 $|\varphi^+_{XYZM}\rangle$。由此我们理解为，粒子 Y 和粒子 M 在传输过程中对联合旋转噪声是免疫的，也就是说没有受到联合退相位噪声的影响。

同样，在联合旋转噪声环境中，光子在信道中传输时，相位不变，模会改变。$|\varphi^+_{dp}\rangle$ 在不同的 θ_1 和 θ_2 影响下，以四粒子团簇态为例，建立对旋转噪声免疫的模型（噪声容忍的量子模型可以通过线性公式表示）：

$$|\Phi^+_r\rangle_{1234} = \frac{1}{\sqrt{2}}(|0_r\rangle|0_r\rangle + |1_r\rangle|1_r\rangle)_{12} \otimes \frac{1}{\sqrt{2}}(|0_r\rangle|0_r\rangle + |1_r\rangle|1_r\rangle)_{34}$$

$$= \frac{1}{\sqrt{2}}(|\Phi^+\rangle|\Phi^+\rangle + |\Psi^-\rangle|\Psi^-\rangle)_{12} \otimes$$

$$\frac{1}{\sqrt{2}}(|\Phi^+\rangle|\Phi^+\rangle + |\Psi^-\rangle|\Psi^-\rangle)_{34}$$

$$= \frac{1}{2\sqrt{2}}[(|0_r\rangle|0_r\rangle + |1_r\rangle|1_r\rangle) \otimes (|0_r\rangle|0_r\rangle + |1_r\rangle|1_r\rangle)$$

$$+ (|0_r\rangle|0_r\rangle - |1_r\rangle|1_r\rangle) \otimes (|0_r\rangle|0_r\rangle - |1_r\rangle|1_r\rangle)]$$

$$= \frac{1}{2\sqrt{2}} [(|00\rangle + |11\rangle)(|00\rangle + |11\rangle) + (|01\rangle - |10\rangle)(|01\rangle - |10\rangle)]_{12}$$

$$\otimes \frac{1}{2\sqrt{2}} [(|00\rangle + |11\rangle)(|00\rangle + |11\rangle) + (|01\rangle - |10\rangle) \cdot$$

$$(|01\rangle - |10\rangle)]_{34}$$

$$= \frac{1}{\sqrt{2}} (|\Phi^+\rangle |\Phi^+\rangle + |\Psi^-\rangle |\Psi^-\rangle)_{12} \otimes \frac{1}{\sqrt{2}} (|\Phi^+\rangle |\Phi^+\rangle + |\Psi^-\rangle |\Psi^-\rangle)_{34}$$

$$(3-90)$$

由上述公式可知，在联合旋转噪声下，θ 随时间而波动时，Bob 拥有的粒子 2 和粒子 4 及 Alice 拥有的粒子 1 和粒子 3 都仍然处于最大纠缠态 $|\varphi^+\rangle$。由此可以理解为，粒子 2 和粒子 4 在传输过程中对联合旋转噪声是免疫的，也就是说没有受到联合旋转噪声的影响。

3.2.2.3 二维 4 量子比特超纠缠态下的免疫联合噪声模型

退相位噪声信道下，以在极化自由度和空间自由度下的二维 4 量子比特超纠缠态为例：$|\Phi^+_{XYZM}\rangle = \frac{1}{2}(|0000\rangle + |0011\rangle + |1100\rangle + |1111\rangle)_{XYZM} \otimes (|a_1 b_1\rangle + |a_2 b_2\rangle)_{XY} \otimes (|a_1 b_1\rangle + |a_2 b_2\rangle)_{ZM}$，如果 Alice 要将粒子 Y 和粒子 M 在联合退相位噪声信道中传输，则必须构造出在退相位噪声下的免疫的逻辑量子比特：

$$|0_Y\rangle = |01\rangle \equiv |0\rangle_{Y_1} |1\rangle_{Y_2}, \quad |0_Z\rangle = |01\rangle \equiv |0\rangle_{M_1} |1\rangle_{M_2}$$

$$|1_Y\rangle = |10\rangle \equiv |1\rangle_{Y_1} |0\rangle_{Y_2}, \quad |1_Z\rangle = |10\rangle \equiv |1\rangle_{M_1} |0\rangle_{M_2}。$$

那么，该二维 4 量子比特超纠缠态表示为：

$$|\Phi^+_{XYZM}\rangle_{PS} = \frac{1}{\sqrt{2}} (|0\rangle_X + |01\rangle_{Y_1 Y_2} + |1\rangle_X + |10\rangle_{Y_1 Y_2})_{XY} \otimes \frac{1}{\sqrt{2}} (|0\rangle_Z$$

$$+ |01\rangle_{M_1 M_2} + |1\rangle_Z + |10\rangle_{M_1 M_2})_{ZM} \otimes (|a_1 b_1 c_1\rangle + |a_2 b_2 c_2\rangle)_{XY}$$

$$\otimes (|a_1 b_1 c_1\rangle + |a_2 b_2 c_2\rangle)_{ZM}$$

Alice 将粒子 $Y_1 Y_2$ 和 $M_1 M_2$ 发送给接收者 Bob，Bob 在接收到逻辑量子态以后，以 Y_1 和 M_1 作为控制位，以 Y_2 和 M_2 作为靶位，进行控制非（C - NOT）操作，我们就得到新的状态：

$$|\Phi^+_{XYZM}\rangle'_{PS} = \frac{1}{\sqrt{2}} [(|0\rangle_X |0\rangle_{Y_1} + |1\rangle_X |1\rangle_{Y_1}) |1\rangle_{Y_2}] \otimes$$

$$\frac{1}{\sqrt{2}} [(|0\rangle_Z |0\rangle_{M_1} + |1\rangle_Z |1\rangle_{M_1}) |1\rangle_{M_2}] \otimes$$

$$(|a_1\,b_1\,c_1\rangle + |a_2\,b_2\,c_2\rangle)_{XYY} \otimes (|a_1\,b_1\,c_1\rangle + |a_2\,b_2\,c_2\rangle)_{ZM_1M_2}$$

$$(3\text{-}91)$$

由上述$|\Phi_{XYZM}^+\rangle_{PS}$的状态可知，Bob 拥有的粒子$Y_1$，$M_1$和 Alice 拥有的粒子$X$，$Z$都处于最大超纠缠态$|\Phi_{XYZM}^+\rangle$。由此可以理解为，粒子$Y$和粒子$M$在传输过程中对联合退相位噪声是免疫的，也就是说没有受到联合退相位噪声的影响。

旋转噪声信道下，以在极化自由度和空间自由度下的二维 4 量子比特超纠缠态为例：$|\Phi_{XYZM}^+\rangle = \dfrac{1}{2}(|0000\rangle + |0011\rangle + |1100\rangle + |1111\rangle)_{XYZM} \otimes$ $(|a_1\,b_1\rangle + |a_2\,b_2\rangle)_{XY} \otimes (|a_1\,b_1\rangle + |a_2\,b_2\rangle)_{ZM}$，如果 Alice 要将粒子$Y$和粒子$M$在联合旋转噪声信道中传输，同样也要构造出在旋转噪声下的免疫的逻辑量子比特：

$$|0_Y\rangle = |\Phi^+\rangle = \frac{1}{\sqrt{2}}(|00\rangle + |11\rangle)_{Y_1Y_2}, \quad |1_Y\rangle = |\Psi^+\rangle = \frac{1}{\sqrt{2}}(|01\rangle - |10\rangle)_{Y_1Y_2},$$

$$|0_M\rangle = |\Phi^+\rangle = \frac{1}{\sqrt{2}}(|00\rangle + |11\rangle)_{M_1M_2},$$

$$|1_M\rangle = |\Psi^+\rangle = \frac{1}{\sqrt{2}}(|01\rangle - |10\rangle)_{M_1M_2}。$$

那么，该二维 4 量子比特超纠缠态表示为：

$$|\Phi_{XYZM}^+\rangle_{PS}^r = \frac{1}{\sqrt{2}}(|0\rangle_X + |\Phi^+\rangle_{Y_1Y_2} + |1\rangle_X + |\Psi^-\rangle_{Y_1Y_2})_{XY} \otimes$$

$$\frac{1}{\sqrt{2}}(|0\rangle_Z + |\Phi^+\rangle_{M_1M_2} + |1\rangle_Z + |\Psi^-\rangle_{M_1M_2})_{ZM} \otimes$$

$$(|a_1\,b_1\,c_1\rangle + |a_2\,b_2\,c_2\rangle)_{XY_1Y_2} \otimes$$

$$(|a_1\,b_1\,c_1\rangle + |a_2\,b_2\,c_2\rangle)_{ZM_1M_2}$$

$$= \frac{1}{\sqrt{2}}[|0\rangle_X(|00\rangle_{Y_1Y_2} + |11\rangle_{Y_1Y_2}) + |1\rangle_X(|01\rangle_{Y_1Y_2} - |10\rangle_{Y_1Y_2})] \otimes$$

$$(|a_1\,b_1\,c_1\rangle + |a_2\,b_2\,c_2\rangle)_{XY_1Y_2} \otimes$$

$$\frac{1}{\sqrt{2}}[|0\rangle_Z(|00\rangle_{M_1M_2} + |11\rangle_{M_1M_2}) + |1\rangle_Z(|01\rangle_{M_1M_2} - |10\rangle_{M_1M_2})] \otimes$$

$$(|a_1\,b_1\,c_1\rangle + |a_2\,b_2\,c_2\rangle)_{ZM_1M_2}$$

$$(3\text{-}92)$$

Alice 将粒子$Y_1\,Y_2$和$M_1\,M_2$发送给接收者 Bob。Alice 和 Bob 分别对粒子$X\,Y_1\,Y_2$和$Z\,M_1\,M_2$进行互换门操作，即$S_X \otimes S_{Y_1} \otimes S_{Y_2}$和$S_Z \otimes S_{M_1} \otimes S_{M_2}$操作，再进行阿达马门操作，即$H_X \otimes H_{Y_1} \otimes H_{Y_2}$和$H_Z \otimes H_{M_1} \otimes H_{M_2}$操作。

此时，粒子 XY_1Y_2 和粒子 ZM_1M_2 的联合量子态将变为：

$$|\Phi_{XYZM}^+\rangle_{PS}^{r\prime} = \frac{1}{\sqrt{2}}(|1\rangle_X|10\rangle_{Y_1Y_2} + |0\rangle_X|01\rangle_{Y_1Y_2}) \otimes (|a_1 b_1 c_1\rangle + |a_2 b_2 c_2\rangle)_{XY_1Y_2}$$

（3-93）

同样，Bob 在接收到逻辑量子态以后，以 Y_1 和 M_1 作为控制位，以 Y_2 和 M_2 作为靶位，对 Y_1Y_2 和 M_1M_2 进行 C－NOT 操作，我们就得到新的状态：

$$|\Phi_{XYZM}^+\rangle_{PS}^{r\prime\prime} = \frac{1}{\sqrt{2}}[(|0\rangle_X|0\rangle_{Y_1} + |1\rangle_X|1\rangle_{Y_1})|1\rangle_{Y_2}] \otimes$$

$$(|a_1 b_1 c_1\rangle + |a_2 b_2 c_2\rangle)_{XY_1Y_2} \otimes$$

$$\frac{1}{\sqrt{2}}[(|0\rangle_Z|0\rangle_{M_1} + |1\rangle_Z|1\rangle_{M_1})|1\rangle_{M_2}] \otimes$$

$$(|a_1 b_1 c_1\rangle + |a_2 b_2 c_2\rangle)_{ZM_1M_2}$$

（3-94）

由上述 $|\Phi_{XYZM}^+\rangle_{PS}^{r\prime\prime}$ 的状态可知，Bob 拥有的粒子 Y_1，M_1 和 Alice 拥有的粒子 X，Z 都处于最大超纠缠态 $|\Phi_{XYZM}^+\rangle$。由此可以理解为，粒子 Y 和粒子 M 在传输过程中对联合退相位噪声是免疫的，也就是说没有受到联合退相位噪声的影响。

3.3　信道容量编码

基于噪声的信道容量问题严重影响了量子隐形传态质量，而且目前基于噪声的量子隐形传态都是在单自由度下进行的，其原因是在许多应用场景中人们往往不需要对量子进行多自由度定位，而只需要在一种状态下进行操作。如果不对量子进行多自由度下的编码操作，如何在单自由度下增加通信容量就成了关键问题。研究发现，一个可行的解决方案是设计出功能更强大的量子编码。量子图态可用于量子编码，为了得到更完美的理论结果，我们通过设计图态基的方法对树图和森林图进行多自由度下的量子图态编码，分析相干性信息和信道容量，得到了不同噪声信道下的量子相干性，有效计算了噪声信道的量子容量的逼近值、计算速度和信道传输量子信息的噪声容限，得到了噪声下量子隐形传态信息的有效区域。

3.3.1　量子级联码数学描述

图态基、树图、森林图三要素的数学描述是进行量子图态编码研究的基础。我们首先在纠缠演化免疫模型的研究基础上，建立了数学模型来描述图态基的输入态和输出态，简化冯诺依曼熵，这样容易得到退相干信息。其次，不同于传统编码技术的信道编码，在量子图态编码中，建立基于图态基的树图和森林图数学描述，需要确定图态基的编码指标和关键参数。

我们假设用内码和外码来构造量子级联码，对于内码 n_1 和外码 n_2 的级联码，可以记为 $n_1 \times n_2$ 级联码。内码 n_1 是一个量子比特码 $C_1 = (E^1, D^1)$，外码 n_2 是一个量子比特码 $C_2 = (E^2, D^2)$。将 $E_1 \otimes \cdots \otimes E_1 = (E_1)^{\otimes n_2}$ 映射到 $E^2 [\rho_0]$ 上的级联码的解码映射我们表示为：

$$D' = D^2 \times D^{1 \otimes n_2} \tag{3-95}$$

则 $n_1 \times n_2$ 量子级联码我们写成：

$$C^2(C^1) = (E', D') \tag{3-96}$$

在量子级联码中，内码是任意码（稳定子码或者图态码），是为了避免差错信息的发生，而外码是量子级联码，是为了阻止量子差错发生。而图态是 n 量子比特的纯态形式，稳定子码是图态码之一，在量子计算和通信中，图态的应用比较广泛。

图的定义为：

$$G = (V, E) \tag{3-97}$$

其中，V 是 $\{1, \cdots, N\}$ 的顶点的集合，E 是边的集合。如果同一条边的两个端点为 a 和 b，那么 a 和 b 是相邻的，根据图 G 中顶点相邻关系，我们定义邻接矩阵，即 $N \times N$ 矩阵，则它的矩阵元描述为：

$F = 1, \{a, b\} \in E$ 或 $F = 0, \{a, b\} \notin E$（表示边是否存在，存在为 1，否则为 0） $\tag{3-98}$

和顶点 a 相邻的邻点集为：

$$N_a = \{b \in V \mid \{a, b\} \in E\} \tag{3-99}$$

图中每个顶点对应一个量子比特，图态对应希尔伯特空间 $H = (C^2)^{\otimes N}$ 中 N 量子比特的纯态。

图态 G 的纯态定义为：

$$|G\rangle = \prod_{F_{ab} = 1} U_{ab} |+\rangle_x^v = \frac{1}{\sqrt{2}} \sum_{\mu = 0}^{1} (-1)^{\frac{1}{2} \mu^F \mu^T} |\mu\rangle \tag{3-100}$$

其中，$|\mu\rangle$ 是联合本征态，U_{ab} 是作用在量子比特 a 和 b 上的控制相位门，表达式为：

$$U_{ab} = \begin{bmatrix} 1 & 0 & 0 & 0 \\ 0 & 1 & 0 & 0 \\ 0 & 0 & 1 & 0 \\ 0 & 0 & 0 & -1 \end{bmatrix}$$

图态基的特点是具有正交归一性，可以使得块对角化，这样可以减少计算的复杂度。图态基定义为：$|G_{k_1, k_2, \cdots, k_n}\rangle = \prod_{a \in V} Z_a^{k_a} |G\rangle$，$k_a = 0, 1$。综合图态基的特点，得到：

$$k_a |G_{k_1, k_2, \cdots, k_n}\rangle = (-1)^{k_a} |G_{k_1, k_2, \cdots, k_n}\rangle \qquad (3-101)$$

从而，我们可以通过图态分析级联码。假如外图态为 $|W\rangle$，有 $W = (V; F)$，内图态为 $|w\rangle$，有 $w = (v; \daleth)$。则量子级联码可以表示为 $w \otimes W$，级联图态我们表示成：

$$\frac{1}{\sqrt{2^{Vv}}} \sum_{\mu \mu_2 \cdots \mu_n} (-1)^{\Sigma_i^{F_{ij}} \mu_j^T} |h_1\rangle |h_2\rangle \cdots |h_n\rangle \qquad (3-102)$$

当 $F = 0$ 时，级联图态表示为：

$$\frac{1}{\sqrt{2^n}} \sum_w |W\rangle = |g\rangle^{\otimes n} \qquad (3-103)$$

在图态编码中，输入态 ρ^{in} 的图对角态表示为 $\rho^{in} = \sum_k \pi_k |G_k\rangle\langle G_k|$。在 Kraus 求和算符表象中，单个 pauli 信道对单量子比特的作用为：

$$N(\rho) = f_\rho + P_X X_1 \rho X_2 + P_y Y_1 \rho Y_1 + P_z Z_1 \rho Z_1 \qquad (3-104)$$

其中，f 为保真度，X_1，X_2，X_3 是泡利算符。

信道的输出态为：

$$\sigma^c = N^{\otimes n}(\rho^{in}) = \sum_a \eta_a E_a \rho^c E_a^\dagger \qquad (3-105)$$

信道的输出态在图态基下的矩阵元为：

$$\sigma_x^c = \sum_k \pi_k \sum_a \eta_a \langle G| E_a |G_k\rangle\langle G_k| E_a^\dagger |G\rangle = \delta_x \sum_k \pi_k \sum_{a| E_a \in Z^k \otimes l_k} \eta_a$$

$$(3-106)$$

信道的联合输出态为：

$$\sigma^{AC} = \sum_{ij} \sqrt{\pi_i \pi_j} \sum_a \eta_a (|G_i\rangle_A \langle G_j|_A) \otimes (E_a |G_i\rangle\langle G_j| E_a^\dagger) \qquad (3-107)$$

在图态基下我们表示为：

$$\sigma^{AC'} = \langle G_s| A\langle G_m| \sigma^{AC} |G_t\rangle A |G_1\rangle$$

$$= \sum_{ij} \sqrt{\pi_i \pi_j} \sum_a \eta_a \langle G_m| E_a |G_i\rangle\langle G_j| E_a^\dagger |G\rangle \delta_i \delta_j$$

根据图态基的正交性，我们得到：

$$\sigma_i^{AC} = \sqrt{\pi_i \pi_j} \sum_{a| E_a \in Z^k k} (-1) P_a \eta_a \qquad (3-108)$$

3.3.2 图态基信道容量编码

我们利用量子图态级联编码、信息安全理论和量子随机编码理论，在免疫噪声信道上，通过图态基的方法对树图和森林图进行了多自由度下的量子图态编码。

3.3.2.1 基于树图的信道编码

对于 $n_1 \times n_2$ 级联码，当 $n_2 = 1$ 时，选取逻辑基组为 $|\bar{0}\rangle = |G\rangle$，$|\bar{1}\rangle = Z_n |G\rangle$，则总输入量子态为：

$$\rho^c = \frac{1}{2}(|\bar{0}\rangle\langle\bar{0}| + |\bar{1}\rangle\langle\bar{1}|) = \frac{1}{2}(|G\rangle\langle G| + |G_{00\cdots1}\rangle\langle 00\cdots1|)$$

(3-109)

如果以 $|\bar{0}\rangle$ 和 $|\bar{1}\rangle$ 为基底，那么联合输出态 σ^{AC} 可以分块，并且分块后的每一个矩阵为：

$$\frac{1}{2}\begin{bmatrix} \sum_a \eta_a + \eta_0 & \sum_a \eta_a - \eta_0 \\ \sum_a \eta_a - \eta_0 & \sum_a \eta_a + \eta_0 \end{bmatrix}$$

(3-110)

当错误算符的陪集首为 $Z_1 Z_2 \cdots Z_i (0 \leqslant i \leqslant n_1 - 1)$ 时，有

$$\eta_e = a_i = \frac{1}{2}[(P_z + P_y)^i (f + P_z)(f + P_x)^{n_1-i-1}$$
$$+ (P_z - P_y)^i (f - P_z)(f - P_x)^{n_1-i-1}]$$

(3-111)

$$b_i = \frac{1}{2}[(f + P_x)^i (P_x + P_y)(P_z + P_y)^{n_1-i-1}$$
$$+ (f - P_x)^i (P_x - P_y)(P_z - P_y)^{n_1-i-1}]$$

(3-112)

当错误算符的陪集首为 $Z_1 Z_2 \cdots Z_i Z_n (0 \leqslant i \leqslant n_1 - 1)$ 时，有

$$\eta_e = a_i = \frac{1}{2}[(P_z + P_y)^i (f + P_z)(f + P_x)^{n_1-i-1}$$
$$- (P_z - P_y)^i (f - P_z)(f - P_x)^{n_1-i-1}]$$

(3-113)

$$b_i = \frac{1}{2}[(f + P_x)^i (P_x + P_y)(P_z + P_y)^{n_1-i-1}$$
$$- (f - P_x)^i (P_x - P_y)(P_z - P_y)^{n_1-i-1}]$$

(3-114)

输出态 σ^c 的本征值为：

$$\sigma^c = \frac{1}{2}[\eta_e(k) + \eta_0(k)] + \frac{1}{2}[\eta_e(k \oplus 0\cdots01) + \eta_0(k \oplus 0\cdots01)]$$

(3-115)

对于树图，信道的相干信息为：
$$I(\rho^c, N^{\otimes N_1}) = S(\sigma^c) - S(\sigma^{AC})$$

$$= \sum_{i=0}^{n_1-1} C_{n_1-1}^i (a_i \log_2 a_i + b_i \log_2 b_i + c_i \log_2 c_i + d_i \log_2 d_i$$

$$- a_i + b_i + c_i + d_i) \log_2 \frac{1}{2} (a_i + b_i + c_i + d_i) \quad (3\text{-}116)$$

3.3.2.2　基于森林图的信道编码

对于 $n_1 \times n_2$ 的森林图，子群 k 分为两个子集：$k(0)$ 和 $k(e)$，陪集首 $E = Z^k K$，Z^k 由 n_2 个部分组成，每个部分都对应树图的陪集首。对于群 K 的某一个特定元素，假设 l_i 和 s_i 中有 l_i^0 和 s_i^0 个与其反对易，那么此元素对联合输出态本征值的贡献值为：

$$\prod_{i=0}^{n_1-1} a_i^{l_i-l_i^0} b_i^{l_i^0} c_i^{s_i-s_i^0} d_i^{\, s_i^0} \quad (3\text{-}117)$$

对群 K 中的所有元素求和，我们得到：

$$\eta^e(k) \pm \eta^0(k) = \prod_{i=0}^{n_1-1} (a_i \pm b_i)^{\, l_i} (c_i \pm d_i)^{\, s_i} \quad (3\text{-}118)$$

因此可知：

$$\eta^e(k) = \frac{1}{2} \Big(\prod_{i=0}^{n_1-1} (a_i + b_i)^{\, l_i} (c_i + d_i)^{\, s_i} \pm \prod_{i=0}^{n_1-1} (a_i - b_i)^{\, l_i} (c_i - d_i)^{\, s_i} \Big)$$

$$(3\text{-}119)$$

然后我们对森林图分析可得到：

$$\eta^e(k \oplus 1') + \eta^0(k \oplus 1') = \prod_{i=0}^{n_1-1} (a_i + b_i)^{\, s_i} (c_i + d_i)^{\, l_i} \quad (3\text{-}120)$$

得到输出态的本征值为：

$$\eta' = \frac{1}{2} [\eta^e(k) + \eta^0(k) + \eta^e(k \oplus 1') + \eta^0(k \oplus 1')]$$

$$= \frac{1}{2} \Big[\prod_{i=0}^{n_1-1} (a_i + b_i)^{\, l_i} (c_i + d_i)^{\, s_i} + \prod_{i=0}^{n_1-1} (a_i + b_i)^{\, s_i} (c_i + d_i)^{\, l_i} \Big]$$

$$(3\text{-}121)$$

已知简并度为：

$$\Delta = n_2 \prod_{i=0}^{n_2-1} \frac{1}{l_i \, s_i} c_{n_1-1}^i \, {}^{l_i+s_i} \quad (3\text{-}122)$$

则对于 $n_1 \times n_2$ 的森林图来说，信道的平均相干信息为：

$$I^{CN} = \frac{1}{n_1 n_2} \sum \{\Delta[-\eta' \log_2(\eta') + \eta_e \log_2(\eta_e) + \eta_0 \log_2(\eta_0)]\} \quad (3\text{-}123)$$

3.3.2.3　噪声容限分析

对于不同的级联码可以很方便地计算出信道的噪声容限，我们分析

P_x，P_y 已知，且当满足 $I \geqslant 0$ 时，得到 $P(z)$ 的最大值。通过 $\tan\theta = \dfrac{P_y}{P_x}$，我们可以得到 θ 在不同角度时的噪声容限。

当 $\theta = 0$ 时的噪声容限如图 3-29 所示。

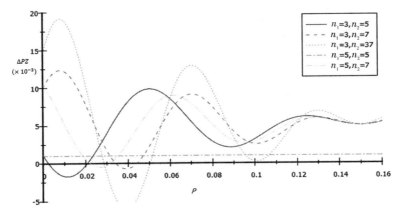

图 3-29　当 $\theta = 0$ 时的噪声容限

当 $\theta = \pi/12$ 时的噪声容限如图 3-30 所示。

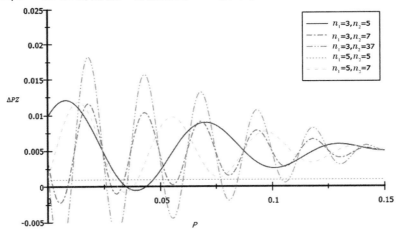

图 3-30　当 $\theta = \pi/12$ 时的噪声容限

当 $\theta = \pi/4$ 时的噪声容限如图 3-31 所示。

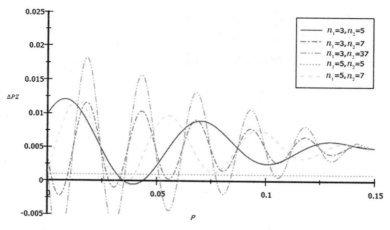

图 3-31　当 $\theta = \pi/4$ 时的噪声容限

我们分析可知：级联码是一种非常有效的量子编码，它可以提高通信信道的量子容限。当已知信道的 P_x，P_y 和 P_z 时，通过对不同的级联码的噪声容限的计算，来选取最高效的编码方式。我们设计的图态基编码的方法与以往的编码方法相比，充分利用了图态基的正交归一化性质，使得大的矩阵对角化或者块对角化，由此证明提高了计算速度。对于去极化信道，即 $P_x = P_y = P_z$ 信道，可提高 3～4 个数量级。

3.4　本章小结

本章构建了免疫噪声的高容量容错量子隐形传态信道的统一框架，该框架针对在量子隐形传态时出现的"纠缠死亡"和退相干等问题，刻画了在局域共同噪声下的量子纠缠演化模型，在此基础上构建了基于密度矩阵的免疫噪声模型和基于 DFS 的联合噪声免疫模型，并在噪声下对信道容量进行基于图态基的编码。首先是量子纠缠演化模型建立过程，包括"纠缠死亡"问题刻画，是通过在空间上相互独立的两个原子系统随时间演化的纠缠特性和两个三能级原子系统的随时间演化的纠缠特性，分析"纠缠死亡"发生时与纠缠度相关的参量来完成的。量子退相干刻画，主要是通过在 T-C 模型中原子与腔场间的量子退相干分析和 J-C 模型中两个腔场和两个二能级原子之间量子退相干分析来完成的。局域共同模式下的量子纠缠演化是当量子信道受局域共同量子噪声环境影响时，刻画纠缠突然死亡和复活的过程；其次是构建了基于密度矩阵的免疫噪声模型和基于 DFS 免疫联合噪声的模型；最后通过图态基的方法对树图和森林图进行多自由度下的量子图态编码，分析相干性信息和信道容量，得到不同噪声信道下的信道容量，有效计算了量子容量的逼近值、计算速度和信道传态量子信息的噪声容限。本章为下面章节的内容提供了一个统一的安全信道。

第 4 章　不同信道下 Bell 态和 任意态的量子信息分离

在第 3 章构建的免疫噪声高容量容错量子隐形传态信道的基础上，本章根据粒子的不同特性，利用量子纠缠实现了用较少的量子信息资源来完成相同的任务，或者是用相同的量子信息资源来完成较多的任务，通过选择不同的量子信道（比如纠缠态、团簇态、W 态等）对单粒子、两粒子、三粒子进行信息分离，设计了不同信道中实现 Bell 态和任意态的量子信息分离方案。同时，为设计出免疫噪声的多自由度量子隐形传态协议和连续变量的量子密钥分发应用提供了相应的基础。

本章内容由五部分构成：4.1 节，基于 Bell 态的量子信息分离；4.2 节，利用五粒子纠缠态分离任意单粒子和两粒子态的量子信息分离；4.3 节，利用四粒子团簇态和两粒子 Bell 态分离任意两粒子态的量子信息分离；4.4 节，利用四粒子团簇态和 GHZ 态分离任意三粒子态的量子信息分离；4.5 节，对本章内容进行小结。图 4-1 为本章的组织结构图。

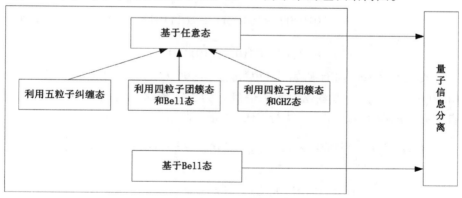

图 4-1　量子信息分离组织结构图

4.1　基于 Bell 态

假设信息发送者 Alice 和信息接收者 Bob、Charlie 共享一个四粒子纠缠态作为量子隐形传态信道，信道如下：

$$|\Phi\rangle_{1234} = \frac{1}{2}[\,|00\rangle(|00\rangle+|11\rangle)+|11\rangle(|01\rangle+|10\rangle)\,]_{1234}$$

$$= \frac{1}{2}(|0000\rangle+|0011\rangle+|1101\rangle+|1110\rangle)_{1234} \tag{4-1}$$

Alice 拥有一个两粒子 Bell 态：

$$\left.\begin{array}{l}|\Phi^+\rangle_{x_1x_2}=\frac{1}{\sqrt{2}}(|00\rangle+|11\rangle),\quad |\Phi^-\rangle_{x_1x_2}=\frac{1}{\sqrt{2}}(|00\rangle-|11\rangle)\\[3mm]|\Psi^+\rangle_{x_1x_2}=\frac{1}{\sqrt{2}}(|01\rangle+|10\rangle),\quad |\Psi^-\rangle_{x_1x_2}=\frac{1}{\sqrt{2}}(|01\rangle-|10\rangle)\end{array}\right\} \tag{4-2}$$

4.1.1 分离过程

假设 Alice 拥有粒子 1 和两粒子 Bell 态，Bob 拥有粒子 2 和粒子 3，Charlie 拥有粒子 4，则总的量子系统为：

$$|\Pi\rangle_{x_1x_21234}=|\Phi^\pm\rangle_{x_1x_2}\otimes|\Phi\rangle_{1234}$$

$$=\frac{1}{2\sqrt{2}}(|000000\rangle+|000011\rangle+|001101\rangle+|001110\rangle\pm|110000\rangle$$

$$\pm|110011\rangle\pm|111101\rangle\pm|111110\rangle)_{x_1x_21234}$$

或者

$$|\Pi\rangle_{x_1x_21234}=|\Psi^\pm\rangle_{x_1x_2}\otimes|\Phi\rangle_{1234}$$

$$=\frac{1}{2\sqrt{2}}(|010000\rangle+|010011\rangle+|011101\rangle+|011110\rangle\pm|100000\rangle$$

$$\pm|100011\rangle\pm|101101\rangle\pm|101110\rangle)_{x_1x_21234}$$

发送方 Alice 拥有初始态 $|\Phi^\pm\rangle_{x_1x_2}$ 和 $|\Psi^\pm\rangle_{x_1x_2}$，她可以选择 Bob 和 Charlie 中的任何一方重建原始态信息。为了实现这个目的，Alice 首先对自己拥有的粒子 1，x_1，x_2 执行 GHZ 测量，测量基为：

$$\left.\begin{array}{l}|GHZ\rangle^\pm=\frac{1}{\sqrt{2}}(|000\rangle\pm|111\rangle),\quad |H\rangle^\pm=\frac{1}{\sqrt{2}}(|011\rangle\pm|100\rangle)\\[3mm]|G\rangle^\pm=\frac{1}{\sqrt{2}}(|010\rangle\pm|101\rangle),\quad |Z\rangle^\pm=\frac{1}{\sqrt{2}}(|001\rangle\pm|110\rangle)\end{array}\right\} \tag{4-3}$$

当 Alice 完成测量以后，Bob 和 Charlie 的粒子 2，3 和 4 将发生坍塌，坍塌状态为以下式子中一个：

$$|\Psi^{1,2}\rangle_{234}=\frac{1}{4}(|000\rangle+|011\rangle\pm|101\rangle\pm|110\rangle)_{234},$$

$$|\Psi^{3,4}\rangle_{234}=\frac{1}{4}(|101\rangle+|110\rangle\pm|000\rangle\pm|011\rangle)_{234},$$

$$| \Psi^{5, 6} \rangle_{234} = \frac{1}{4} (| 000 \rangle + | 011 \rangle \mp | 101 \rangle \mp | 110 \rangle)_{234} ,$$

$$| \Psi^{7, 8} \rangle_{234} = \frac{1}{4} (| 101 \rangle + | 110 \rangle \mp | 000 \rangle \mp | 011 \rangle)_{234} \tag{4-4}$$

由于量子纠缠作用，Alice 要发送的量子信息已经被传送到 Bob 和 Charlie 的量子态上，接着 Alice 把测量结果告知给 Bob（Charlie），如果 Bob 只是对自己拥有的粒子进行局部测量，则无法得到信息发送者 Alice 发送的初始态信息，根据量子不可克隆原理，他必须和信息控制者 Charlie（Bob）进行合作才能得到 Alice 发送的初始态信息。

假设 Alice 的测量结果是 $| \Psi^2 \rangle_{234}$，根据公式（4-4），Bob 和 Charlie 的塌缩态为：

$$| \Psi^2 \rangle_{234} = \frac{1}{\sqrt{4}} (| 000 \rangle + | 011 \rangle - | 101 \rangle - | 110 \rangle)$$

$$= \frac{1}{\sqrt{2}} [| 0 \rangle_2 (| 00 \rangle + | 11 \rangle)_{34} - | 1 \rangle_2 (| 01 \rangle + | 10 \rangle)_{34}] \tag{4-5}$$

对于公式（4-4）中的八种坍塌状态，Bob 需要在原始的四个幺正操作中，选取合适的两个进行操作，就可得到 Alice 发送的初始态信息。

$$I = I = U_0 = | 0 \rangle \langle 0 | + | 1 \rangle \langle 1 | , \qquad Z = \sigma_z = U_1 = | 0 \rangle \langle 0 | - | 1 \rangle \langle 1 | ,$$

$$X = \sigma_x = U_2 = | 0 \rangle \langle 1 | + | 1 \rangle \langle 0 | , \qquad Y = - i \sigma_y = U_3 = | 0 \rangle \langle 1 | - | 1 \rangle \langle 0 |$$

$$\tag{4-6}$$

假如 Alice 授权 Bob 接收发送的初始信息，而且 Charlie 也愿意和 Bob 进行合作，则 Charlie 需要执行一个单粒子测量，并将测量结果告知 Bob。

如果 Charlie 同意 Bob 重建原始态信息，则他需要对粒子 4 在测量基 $\{| 0 \rangle , | 1 \rangle \}$ 下执行单粒子测量，Charlie 测量完以后，Bob 拥有的粒子将发生坍塌，坍塌状态为以下的其中一种：

$$| \xi^{1, 2} \rangle = (| 00 \rangle \pm | 11 \rangle)_{23} , \quad | \xi^{3, 4} \rangle = (| 01 \rangle \pm | 10 \rangle)_{23} ,$$

$$| \xi^{5, 6} \rangle = (| 11 \rangle \pm | 00 \rangle)_{23} , \quad | \xi^{7, 8} \rangle = (| 10 \rangle \pm | 01 \rangle)_{23} ,$$

$$| \xi^{9, 10} \rangle = (| 00 \rangle \mp | 11 \rangle)_{23} , \quad | \xi^{11, 12} \rangle = (| 01 \rangle \mp | 10 \rangle)_{23} ,$$

$$| \xi^{13, 14} \rangle = (| 11 \rangle \mp | 00 \rangle)_{23} , \quad | \xi^{15, 16} \rangle = (| 10 \rangle \mp | 01 \rangle)_{23} \tag{4-7}$$

如果 Charlie 的测量结果是 $| 0 \rangle_4$，则 Bob 的粒子 2 和 3 将坍塌为 $(| 00 \rangle + | 11 \rangle)_{23}$。这是 Alice 发送的初始信息，而且 Bob 也不需要对粒子 2 和 3 做任何操作就可以获得该量子信息。如果 Charlie 的测量结果是 $| 1 \rangle_4$，则 Bob 的粒子 2 和 3 将坍塌为 $(| 01 \rangle + | 10 \rangle)_{23}$，接着 Bob 则需要对粒子 2 和 3

执行U_2操作才可以获得 Alice 发送的原始量子信息。

Bob 得到 Alice 和 Charlie 的测量结果后，就可以执行测量，成功地获得初始态$|\Phi^{\pm}\rangle_{x_1x_2}$和$|\Psi^{\pm}\rangle_{x_1x_2}$的信息，从而完成量子信息分离。

两粒子 Bell 态量子信息分离过程如图 4-2 所示。

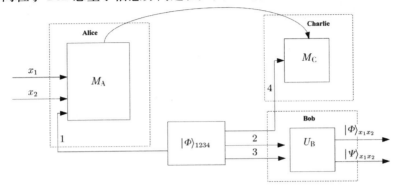

图 4-2　两粒子 Bell 态量子信息分离过程

为了完成量子信息分离，Alice 对粒子 1，x_1，x_2执行 GHZ 态测量，这将引起 Bob 和 Charlie 拥有的粒子发生坍塌，Bob 获得的态及其需要执行的幺正操作如表 4-1 所示。

表 4-1　Alice、Bob 和 Charlie 执行的操作

Alice测量结果	Bob和Charlie的状态	Charlie的测量结果	Bob的状态	幺正变换
$|GHZ\rangle^+$	$|\Psi^1\rangle_{234} = \frac{1}{4}(|000\rangle + |011\rangle + |101\rangle + |110\rangle)_{234}$	$|0\rangle$	$|\xi^1\rangle = (|00\rangle + |11\rangle)_{23}$	U_0
		$|1\rangle$	$|\xi^2\rangle = (|00\rangle - |11\rangle)_{23}$	U_1
$|GHZ\rangle^-$	$|\Psi^2\rangle_{234} = \frac{1}{4}(|000\rangle + |011\rangle - |101\rangle - |110\rangle)_{234}$	$|0\rangle$	$|\xi^3\rangle = (|01\rangle + |10\rangle)_{23}$	U_2
		$|1\rangle$	$|\xi^4\rangle = (|01\rangle - |10\rangle)_{23}$	U_3
$|G\rangle^+$	$|\Psi^3\rangle_{234} = \frac{1}{4}(|101\rangle + |110\rangle + |000\rangle + |011\rangle)_{234}$	$|0\rangle$	$|\xi^5\rangle = (|11\rangle + |00\rangle)_{23}$	U_0
		$|1\rangle$	$|\xi^6\rangle = (|11\rangle - |00\rangle)_{23}$	$-U_1$
$|G\rangle^-$	$|\Psi^4\rangle_{234} = \frac{1}{4}(|101\rangle + |110\rangle - |000\rangle - |011\rangle)_{234}$	$|0\rangle$	$|\xi^7\rangle = (|11\rangle + |00\rangle)_{23}$	U_2
		$|1\rangle$	$|\xi^8\rangle = (|10\rangle - |01\rangle)_{23}$	$-U_3$
$|H\rangle^+$	$|\Psi^5\rangle_{234} = \frac{1}{4}(|000\rangle + |011\rangle - |101\rangle - |110\rangle)_{234}$	$|0\rangle$	$|\xi^9\rangle = (|00\rangle - |11\rangle)_{23}$	U_1
		$|1\rangle$	$|\xi^{10}\rangle = (|00\rangle + |11\rangle)_{23}$	U_0
$|H\rangle^-$	$|\Psi^6\rangle_{234} = \frac{1}{4}(|000\rangle + |011\rangle + |101\rangle + |110\rangle)_{234}$	$|0\rangle$	$|\xi^{11}\rangle = (|01\rangle - |10\rangle)_{23}$	U_3
		$|1\rangle$	$|\xi^{12}\rangle = (|01\rangle + |10\rangle)_{23}$	U_2
$|Z\rangle^+$	$|\Psi^7\rangle_{234} = \frac{1}{4}(|101\rangle + |110\rangle - |000\rangle - |011\rangle)_{234}$	$|0\rangle$	$|\xi^{13}\rangle = (|11\rangle - |00\rangle)_{23}$	$-U_1$
		$|1\rangle$	$|\xi^{14}\rangle = (|11\rangle + |00\rangle)_{23}$	U_0
$|Z\rangle^-$	$|\Psi^8\rangle_{234} = \frac{1}{4}(|101\rangle + |110\rangle + |000\rangle + |011\rangle)_{234}$	$|0\rangle$	$|\xi^{15}\rangle = (|10\rangle - |01\rangle)_{23}$	$-U_3$
		$|1\rangle$	$|\xi^{16}\rangle = (|10\rangle + |01\rangle)_{23}$	U_2

4.1.2　安全性分析

本书从内部安全性和外部安全性两方面进行分析。

首先，假设在量子信息分离过程中有窃听者 Eve 存在，他试图获取 Alice 发送的原始态信息。首先他在量子信道中纠缠一个辅助粒子，用以窃取 Alice 要传输的量子态信息。假设 Alice、Bob 和 Charlie 都没有发现窃听者的攻击，那么，当 Alice 对她拥有的粒子及要传输的粒子执行 GHZ 态测量之后，Alice、Bob、Charlie 和窃听者 Eve 拥有的四方量子状态会发生坍塌，塌缩到一个四粒子的纠缠态中。然后 Charlie 对他拥有的粒子执行单粒子测量，这样 Bob 和 Eve 构成的系统塌缩到一个直积态，Eve 将不会获得任何原始态的信息。

进一步分析，首先假设窃听者 Eve 想要将粒子 E 纠缠到 Charlie 的粒子 2 上，粒子表示为 $\frac{1}{\sqrt{2}}(|0\rangle + |1\rangle)_E$。

如果 Alice 在执行测量后得到的测量结果是 $|\Psi^i\rangle_{234E}(i = 1, 2, \cdots, 8)$，则 Bob、Charlie 和窃听者 Eve 得到的联合态为：

$$|\Omega^{1,2}\rangle_{234E} = \frac{1}{4}(|0000\rangle + |0110\rangle \pm |1010\rangle \pm |1100\rangle)_{234E},$$

$$|\Omega^{3,4}\rangle_{234E} = \frac{1}{4}(|0001\rangle + |0111\rangle \pm |1011\rangle \pm |1101\rangle)_{234E},$$

$$|\Omega^{5,6}\rangle_{234E} = \frac{1}{4}(|1010\rangle + |1100\rangle \pm |0000\rangle \pm |0110\rangle)_{234E},$$

$$|\Omega^{7,8}\rangle_{234E} = \frac{1}{4}(|1011\rangle + |1101\rangle \pm |0001\rangle \pm |0111\rangle)_{234E},$$

$$|\Omega^{9,10}\rangle_{234E} = \frac{1}{4}(|0000\rangle + |0110\rangle \mp |1010\rangle \mp |1100\rangle)_{234E},$$

$$|\Omega^{11,12}\rangle_{234E} = \frac{1}{4}(|0001\rangle + |0111\rangle \mp |1011\rangle \mp |1101\rangle)_{234E},$$

$$|\Omega^{13,14}\rangle_{234E} = \frac{1}{4}(|1010\rangle + |1100\rangle \mp |0000\rangle \mp |0110\rangle)_{234E},$$

$$|\Omega^{15,16}\rangle_{234E} = \frac{1}{4}(|1011\rangle + |1101\rangle \mp |0001\rangle \mp |0111\rangle)_{234E} \quad (4\text{-}8)$$

当 Charlie 执行一个单粒子测量后，Bob – Eve 量子态塌缩为：

$$|\Xi^{1,2}\rangle = \frac{1}{4}(|000\rangle + |010\rangle \pm |100\rangle \pm |110\rangle)_{23E},$$

$$|\Xi^{3,4}\rangle = \frac{1}{4}(|001\rangle + |011\rangle \pm |101\rangle \pm |111\rangle)_{23E},$$

$$|\Xi^{5,6}\rangle = \frac{1}{4}(|100\rangle + |110\rangle \pm |000\rangle \pm |010\rangle)_{23E},$$

$$|\Xi^{7,8}\rangle = \frac{1}{4}(|101\rangle + |111\rangle \pm |001\rangle \pm |011\rangle)_{23E},$$

$$| \varXi^{9,\ 10} \rangle = \frac{1}{4} (| 000 \rangle + | 010 \rangle \mp | 100 \rangle \mp | 110 \rangle)_{23E},$$

$$| \varXi^{11,\ 12} \rangle = \frac{1}{4} (| 001 \rangle + | 011 \rangle \mp | 101 \rangle \mp | 111 \rangle)_{23E},$$

$$| \varXi^{13,\ 14} \rangle = \frac{1}{4} (| 100 \rangle + | 110 \rangle \mp | 000 \rangle \mp | 010 \rangle)_{23E},$$

$$| \varXi^{15,\ 16} \rangle = \frac{1}{4} (| 101 \rangle + | 111 \rangle \mp | 001 \rangle \mp | 011 \rangle)_{23E}$$

因此，如果 Charlie 得到一个 $| 0 \rangle$ 的态，则 Bob – Eve 将塌缩到一个直积态，表示为 $| \beth^1 \rangle = (| 00 \rangle + | 01 \rangle + | 10 \rangle + | 11 \rangle)_{BE}$。从上述分析可知，Eve 没有获取任何原始态的信息，也就说明了我们构建的信息分离方案是安全可靠的。

假设通信三方中有一方是不诚实的，假如 Charlie 不诚实或者他和窃听者 Eve 合作。当 Alice 发送初始态信息，Charlie 将拦截 Alice 发给 Bob 的量子信息，如果 Alice 授权 Charlie 重建原始态信息，则 Charlie 的盗窃行为将成功并不被发现，但是如果 Alice 授权 Bob 重建初始态信息，由于 Charlie 不知道 Alice 的测量结果，因此他可能发送错误的量子态信息给 Bob。从上述分析可知，Eve 没有获取任何原始态的信息，也就说明了我们构建的信息分离方案是安全可靠的。由此，Charlie 的窃听行为也将被发现。

4.2 利用五粒子纠缠态分离任意单粒子态和两粒子态

五粒子纠缠态我们描述为：

$$\begin{aligned}
| \varTheta \rangle_{12345} &= \frac{1}{2\sqrt{2}} (| 00101 \rangle - | 00110 \rangle + | 01000 \rangle - | 01011 \rangle + | 10001 \rangle \\
&\quad + | 10010 \rangle + | 11100 \rangle + | 11111 \rangle)_{12345} \\
&= \frac{1}{2} (| 001 \rangle | \varPhi^- \rangle + | 010 \rangle | \varPsi^- \rangle + | 100 \rangle | \varPhi^+ \rangle + | 111 \rangle | \varPsi^+ \rangle)_{12345}
\end{aligned}$$

$$(4\text{-}9)$$

五粒子纠缠态已经广泛应用到量子单向通信和量子纠错中，单向量子隐形传态已经得到了实验验证，而且在量子隐形传态和量子纠错码中广泛应用。现在展示一下利用五粒子纠缠态分离任意单粒子态和两粒子态的量子信息分离过程。

4.2.1 分离任意单粒子态

如果 Alice 拥有粒子 1，3 和 4，Charlie 拥有粒子 2，Bob 拥有粒子 5，

Alice 通过量子信道 $|\Theta\rangle_{12345}$ 分离任意单粒子。任意单粒子我们描述为：

$$|\Psi\rangle_A = \alpha|0\rangle + \beta|1\rangle \tag{4-10}$$

其中，$|\alpha|^2 + |\beta|^2 = 1$。

整个量子系统为：

$$|\Psi\rangle_{A12345} = |\Psi\rangle_A \otimes |\Theta\rangle_{12345}$$

$$= \frac{1}{2}(\alpha|0001\rangle|\Phi^-\rangle + \alpha|0010\rangle|\Psi^-\rangle + \alpha|0100\rangle|\Phi^+\rangle$$

$$+ \alpha|0111\rangle|\Psi^+\rangle + \beta|1001\rangle|\Phi^-\rangle + \beta|1010\rangle|\Psi^-\rangle$$

$$+ \beta|1100\rangle|\Phi^+\rangle + \beta|1111\rangle|\Psi^+\rangle)_{A12345} \tag{4-11}$$

Alice 首先对她的粒子执行冯诺依曼测量，得到 16 种可能的塌缩态 $|\phi\rangle_{A134}^i (i = 1, 2, 3, \cdots, 16)$。在测量完成以后，Alice 通过经典信道将测量结果告知 Bob 和 Charlie，他们任何一方都不能重建原始态的信息，只有在两方互相合作的情况下才能恢复未知态的信息。Charlie 在基 $\{|0\rangle, |1\rangle\}$ 下对它的粒子执行单粒子测量，并在测量完成后，将测量结果发送给 Bob，结合 Alice 和 Charlie 的测量结果，Bob 操作适当幺正操作，可以恢复原始态的信息。

如果 Alice 的测量结果为 $|\phi\rangle_{A134}^1$，具体如下：

$$|\phi\rangle_{A134}^1 = \frac{1}{2}(|0000\rangle + |0011\rangle + |1100\rangle + |1111\rangle) \tag{4-12}$$

则 Bob 和 Charlie 获得的塌缩态为：

$$|\psi\rangle_{25}^1 = (\alpha|10\rangle - \alpha|00\rangle + \beta|01\rangle + \beta|11\rangle)_{25} \tag{4-13}$$

如果 Charlie 在基 $|0\rangle$ 下测量，则 Bob 获得的态为 $(-\alpha|0\rangle + \beta|1\rangle)_5$，因此 Bob 执行幺正操作 $-\sigma_z$ 可以恢复原始态的信息。

如果 Charlie 在基 $|1\rangle$ 下测量，则 Bob 获得的态为 $(\alpha|0\rangle + \beta|1\rangle)_5$，因此 Bob 执行幺正操作 I 可以恢复原始态的信息。

4.2.2　分离任意两粒子态

下面分析利用五粒子纠缠态分离任意两粒子态的量子信息分离过程，对公式 (4-9) 执行一个量子控制门操作。首先，以粒子 3 作为目标粒子，粒子 4 作为控制粒子，执行控制门操作后表示为：

$$|\Theta'\rangle_{12345} = \frac{1}{2\sqrt{2}}(|00101\rangle + |00110\rangle + |01000\rangle - |01011\rangle$$

$$+ |10001\rangle + |10010\rangle + |11100\rangle - |11111\rangle)_{12345} \tag{4-14}$$

再以粒子 3 作为目标粒子，粒子 4 作为控制粒子，执行控制非 (C - NOT) 操作，则五粒子纠缠态如下所示：

$$|\Omega\rangle_{12345} = \frac{1}{2\sqrt{2}}(|00101\rangle + |00010\rangle + |01000\rangle - |01111\rangle$$

$$+ |10001\rangle + |10110\rangle + |11100\rangle - |11011\rangle)_{12345} \qquad (4\text{-}15)$$

假设 Alice 要发送一个未知的两粒子态，表示为：

$$|\varphi\rangle_{xy} = a|00\rangle + b|01\rangle + c|10\rangle + d|11\rangle \qquad (4\text{-}16)$$

其中，$|a|^2 + |b|^2 + |c|^2 + |d|^2 = 1$。Alice 准备一个五粒子纠缠态 $|\Omega\rangle_{12345}$，粒子 1 和粒子 2 属于 Alice，粒子 5 属于 Charlie，粒子 3 和粒子 4 属于 Bob。整个量子系统我们写成：

$$|\Pi\rangle_{xy12345} = |\varphi\rangle_{xy} \otimes |\Omega\rangle_{12345}$$

$$= \frac{\sqrt{2}}{4}(a|0000101\rangle + a|0000010\rangle + a|0001000\rangle - a|0001111\rangle$$

$$+ a|0010001\rangle + a|0010110\rangle + a|0011100\rangle - a|0011011\rangle$$

$$+ b|0100101\rangle + b|0100010\rangle + b|0101000\rangle - b|0101111\rangle$$

$$+ b|0110001\rangle + b|0110110\rangle + b|0111100\rangle - b|0111011\rangle$$

$$+ c|1000101\rangle + c|1000010\rangle + c|1001000\rangle - c|1001111\rangle$$

$$+ c|1010001\rangle + c|1010110\rangle + c|1011100\rangle - c|1011011\rangle$$

$$+ d|1100101\rangle + d|1100010\rangle + d|1101000\rangle - d|1101111\rangle$$

$$+ d|1110001\rangle + d|1110110\rangle + d|1111100\rangle - d|1111011\rangle)_{xy12345}$$

$$(4\text{-}17)$$

首先，Alice 对她拥有的粒子对 $(A, 1)$，$(B, 2)$ 执行 Bell 态测量，测量完成后她得到 16 种可能的测量结果，同时也得到 16 种塌缩态 $|\Gamma\rangle^i$（$i = 1, 2, 3, \cdots, 16$）。Alice 通过经典信道将测量结果告诉 Bob 和 Charlie，控制者 Charlie 在基 $\{|0\rangle, |1\rangle\}$ 下对他的粒子 5 执行单粒子测量，并且在测量完成后将结果发送给 Bob。Bob 通过执行适当的幺正操作 $(I, \sigma_x, \sigma_y, \sigma_z)$ 来重建原始态 $|\varphi\rangle_{xy}$ 的信息。

四个幺正操作描述如下：

$$I = |0\rangle + |1\rangle = I = \begin{bmatrix} 1 & 0 \\ 0 & 1 \end{bmatrix}, \qquad X = |1\rangle + |0\rangle = \sigma_x = \begin{bmatrix} 0 & 1 \\ 1 & 0 \end{bmatrix},$$

$$Y = |1\rangle - |0\rangle = \sigma_y = \begin{bmatrix} 0 & -i \\ i & 0 \end{bmatrix}, \qquad Z = |0\rangle - |1\rangle = \sigma_z = \begin{bmatrix} 1 & 0 \\ 0 & -1 \end{bmatrix}$$

$$(4\text{-}18)$$

如果 Alice 对她拥有的粒子执行 $|\Phi^+\rangle_{A1}|\Phi^+\rangle_{B2}$ 测量，则她得到的测量结果为：

$$|\xi^1\rangle_{345} = \frac{1}{4\sqrt{2}}(a|101\rangle + a|010\rangle + b|000\rangle - b|111\rangle$$

$$+ c\,|\,001\,\rangle + c\,|\,110\,\rangle + d\,|\,100\,\rangle - d\,|\,011\,\rangle\,)_{345} \qquad (4\text{-}19)$$

如果 Charlie 的测量结果是 $|\,0\,\rangle$，则 Bob 获得的态为：

$$|\,\zeta^1\,\rangle_{34} = (\,a\,|\,01\,\rangle + b\,|\,00\,\rangle + c\,|\,11\,\rangle + d\,|\,10\,\rangle\,)_{34} \qquad (4\text{-}20)$$

因此，Bob 通过执行幺正操作 $I \otimes \sigma_x$ 可以恢复原始态的信息。

如果 Charlie 的测量结果是 $|\,1\,\rangle$，则 Bob 获得的态为：

$$|\,\zeta^2\,\rangle_{34} = (\,a\,|\,10\,\rangle - b\,|\,11\,\rangle + c\,|\,00\,\rangle - d\,|\,01\,\rangle\,)_{34} \qquad (4\text{-}21)$$

因此，Bob 通过执行幺正操作 $\sigma_x \otimes \sigma_z$ 可以恢复原始态的信息。

4.2.3　安全性分析

假设存在窃听者 Eve，在三方通信过程中试图窃取通信方发送的未知信息，如果在通信过程中通信者没有意识到窃听者的存在，则在 Alice 执行完测量后，窃听者将自己的粒子纠缠到 Bob 和 Charlie 的坍塌态上，分下面两种情况分析：

①当分离任意单粒子时，当 Alice 执行完冯诺依曼测量后，如果得到的结果是：

$$|\,\varPhi^1\,\rangle_{A134} = \frac{1}{2}(\,|\,0000\,\rangle + |\,0011\,\rangle + |\,1100\,\rangle + |\,1111\,\rangle\,)_{A134} \qquad (4\text{-}22)$$

则 Eve – Bob – Charlie 的坍塌态为：

$$|\,\varXi^1\,\rangle_{25E} = (\,\alpha\,|\,100\,\rangle + \alpha\,|\,101\,\rangle - \alpha\,|\,000\,\rangle - \alpha\,|\,001\,\rangle + \beta\,|\,010\,\rangle$$
$$+ \beta\,|\,011\,\rangle + \beta\,|\,110\,\rangle + \beta\,|\,111\,\rangle\,)_{25E} \qquad (4\text{-}23)$$

如果 Charlie 的测量结果为 $|\,0\,\rangle_2$，则 Eve – Bob 的系统将塌缩为：

$$|\,\varPi^1\,\rangle_{5E} = (\,-\alpha\,|\,00\,\rangle - \alpha\,|\,01\,\rangle + \beta\,|\,10\,\rangle + \beta\,|\,11\,\rangle\,)_{5E} \qquad (4\text{-}24)$$

如果 Charlie 的测量结果为 $|\,1\,\rangle_2$，则 Eve – Bob 的系统将塌缩为：

$$|\,\varPi^2\,\rangle_{5E} = (\,\alpha\,|\,00\,\rangle + \alpha\,|\,01\,\rangle + \beta\,|\,10\,\rangle + \beta\,|\,11\,\rangle\,)_{5E} \qquad (4\text{-}25)$$

由此看出，窃听者 Eve 没有机会获得初始信息。

②假设在通信过程中存在窃听者 Malicious，在 Alice 执行完 Bell 态测量后，Bob–Charlie–Malicious 的粒子将坍塌为：

$$|\,\xi^1\,\rangle_{345M} = \frac{1}{4\sqrt{2}}(\,a\,|\,1010\,\rangle + a\,|\,1011\,\rangle + a\,|\,0100\,\rangle + a\,|\,0101\,\rangle + b\,|\,0000\,\rangle$$
$$+ b\,|\,0001\,\rangle - b\,|\,1110\,\rangle - b\,|\,1111\,\rangle + c\,|\,0010\,\rangle + c\,|\,0011\,\rangle + c\,|\,1100\,\rangle$$
$$+ c\,|\,1101\,\rangle + d\,|\,1000\,\rangle + d\,|\,1001\,\rangle - d\,|\,0110\,\rangle - d\,|\,0111\,\rangle\,)_{345M}$$
$$(4\text{-}26)$$

如果 Charlie 的测量结果为 $|\,0\,\rangle_5$，则 Malicious – Bob 的系统将塌缩到 $|\,\varGamma^1\,\rangle_{34M}$，如下所示：

$$| \Gamma^1 \rangle_{34M} = \frac{1}{4\sqrt{2}} (a | 010 \rangle + a | 011 \rangle + b | 000 \rangle + b | 001 \rangle + c | 110 \rangle$$

$$+ c | 111 \rangle + d | 100 \rangle + d | 101 \rangle)_{34M} \tag{4-27}$$

如果 Charlie 的测量结果为 $| 1 \rangle_5$，则 Malicious - Bob 的系统将塌缩到 $| \Gamma^2 \rangle_{34M}$，如下所示：

$$| \Gamma^2 \rangle_{34M} = \frac{1}{4\sqrt{2}} (a | 100 \rangle + a | 101 \rangle - b | 110 \rangle - b | 111 \rangle + c | 000 \rangle$$

$$+ c | 001 \rangle - d | 010 \rangle - d | 011 \rangle)_{34M} \tag{4-28}$$

很明显，Malicious 不可能获得初始态信息。因此，利用五粒子纠缠态分离任意单粒子态和两粒子态的量子信息分离过程是安全可靠的。

4.3 利用四粒子团簇态和两粒子 Bell 态分离任意两粒子态

4.3.1 分离过程描述

本节描述了利用四粒子团簇态和两粒子 Bell 态分离任意两粒子态的过程。假设信息发送者 Alice 制备了任意两粒子态 $| \Psi \rangle_{AB} = \alpha | 00 \rangle + \beta | 01 \rangle + \gamma | 10 \rangle + \eta | 11 \rangle$，满足 $| \alpha |^2 + | \beta |^2 + | \gamma |^2 + | \eta |^2 = 1$，一般情况下，系数 α，β，γ，η 各不相同。假如 Alice 传输任意两粒子态给信息接收者 Bob 和信息控制者 Charlie，那么 Alice、Bob 和 Charlie 首先要共享一个量子信道，在此利用四粒子团簇态 $| \Psi \rangle_{1234} = \frac{1}{2} (| 0000 \rangle + | 0011 \rangle + | 1100 \rangle - | 1111 \rangle)_{1234}$ 和两粒子 Bell 态 $| \Phi \rangle_{56} = \frac{1}{\sqrt{2}} (| 00 \rangle + | 11 \rangle)_{56}$ 作为量子信道，其中，Alice 拥有粒子 A、粒子 B、粒子 1 和粒子 5，Charlie 拥有粒子 2 和粒子 3，Bob 拥有粒子 4 和粒子 6。

Alice、Bob 和 Charlie 拥有粒子的总量子态系统为：

$$| \Psi \rangle_{AB123456} = | \Psi \rangle_{AB} \otimes | \Psi \rangle_{1234} \otimes | \Phi \rangle_{56} \tag{4-29}$$

为了完成量子信息分离的目的，Alice 首先对她拥有的粒子对 $(A，1)$，$(B，5)$ 执行 Bell 态测量，在 Alice 执行完 Bell 态测量以后，Bob 和 Charlie 的粒子将会发生坍塌，从而得到 16 种可能的结果：$| \varphi_{2346} \rangle^i (i = 1，2，3，\cdots，16)$，具体如下所示：

$$| \Phi^{++} \rangle_{A1} | \Phi^{\pm} \rangle_{B5} = | \Phi_{2346} \rangle^{1，2}$$

$$= \frac{1}{4} (\alpha | 0000 \rangle + + \alpha | 0110 \rangle + - \beta | 0001 \rangle + - \beta | 0111 \rangle$$

$$++\gamma|1000\rangle--\gamma|1110\rangle+-\eta|1001\rangle-+\eta|1111\rangle)$$

$$|\Phi^{++}\rangle_{A1}|\Psi^{\pm}\rangle_{B5}=|\Phi_{2346}\rangle^{3,\,4}$$

$$=\frac{1}{4}(\alpha|0001\rangle++\alpha|0111\rangle+-\beta|0000\rangle+-\beta|0110\rangle$$

$$++\gamma|1001\rangle--\gamma|1111\rangle+-\eta|1000\rangle-+\eta|1110\rangle)$$

$$|\Phi^{--}\rangle_{A1}|\Phi^{\pm}\rangle_{B5}=|\Phi_{2346}\rangle^{5,\,6}$$

$$=\frac{1}{4}(\alpha|0000\rangle++\alpha|0110\rangle+-\beta|0001\rangle+-\beta|0111\rangle$$

$$--\gamma|1000\rangle++\gamma|1110\rangle-+\eta|1001\rangle+-\eta|1111\rangle)$$

$$|\Phi^{--}\rangle_{A1}|\Psi^{\pm}\rangle_{B5}=|\Phi_{2346}\rangle^{7,\,8}$$

$$=\frac{1}{4}(\alpha|0001\rangle++\alpha|0111\rangle+-\beta|0000\rangle+-\beta|0110\rangle$$

$$--\gamma|1001\rangle++\gamma|1111\rangle-+\eta|1000\rangle+-\eta|1110\rangle)$$

$$|\Psi^{++}\rangle_{A1}|\Phi^{\pm}\rangle_{B5}=|\Phi_{2346}\rangle^{9,\,10}$$

$$=\frac{1}{4}(\alpha|1000\rangle--\alpha|1110\rangle+-\beta|1001\rangle-+\beta|1111\rangle$$

$$++\gamma|0000\rangle++\gamma|0110\rangle+-\eta|0001\rangle+-\eta|0111\rangle)$$

$$|\Psi^{++}\rangle_{A1}|\Psi^{\pm}\rangle_{B5}=|\Phi_{2346}\rangle^{11,\,12}$$

$$=\frac{1}{4}(\alpha|1001\rangle--\alpha|1111\rangle+-\beta|1000\rangle-+\beta|1110\rangle$$

$$++\gamma|0001\rangle++\gamma|0111\rangle+-\eta|0000\rangle+-\eta|0110\rangle)$$

$$|\Psi^{--}\rangle_{A1}|\Phi^{\pm}\rangle_{B5}=|\Phi_{2346}\rangle^{13,\,14}$$

$$=\frac{1}{4}(\alpha|1000\rangle--\alpha|1110\rangle+-\beta|1001\rangle-+\beta|1111\rangle$$

$$--\gamma|0000\rangle--\gamma|0110\rangle-+\eta|0001\rangle-+\eta|0111\rangle)$$

$$|\Psi^{--}\rangle_{A1}|\Psi^{\pm}\rangle_{B5}=|\Phi_{2346}\rangle^{15,\,16}$$

$$=\frac{1}{4}(\alpha|1001\rangle--\alpha|1111\rangle+-\beta|1000\rangle-+\beta|1110\rangle$$

$$--\gamma|0001\rangle--\gamma|0111\rangle-+\eta|0000\rangle-+\eta|0110\rangle)$$

$$(4\text{-}30)$$

接着 Alice 通过经典信道将 Bell 态测量结果告诉 Bob 和 Charlie，并且 Bob 和 Charlie 必须合作才能恢复任意两粒子态，因此，Charlie 需要对他拥有的粒子(2，3) 执行 Bell 态测量，测量完以后，Bob 需要执行幺正操作才能恢复初始态信息。Bob 执行的四个幺正变换我们描述为：

$$\left.\begin{array}{ll}I=|0\rangle\langle0|+|1\rangle\langle1|, & \sigma_x=|0\rangle\langle1|+|1\rangle\langle0|,\\ -i\,\sigma_y=|1\rangle\langle0|-|0\rangle\langle1|, & \sigma_z=|0\rangle\langle0|-|1\rangle\langle1|\end{array}\right\}\quad(4\text{-}31)$$

Charlie 执行完 Bell 态测量后，Bob 拥有的粒子状态瞬间发生坍塌，并得到 64 种可能的坍塌状态，下面以 Bob 和 Charlie 的坍塌态 $|\varphi_{2346}\rangle^1$ 为例进行分析。

① 如果 Charlie 的测量结果是 $|00\rangle+|11\rangle$，则 Bob 获得的第一种可能塌缩态为 $|\varphi^1\rangle_{46}=\alpha|00\rangle+\beta|01\rangle-\gamma|10\rangle-\eta|11\rangle$，因此，Bob 执行 $\sigma_x\otimes I$ 幺正变换可以恢复初始态信息。

② 如果 Charlie 的测量结果是 $|00\rangle-|11\rangle$，则 Bob 获得的第二种可能塌缩态为 $|\varphi^2\rangle_{46}=\alpha|00\rangle+\beta|01\rangle+\gamma|10\rangle+\eta|11\rangle$，因此，Bob 执行 $I\otimes I$ 幺正变换可以恢复初始态信息。

③ 如果 Charlie 的测量结果是 $|01\rangle+|10\rangle$，则 Bob 获得的第三种可能塌缩态为 $|\varphi^3\rangle_{46}=\alpha|10\rangle+\beta|11\rangle+\gamma|00\rangle+\eta|01\rangle$，因此，Bob 执行 $\sigma_x\otimes I$ 幺正变换可以恢复初始态信息。

④ 如果 Charlie 的测量结果是 $|01\rangle-|10\rangle$，则 Bob 获得的第四种可能塌缩态为 $|\varphi^4\rangle_{46}=\alpha|10\rangle+\beta|11\rangle-\gamma|00\rangle-\eta|01\rangle$，因此，Bob 执行 $-i\sigma_y\otimes I$ 幺正变换可以恢复初始态信息。

利用四粒子团簇态和两粒子 Bell 态分离任意两粒子态的过程如图 4-3 所示。

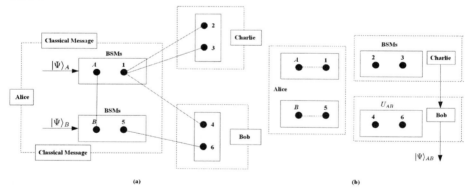

图 4-3 任意两粒子的量子信息分离过程

4.3.2 安全性分析

假如存在攻击者 Eve，在通信双方未知的情况下试图窃取通信信息。首先，如果 Eve 事先准备了一个辅助粒子纠缠到量子信道上，当 Alice 完成 Bell 态测量后，Bob、Charlie 和 Eve 拥有的粒子状态将发生坍塌，并坍塌到一个 5 粒子纠缠态中，我们可以描述为：

$$|\Xi\rangle_{2346E}=\frac{1}{4\sqrt{2}}(\alpha|00000\rangle+\alpha|00001\rangle+|01100\rangle+\alpha|01101\rangle$$

$$+ \beta | 00010 \rangle + \beta | 00011 \rangle + \beta | 01110 \rangle + \beta | 01111 \rangle$$
$$+ \gamma | 10000 \rangle + \gamma | 10001 \rangle - \gamma | 11100 \rangle - \gamma | 11101 \rangle$$
$$+ \eta | 10010 \rangle + \eta | 10011 \rangle - \eta | 11110 \rangle - \eta | 11111 \rangle)_{2346E}$$

$$(4-32)$$

如果 Charlie 获得的态为 $| \Phi^+ \rangle_{23}$，则 Bob - Eve 的系统将坍缩为：

$$| \Pi \rangle_{46E} = \alpha | 000 \rangle + \alpha | 001 \rangle + \beta | 010 \rangle + \beta | 011 \rangle - \gamma | 100 \rangle - \gamma | 101 \rangle$$
$$- \eta | 110 \rangle - \eta | 111 \rangle$$

$$= (\alpha | 00 \rangle + \beta | 01 \rangle - \gamma | 10 \rangle - \eta | 11 \rangle)_{46} \frac{1}{\sqrt{2}} (| 0 \rangle + | 1 \rangle)_{E}$$

$$(4-33)$$

由以上演算可知，Eve 没有任何机会获得原始态信息，并且上述只考虑了窃听者只有 Eve 的情况，也只能证明 Eve 在信息传输过程中没有窃取原始态信息。然而，在实际传输过程中，也有可能存在两个窃听者，其中一个可能是恶意攻击者 Mallory，另一个是窃听者 Eve。那么，量子隐形传态过程中的安全性分析如下：

假如 Mallory 和 Eve 通过测量辅助粒子来窃取原始态的信息，并且为了窃取原始态信息而袭击了 Alice、Bob 和 Charlie，如果通信三方在通信过程中都没有意识到窃听者的存在，那么，在 Alice 执行完 Bell 态测量后，Bob、Charlie、Mallory 和 Eve 拥有粒子的状态将瞬间发生变化，粒子将会坍缩到一个 6 粒子直积态，然后 Charlie 对它的粒子执行 Bell 态测量，测量完成后，Bob、Mallory 和 Eve 拥有的粒子将会坍缩到一个直积态。很明显，Mallory 和 Eve 没有任何机会获得原始态信息。由上述分析可知，针对通信过程中存在两个袭击者的情况，此次量子信息分离过程是安全的。

4.3.3　物理实现

为了实现量子隐形传态，我们采用腔量子电动力学（Cavity-QED）进行测试。首先，如果在 QED 中实现量子信息分离，那么必须考虑多粒子纠缠态，也可以使用 n 粒子纠缠态。相比 GHZ 态，团簇态具有最大的连通性和持续的纠缠性。

4.3.3.1　团簇态的制备

考虑 n 个两能级原子同时与单模腔场相互作用，在旋波近似的情况下，系统的哈密顿量为：

$$H = \sum_{j=1}^{N} g_j (a^+ | g_j \rangle \langle e_j | + a | e_j \rangle \langle g_j |)$$

$$(4-34)$$

其中，$|g_i\rangle$ 是第 j 个原子的激发态，而 g_j 是第 j 个原子与腔模相互耦合的常数，a^+ 和 a 是原子和腔相互作用后腔膜的产生算符和消灭算符。

假设腔场的初始状态为 $|0\rangle_c$，原子的初始状态为 $|e_1\rangle \prod_{k=2}^{N} |g_k\rangle$，那么系统随时间的演化过程如下：

$$|e_1\rangle \prod_{k=2}^{N} |g_k\rangle |0\rangle_c \rightarrow [(g_1^2/G^2)\cos(Gt) + (G^2 - g_1^2)/G^2] |e_1\rangle \cdot$$

$$\prod_{k=2}^{N} |g_k\rangle |0\rangle_c + (g_1/G^2)[\cos(Gt)-1]|g_1\rangle \sum_{k=2}^{N} g_k |e_k\rangle \cdot$$

$$\prod_{i=2}^{N} |g_j\rangle |0\rangle_c - (i g_1/G)\sin(Gt)\prod_{k=1}^{N} |g_k\rangle |1\rangle_c$$

$$(4\text{-}35)$$

当作用时间 $Gt = \pi$ 时，量子态将演化为：

$$|e_1\rangle \prod_{k=2}^{N} |g_k\rangle |0\rangle_c \rightarrow 1/\sqrt{2(N-1)}\left(\sqrt{N-1}|e_1\rangle \prod_{k=2}^{N} |g_k\rangle - |g_1\rangle \cdot\right.$$

$$\left.\sum_{k=2}^{N} |e_k\rangle \prod_{j=2}^{N} |g_j\rangle\right)|0\rangle_c \qquad (4\text{-}36)$$

实施单量子比特旋转 $|e_1\rangle \rightarrow -|e_1\rangle$，得到的态是：

$$\sqrt{2(N-1)}\left(\sqrt{N-1}|e_1\rangle \prod_{k=2}^{N} |g_k\rangle\right) + |g_1\rangle \prod_{k=2}^{N} |e_k\rangle \prod_{j=2}^{N} |g_j\rangle \quad (4\text{-}37)$$

这样，我们得到 N 粒子纠缠的团簇态，如果考虑到腔模对团簇态的影响，那么系统哈密顿量可以写为：

$$H = \sum_{j=1}^{N} g_{jc}(a^+ s_j^- + a s_j^+) - ik/2\, a^+ a \qquad (4\text{-}38)$$

其中，k 为腔损失。

考虑到腔损失对团簇态制备的影响，保真度与成功率随腔损失变化的曲线如图 4-4 和图 4-5 所示。

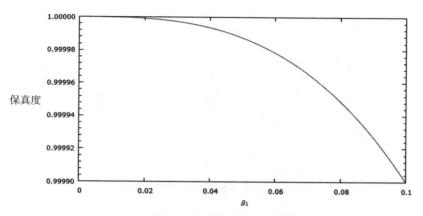

图 4-4 腔损失小的情况下纠缠态制备

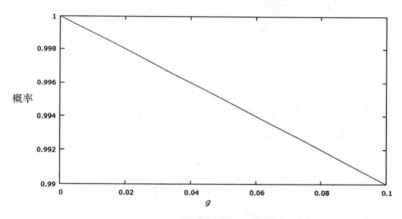

图 4-5 保真度随腔损失变化图

通过多原子与单模腔共振，选择不同原子与腔模的耦合系统及相应的时间，得到想要制备的态，由于采用的是共振模型，所以需要的时间相对比较少。

4.3.3.2 Bell 态的制备

本节中 Bell 态的制备是通过双边光学微腔来实现的，腔场好比是偏振分束器，对不同的偏振态光子具有不同的作用。

通过投射光子和反射光子将系统产生的态分成了两个部分，部分投射，部分反射。腔场发射的运算符为：

$$\hat{t} = |R\rangle\langle R| \otimes |\uparrow\rangle\langle\uparrow| + |L\rangle\langle L| \otimes |\downarrow\rangle\langle\downarrow| \qquad (4\text{-}39)$$

其中，R 表示光子的右偏振态，$|\downarrow\rangle$ 表示腔内光子的下旋偏振态，$|\uparrow\rangle$ 表示腔内光子的上旋偏振态，L 表示光子的左偏振态。如图 4-6 所示为光子与腔耦合系统演化过程。

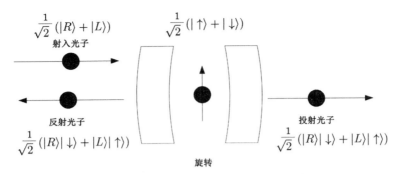

图 4-6 光子与腔耦合系统演化过程

对于任意状态的射入光子，腔的反射运算符为：

$$\hat{t} = t_0(w)(|R\rangle\langle R|\otimes|\uparrow\rangle\langle\uparrow|+|L\rangle\langle L|\otimes|\downarrow\rangle\langle\downarrow|$$
$$+ t_w(R)(|R\rangle\langle R|\otimes|\downarrow\rangle\langle\downarrow|+|L\rangle\langle L|\otimes|\uparrow\rangle\langle\uparrow| \qquad (4\text{-}40)$$

腔的投射运算符为：

$$\hat{r} = r_0(w)(|R\rangle\langle R|\otimes|\uparrow\rangle\langle\uparrow|+|L\rangle\langle L|\otimes|\downarrow\rangle\langle\downarrow|$$
$$+ r_w(R)(|R\rangle\langle R|\otimes|\downarrow\rangle\langle\downarrow|+|L\rangle\langle L|\otimes|\uparrow\rangle\langle\uparrow|$$

对于任意状态光子（$|\psi^{ph}\rangle = \alpha|R\rangle + \beta|L\rangle$）射入腔场中，射入光子和腔中原子产生的相互作用形成的纠缠态为：

$$|\psi^e\rangle\otimes|\psi^s\rangle\overrightarrow{t(w)}\,t_0(w)\frac{1}{\sqrt{2}}(\alpha|R\rangle|\uparrow\rangle+\beta|L\rangle|\downarrow\rangle) \qquad (4\text{-}41)$$

投射出去的光子执行一个 H 门操作，利用非破坏性测量原理对电子的状态进行测量，实现了电子到光子的传态。

当光子 1 和光子 2 进入腔场后，由于两光子具有相同的叠加态$|\psi^{ph}\rangle_{1,2}=(\alpha|R\rangle_{1,2}+\beta|L\rangle_{1,2})\sqrt{2}$，腔中的原子状态为$|\psi^s\rangle=(|\uparrow\rangle+|\downarrow\rangle)\sqrt{2}$。那么，射入的光子与腔中的原子相互作用，产生的结果有：

① 如果光子都从腔场中投射出去，则纠缠态的演化为：

$$|\psi^{ph}\rangle\otimes|\psi^{ph}\rangle\otimes|\psi\rangle^s \rightarrow (t_0^2(w))\frac{1}{2}(|R\rangle_1|R\rangle_2|\uparrow\rangle+\frac{1}{\sqrt{2}}|L\rangle_1|L\rangle_2|\downarrow\rangle)$$

$$\qquad (4\text{-}42)$$

对腔中的原子执行一个 H 门操作，则量子态变化为：

$$|\uparrow\rangle\rightarrow\frac{1}{\sqrt{2}}(|\uparrow\rangle+|\downarrow\rangle),\ \frac{1}{\sqrt{2}}|\downarrow\rangle\rightarrow(|\uparrow\rangle-|\downarrow\rangle) \qquad (4\text{-}43)$$

光子投射出去时，投射端口态可转化为：

$$|\psi^{ph}\rangle\otimes|\psi^{ph}\rangle\otimes|\psi\rangle^s \rightarrow \frac{1}{2}(|R\rangle_1|R\rangle_2+|L\rangle_1|L\rangle_2|\uparrow\rangle$$

$$+\frac{1}{2}(|R\rangle_1|R\rangle_2 -|L\rangle_1|L\rangle_2|\downarrow\rangle \quad (4\text{-}44)$$

然后测量电子所处的状态，从而得到光子对的状态，最后我们得到 Bell 态：

$$|\Psi^{\pm}\rangle_{1,2} = (|R\rangle_1|R\rangle_2 \pm\frac{1}{\sqrt{2}}|L\rangle_1|L\rangle_2) \quad (4\text{-}45)$$

这种情况发生的概率为 25%。如图 4-7 所示。

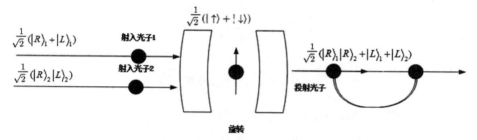

图 4-7　光子全部投射出去示意图

② 同理，如果光子都从腔场中反射出去，发生的概率也只有 25%。如图 4-8 所示。

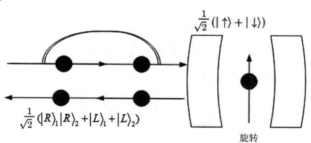

图 4-8　光子全部反射出去示意图

③ 如果两个光子进入腔场后，一个光子被反射出去，而另一个光子经过腔场后被投射，这种概率发生的概率为 50%。光子与腔场中的原子相互作用后，量子态演化为：

$$|\psi^{ph}\rangle \otimes|\psi^{ph}\rangle \otimes|\psi\rangle^s \rightarrow (t_0(w)r(w))\frac{1}{2}(|R\rangle_1|L\rangle_2|\uparrow\rangle +\frac{1}{\sqrt{2}}|L\rangle_1|R\rangle_2|\downarrow\rangle)$$

$$(4\text{-}46)$$

方法同 ①，我们得到 Bell 态为：

$$|\Phi^{\pm}\rangle_{1,2} = (|R\rangle_1|R\rangle_2 \pm\frac{1}{\sqrt{2}}|L\rangle_1|L\rangle_2) \quad (4\text{-}47)$$

光子与腔场相互作用的过程如图 4-9 所示。

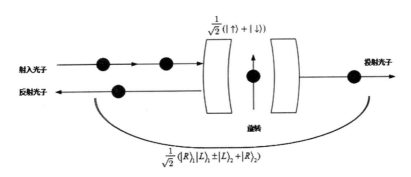

图 4-9　光子与腔相互作用过程

4.3.3.3　在 QED 系统中实现的过程

本节中，如果 Alice 要传输任意两粒子态，Alice、Bob 和 Charlie 共享一个四粒子团簇态和 2 粒子 Bell 态作为量子纠缠信道，用 QED 系统来描述这个方案过程。

考虑六个两能级原子同时与单模腔和经典场相互作用，在旋波近似的情况下，系统的哈密顿量我们描述为：

$$H = w_0 \sum_{j=1}^{6} S_{z,j} + w_a a^+ a + \sum_{j=1}^{6} [g(a^+ S_j^- + a S_j^+)$$
$$+ \Theta(S_j^+ \exp(-iwt) + S_j^- \exp(iwt))] \qquad (4\text{-}48)$$

其中，w_0 是原子转换频率，w_a 是腔场频率，w 是驱动场频率。a^+ 是腔模产生的算符，a 是腔模消灭的算符。g 是腔场与原子耦合的系数，Θ 是拉比频率。

假如 $w_0 = w$，相互作用后系统的哈密顿量为：

$$H_i = \sum_{i=1}^{6} g(e^{-i\delta t} a^+ s_j^- + e^{i\delta t} a s_j^+) + \sum_{i=1}^{6} \Theta(s_j^+ + s_j^-) \qquad (4\text{-}49)$$

当 $\lambda = g^2/2\delta$ 时，系统算符演化为：

$$U(t) = e^{-iH_0 t} e^{-iH_e t} \qquad (4\text{-}50)$$

其中，$H_0 = \sum_{i=1}^{6} \Theta(s_j^+ + s_j^-) t$，如果 Alice 想分离任意的两粒子态，那么她首先在 QED 中执行 Bell 态测量，并对粒子实施旋转 $|1\rangle \rightarrow i|1\rangle$ 操作，操作执行完成后，将得到如下结果：

$$|\Phi^+\rangle_{ij} \rightarrow \frac{1}{\sqrt{2}}(|00\rangle + i|11\rangle)_{ij}, \quad |\Phi^-\rangle_{ij} \rightarrow \frac{1}{\sqrt{2}}(|00\rangle - i|11\rangle)_{ij},$$

$$| \Psi^{+} \rangle_{ij} \to \frac{1}{\sqrt{2}} (| 01 \rangle + i | 10 \rangle)_{ij}, \quad | \Psi^{-} \rangle_{ij} \to \frac{1}{\sqrt{2}} (| 01 \rangle - i | 10 \rangle)_{ij} \quad (4\text{-}51)$$

让粒子 i 和粒子 j 在单模腔中相互作用，并在经典强场中驱动，选择相互作用的时间和拉比频率，使得 $\lambda t = \dfrac{\pi}{4}$，这样我们得到的进化态为：

$$| \Phi^{+} \rangle_{ij} \to | 00 \rangle_{ij}, \quad | \Phi^{-} \rangle_{ij} \to - i | 11 \rangle_{ij},$$
$$| \Psi^{+} \rangle_{ij} \to | 01 \rangle_{ij}, \quad | \Psi^{-} \rangle_{ij} \to - i | 10 \rangle_{ij} \quad (4\text{-}52)$$

丢弃掉相位因子 $e^{-i\pi/4}$，通过分别测量粒子 i 和粒子 j，我们完成 Bell 态测量。因此，Bob 可以成功地重建原始态的信息 $| \Psi \rangle_{AB}$。

4.4　利用四粒子团簇态和 GHZ 态分离任意三粒子态

4.4.1　分离过程描述

通信三方 Alice、Bob 和 Charlie 共享一个由四粒子团簇态 $| \Psi \rangle_{1234} = \dfrac{1}{2} (| 0000 \rangle + | 0011 \rangle + | 1100 \rangle - | 1111 \rangle)$ 和三粒子 GHZ 态 $| GHZ \rangle_{567} = \dfrac{1}{\sqrt{2}} (| 000 \rangle + | 111 \rangle)$ 构成的七粒子量子信道。

步骤 1：Alice 想要发送未知的三粒子态。

$| \Psi \rangle_{ABC} = a | 000 \rangle + b | 001 \rangle + c | 010 \rangle + d | 011 \rangle + e | 100 \rangle + f | 101 \rangle + g | 110 \rangle + h | 111 \rangle$，满足 $| a |^2 + | b |^2 + | c |^2 + | d |^2 + | e |^2 + | f |^2 + | g |^2 + | h |^2 = 1$，给信息接收者 Bob 和 Charlie。Alice 拥有粒子 A，B，C，1，3 和 5，Bob 拥有粒子 2，4 和 6，Charlie 拥有粒子 7。整个系统的总的联合态为：

$$| \Psi \rangle_{ABC1234567} = | \Psi \rangle_{ABC} \otimes | \Psi \rangle_{1234} \otimes | GHZ \rangle_{567} \quad (4\text{-}53)$$

其中，

$| \Psi \rangle_{1234567} = | \Psi \rangle_{1234} \otimes | GHZ \rangle_{567} = \dfrac{1}{2\sqrt{2}} (| 0000000 \rangle + | 0011000 \rangle + | 1100000 \rangle - | 1111000 \rangle + | 0000111 \rangle + | 0011111 \rangle + | 1100111 \rangle - | 1111111 \rangle)$

我们详细描述为：

$| \Psi \rangle_{ABC1234567} = | \Psi \rangle_{ABC} \otimes | \Psi \rangle_{1234567}$

$= \dfrac{1}{2\sqrt{2}} \{ (a | 00000000001 \rangle + a | 0000011000 \rangle +$

$a | 0001100000 \rangle - a | 0001111000 \rangle + a | 0000000111 \rangle +$

$$a\,|\,0000011111\rangle + a\,|\,0001100111\rangle - a\,|\,0001111111\rangle) +$$
$$(b\,|\,0010000000\rangle + b\,|\,0010011000\rangle + b\,|\,0011100000\rangle -$$
$$b\,|\,001111100\rangle + b\,|\,0010000111\rangle + b\,|\,0010011111\rangle +$$
$$b\,|\,0011100111\rangle - b\,|\,0011111111\rangle) + (c\,|\,0100000000\rangle +$$
$$c\,|\,0100011000\rangle + c\,|\,0101100000\rangle - c\,|\,0101111000\rangle +$$
$$c\,|\,0100000111\rangle + c\,|\,0100011111\rangle + c\,|\,0101100111\rangle -$$
$$c\,|\,0101111111\rangle) + (d\,|\,0110000000\rangle + d\,|\,0110011000\rangle +$$
$$d\,|\,0111100000\rangle - d\,|\,0111111000\rangle + d\,|\,0110000111\rangle +$$
$$d\,|\,0110011111\rangle + d\,|\,0111100111\rangle - d\,|\,0111111111\rangle) +$$
$$(e\,|\,1000000000\rangle + e\,|\,1000011000\rangle + e\,|\,1001100000\rangle -$$
$$e\,|\,1001111000\rangle + e\,|\,1000000111\rangle + e\,|\,1000011111\rangle +$$
$$e\,|\,1001100111\rangle - e\,|\,1001111111\rangle) + (f\,|\,1010000000\rangle +$$
$$f\,|\,1010011000\rangle + f\,|\,1011100000\rangle - f\,|\,1011111000\rangle +$$
$$f\,|\,1010000111\rangle + f\,|\,1010011111\rangle + f\,|\,1011100111\rangle -$$
$$f\,|\,1011111111\rangle) + (g\,|\,1100000000\rangle + g\,|\,1100011000\rangle +$$
$$g\,|\,1101100000\rangle - g\,|\,1101111000\rangle + g\,|\,1100000111\rangle +$$
$$g\,|\,1100011111\rangle + g\,|\,1101100111\rangle - g\,|\,1101111111\rangle) +$$
$$h\,|\,1110000000\rangle + h\,|\,1110011000\rangle + h\,|\,1111100000\rangle -$$
$$h\,|\,1111111000\rangle + h\,|\,1110000111\rangle + h\,|\,1110011111\rangle +$$
$$h\,|\,1111100111\rangle - h\,|\,1111111111\rangle)\} \tag{4-54}$$

步骤 2：Alice 为了分离原始态信息并且发送信息给接收者 Bob，她首先对粒子对 $(A, 1)$，$(B, 3)$，$(C, 5)$ 执行 Bell 态测量，Alice 执行完测量后，Bob、Charlie 拥有的粒子将发生塌缩，塌缩态为如下的 64 种状态之一。

$$|\Phi^{++}\rangle_{A1}|\Phi^{++}\rangle_{B3}|\Phi^{+-}\rangle_{C5} = \frac{1}{8}(a\,|\,0000\rangle +- b\,|\,0011\rangle ++ c\,|\,0100\rangle$$
$$+- d\,|\,0111\rangle ++ e\,|\,1000\rangle +- f\,|\,1011\rangle$$
$$-- g\,|\,1100\rangle -+ h\,|\,1111\rangle)$$

$$|\Phi^{++}\rangle_{A1}|\Phi^{++}\rangle_{B3}|\Psi^{+-}\rangle_{C5} = \frac{1}{8}(a\,|\,0011\rangle +- b\,|\,0000\rangle ++ c\,|\,0111\rangle$$
$$+- d\,|\,0100\rangle ++ e\,|\,1011\rangle +- f\,|\,1000\rangle$$
$$-+ g\,|\,1111\rangle -- h\,|\,1100\rangle)$$

$$|\Phi^{++}\rangle_{A1}|\Phi^{--}\rangle_{B3}|\Phi^{+-}\rangle_{C5} = \frac{1}{8}(a\,|\,0000\rangle +- b\,|\,0011\rangle -- c\,|\,0100\rangle$$
$$-+ d\,|\,0111\rangle ++ e\,|\,1000\rangle +- f\,|\,1011\rangle$$

$$+ + g \,|\,1100\rangle \, + - h \,|\,1111\rangle \,)$$

$$|\,\Phi^{++}\rangle_{A1} \,|\,\Phi^{--}\rangle_{B3} \,|\,\Psi^{+-}\rangle_{C5} = \frac{1}{8}(a \,|\,0011\rangle \, + - b \,|\,0000\rangle \, - - c \,|\,0111\rangle$$

$$- + d \,|\,0100\rangle \, + + e \,|\,1011\rangle \, + - f \,|\,1000\rangle$$

$$+ + g \,|\,1111\rangle \, + - h \,|\,1100\rangle \,)$$

$$|\,\Phi^{--}\rangle_{A1} \,|\,\Phi^{++}\rangle_{B3} \,|\,\Phi^{+-}\rangle_{C5} = \frac{1}{8}(a \,|\,0000\rangle \, + - b \,|\,0011\rangle \, + + c \,|\,0100\rangle$$

$$+ - d \,|\,0111\rangle \, - - e \,|\,1000\rangle \, - + f \,|\,1011\rangle$$

$$+ + g \,|\,1100\rangle \, + - h \,|\,1111\rangle \,)$$

$$|\,\Phi^{--}\rangle_{A1} \,|\,\Phi^{++}\rangle_{B3} \,|\,\Psi^{+-}\rangle_{C5} = \frac{1}{8}(a \,|\,0011\rangle \, + - b \,|\,0000\rangle \, + + c \,|\,0111\rangle$$

$$+ - d \,|\,0100\rangle \, - - e \,|\,1011\rangle \, - + f \,|\,1000\rangle$$

$$+ + g \,|\,1111\rangle \, + - h \,|\,1100\rangle \,)$$

$$|\,\Phi^{--}\rangle_{A1} \,|\,\Phi^{--}\rangle_{B3} \,|\,\Phi^{+-}\rangle_{C5} = \frac{1}{8}(a \,|\,0000\rangle \, + - b \,|\,0011\rangle \, - - c \,|\,0100\rangle$$

$$- + d \,|\,0111\rangle \, - - e \,|\,1000\rangle \, - + f \,|\,1011\rangle$$

$$- - g \,|\,1100\rangle \, - h \,|\,1111\rangle \,)$$

$$|\,\Phi^{--}\rangle_{A1} \,|\,\Phi^{--}\rangle_{B3} \,|\,\Psi^{+-}\rangle_{C5} = \frac{1}{8}(a \,|\,0011\rangle \, + - b \,|\,0000\rangle \, - - c \,|\,0111\rangle$$

$$- + d \,|\,0100\rangle \, - - e \,|\,1011\rangle \, - + f \,|\,1000\rangle$$

$$- - g \,|\,1111\rangle \, - h \,|\,1100\rangle \,)$$

$$|\,\Phi^{++}\rangle_{A1} \,|\,\Psi^{++}\rangle_{B3} \,|\,\Phi^{+-}\rangle_{C5} = \frac{1}{8}(a \,|\,0100\rangle \, + - b \,|\,0111\rangle \, + + c \,|\,0000\rangle$$

$$+ - d \,|\,0011\rangle \, - - e \,|\,1100\rangle \, - + f \,|\,1111\rangle$$

$$+ + g \,|\,1000\rangle \, + - h \,|\,1011\rangle \,)$$

$$|\,\Phi^{++}\rangle_{A1} \,|\,\Psi^{++}\rangle_{B3} \,|\,\Psi^{+-}\rangle_{C5} = \frac{1}{8}(a \,|\,0111\rangle \, + - b \,|\,0100\rangle \, + + c \,|\,0011\rangle$$

$$+ - d \,|\,0000\rangle \, - - e \,|\,1111\rangle \, - + f \,|\,1100\rangle$$

$$+ + g \,|\,1011\rangle \, + - h \,|\,1000\rangle \,)$$

$$|\,\Phi^{++}\rangle_{A1} \,|\,\Psi^{--}\rangle_{B3} \,|\,\Phi^{+-}\rangle_{C5} = \frac{1}{8}(a \,|\,0100\rangle \, + - b \,|\,0111\rangle \, - - c \,|\,0000\rangle$$

$$- + d \,|\,0011\rangle \, - - e \,|\,1100\rangle \, - + f \,|\,1111\rangle$$

$$- - g \,|\,1000\rangle \, - h \,|\,1011\rangle \,)$$

$$|\,\Phi^{++}\rangle_{A1} \,|\,\Psi^{--}\rangle_{B3} \,|\,\Psi^{+-}\rangle_{C5} = \frac{1}{8}(a \,|\,0111\rangle \, + - b \,|\,0100\rangle \, - - c \,|\,0011\rangle$$

$$-- d\,|\,0000\rangle \; -- e\,|\,1111\rangle \; -+ f\,|\,1100\rangle$$
$$-- g\,|\,1011\rangle \; ++ h\,|\,1000\rangle\,)$$

$$|\,\varPhi^{--}\rangle_{A1}\,|\,\varPsi^{++}\rangle_{B3}\,|\,\varPhi^{+-}\rangle_{C5} = \frac{1}{8}(\,a\,|\,0100\rangle \; +- b\,|\,0111\rangle \; ++ c\,|\,0000\rangle$$
$$+- d\,|\,0011\rangle \; ++ e\,|\,1100\rangle \; +- f\,|\,1111\rangle$$
$$-- g\,|\,1000\rangle \; - h\,|\,1011\rangle\,)$$

$$|\,\varPhi^{--}\rangle_{A1}\,|\,\varPsi^{++}\rangle_{B3}\,|\,\varPsi^{+-}\rangle_{C5} = \frac{1}{8}(\,a\,|\,0111\rangle \; +- b\,|\,0100\rangle \; ++ c\,|\,0011\rangle$$
$$+- d\,|\,0000\rangle \; ++ e\,|\,1111\rangle \; +- f\,|\,1100\rangle$$
$$-- g\,|\,1011\rangle \; - h\,|\,1000\rangle\,)$$

$$|\,\varPhi^{--}\rangle_{A1}\,|\,\varPsi^{--}\rangle_{B3}\,|\,\varPhi^{+-}\rangle_{C5} = \frac{1}{8}(\,a\,|\,0100\rangle \; +- b\,|\,0111\rangle \; -- c\,|\,0000\rangle$$
$$-+ d\,|\,0011\rangle \; ++ e\,|\,1100\rangle \; +- f\,|\,1111\rangle$$
$$++ g\,|\,1000\rangle \; +- h\,|\,1011\rangle\,)$$

$$|\,\varPhi^{--}\rangle_{A1}\,|\,\varPsi^{--}\rangle_{B3}\,|\,\varPsi^{+-}\rangle_{C5} = \frac{1}{8}(\,a\,|\,0111\rangle \; +- b\,|\,0100\rangle \; -- c\,|\,0011\rangle$$
$$-+ d\,|\,0000\rangle \; ++ e\,|\,1111\rangle \; +- f\,|\,1100\rangle$$
$$++ g\,|\,1011\rangle \; +- h\,|\,1000\rangle\,)$$

$$|\,\varPsi^{++}\rangle_{A1}\,|\,\varPsi^{++}\rangle_{B3}\,|\,\varPhi^{+-}\rangle_{C5} = \frac{1}{8}(\,-- a\,|\,1100\rangle \; -+ b\,|\,1111\rangle \; ++ c\,|\,1000\rangle$$
$$+- d\,|\,1011\rangle \; ++ e\,|\,0100\rangle \; +- f\,|\,0111\rangle$$
$$++ g\,|\,0000\rangle \; +- h\,|\,0011\rangle\,)$$

$$|\,\varPsi^{++}\rangle_{A1}\,|\,\varPsi^{++}\rangle_{B3}\,|\,\varPsi^{+-}\rangle_{C5} = \frac{1}{8}(\,-- a\,|\,1111\rangle \; -+ b\,|\,1100\rangle \; ++ c\,|\,1011\rangle$$
$$+- d\,|\,1000\rangle \; ++ e\,|\,0111\rangle \; +- f\,|\,0100\rangle$$
$$++ g\,|\,0011\rangle \; +- h\,|\,0000\rangle\,)$$

$$|\,\varPsi^{++}\rangle_{A1}\,|\,\varPsi^{--}\rangle_{B3}\,|\,\varPhi^{+-}\rangle_{C5} = \frac{1}{8}(\,-- a\,|\,1100\rangle \; -+ b\,|\,1111\rangle \; -- c\,|\,1000\rangle$$
$$-+ d\,|\,1011\rangle \; ++ e\,|\,0100\rangle \; +- f\,|\,0111\rangle$$
$$-- g\,|\,0000\rangle \; - h\,|\,0011\rangle\,)$$

$$|\,\varPsi^{++}\rangle_{A1}\,|\,\varPsi^{--}\rangle_{B3}\,|\,\varPsi^{+-}\rangle_{C5} = \frac{1}{8}(\,-- a\,|\,1111\rangle \; -+ b\,|\,1100\rangle \; -- c\,|\,1011\rangle$$
$$-+ d\,|\,1000\rangle \; ++ e\,|\,0111\rangle \; +- f\,|\,0100\rangle$$
$$-- g\,|\,0011\rangle \; - h\,|\,0000\rangle\,)$$

$$|\,\varPsi^{--}\rangle_{A1}\,|\,\varPsi^{++}\rangle_{B3}\,|\,\varPhi^{+-}\rangle_{C5} = \frac{1}{8}(\,-- a\,|\,1100\rangle \; -+ b\,|\,1111\rangle \; ++ c\,|\,1000\rangle$$

$$-+d\,|\,1011\rangle\ --e\,|\,0100\rangle\ -+f\,|\,0111\rangle$$
$$-2\,|\,0000\rangle\ -h\,|\,0011\rangle)$$

$$|\,\Psi^{--}\rangle_{A1}\,|\,\Psi^{++}\rangle_{B3}\,|\,\Psi^{+-}\rangle_{C5}=\frac{1}{8}(\,--a\,|\,1111\rangle\ -+b\,|\,1100\rangle\ ++c\,|\,1011\rangle$$
$$-+d\,|\,1000\rangle\ --e\,|\,0111\rangle\ -+f\,|\,0100\rangle$$
$$--g\,|\,0011\rangle\ -h\,|\,0000\rangle)$$

$$|\,\Psi^{--}\rangle_{A1}\,|\,\Psi^{--}\rangle_{B3}\,|\,\Phi^{+-}\rangle_{C5}=\frac{1}{8}(\,--a\,|\,1100\rangle\ -+b\,|\,1111\rangle\ --c\,|\,1000\rangle$$
$$-+d\,|\,1011\rangle\ --e\,|\,0100\rangle\ -+f\,|\,0111\rangle$$
$$++g\,|\,0000\rangle\ +-h\,|\,0011\rangle)$$

$$|\,\Psi^{--}\rangle_{A1}\,|\,\Psi^{--}\rangle_{B3}\,|\,\Psi^{+-}\rangle_{C5}=\frac{1}{8}(\,--a\,|\,1111\rangle\ -+b\,|\,1100\rangle\ --c\,|\,1011\rangle$$
$$-+d\,|\,1000\rangle\ --e\,|\,0111\rangle\ -+f\,|\,0100\rangle$$
$$++g\,|\,0011\rangle\ +-h\,|\,0000\rangle)$$

$$|\,\Psi^{++}\rangle_{A1}\,|\,\Phi^{++}\rangle_{B3}\,|\,\Phi^{+-}\rangle_{C5}=\frac{1}{8}(\,a\,|\,1000\rangle\ +-b\,|\,1011\rangle\ --c\,|\,1100\rangle$$
$$-+d\,|\,1111\rangle\ ++e\,|\,0000\rangle\ +-f\,|\,0011\rangle$$
$$++g\,|\,0100\rangle\ +-h\,|\,0111\rangle)$$

$$|\,\Psi^{++}\rangle_{A1}\,|\,\Phi^{++}\rangle_{B3}\,|\,\Psi^{+-}\rangle_{C5}=\frac{1}{8}(\,a\,|\,1011\rangle\ +-b\,|\,1000\rangle\ --c\,|\,1111\rangle$$
$$-+d\,|\,1100\rangle\ ++e\,|\,0011\rangle\ +-f\,|\,0000\rangle$$
$$++g\,|\,0111\rangle\ +-h\,|\,0100\rangle)$$

$$|\,\Phi^{++}\rangle_{A1}\,|\,\Psi^{--}\rangle_{B3}\,|\,\Phi^{++}\rangle_{C5}=\frac{1}{8}(\,a\,|\,0100\rangle\ ++b\,|\,0111\rangle\ --c\,|\,0000\rangle$$
$$--d\,|\,0011\rangle\ --e\,|\,1100\rangle\ --f\,|\,1111\rangle$$
$$--g\,|\,1000\rangle\ --h\,|\,1011\rangle)$$

$$|\,\Phi^{++}\rangle_{A1}\,|\,\Psi^{--}\rangle_{B3}\,|\,\Psi^{+-}\rangle_{C5}=\frac{1}{8}(\,a\,|\,0111\rangle\ +-b\,|\,0100\rangle\ --c\,|\,0011\rangle$$
$$-+d\,|\,0000\rangle\ --e\,|\,1111\rangle\ -+f\,|\,1100\rangle$$
$$--g\,|\,1011\rangle\ -h\,|\,1000\rangle)$$

$$|\,\Psi^{--}\rangle_{A1}\,|\,\Phi^{++}\rangle_{B3}\,|\,\Phi^{+-}\rangle_{C5}=\frac{1}{8}(\,a\,|\,1000\rangle\ +-b\,|\,1011\rangle\ --c\,|\,1100\rangle$$
$$-+d\,|\,1111\rangle\ --e\,|\,0000\rangle\ -+f\,|\,0011\rangle$$
$$--g\,|\,0100\rangle\ -h\,|\,0111\rangle)$$

$$|\,\Psi^{--}\rangle_{A1}\,|\,\Phi^{++}\rangle_{B3}\,|\,\Psi^{+-}\rangle_{C5}=\frac{1}{8}(\,a\,|\,1011\rangle\ +-b\,|\,1000\rangle\ -+c\,|\,1111\rangle$$

$$- - d \mid 1100 \rangle - - e \mid 0011 \rangle - + f \mid 0000 \rangle$$
$$- - g \mid 0111 \rangle - h \mid 0100 \rangle)$$

$$\mid \Psi^{--} \rangle_{A1} \mid \Phi^{--} \rangle_{B3} \mid \Phi^{+-} \rangle_{C5} = \frac{1}{8} (a \mid 1000 \rangle + - b \mid 1011 \rangle + + c \mid 1100 \rangle$$
$$+ - d \mid 1111 \rangle - - e \mid 0000 \rangle - + f \mid 0011 \rangle$$
$$+ + g \mid 0100 \rangle + - h \mid 0111 \rangle)$$

$$\mid \Psi^{--} \rangle_{A1} \mid \Phi^{--} \rangle_{B3} \mid \Psi^{+-} \rangle_{C5} = \frac{1}{8} (a \mid 1011 \rangle + - b \mid 1000 \rangle + + c \mid 1111 \rangle$$
$$+ - d \mid 1100 \rangle - - e \mid 0011 \rangle - + f \mid 0000 \rangle$$
$$+ + g \mid 0111 \rangle + - h \mid 0100 \rangle) \tag{4-55}$$

步骤 3：接着，Alice 根据经典信道将测量结果告知 Bob 和 Charlie，如果 Charlie 允许 Bob 重建原始态信息，他必须对粒子 7 在基 $\{ \mid \pm \rangle \}_7$ 下执行单粒子测量，其中，$\mid + \rangle = \frac{1}{\sqrt{2}} (\mid 0 \rangle + \mid 1 \rangle)$ 和 $\mid - \rangle = \frac{1}{\sqrt{2}} (\mid 0 \rangle - \mid 1 \rangle)$。根据 Alice 和 Charlie 的测量结果，Bob 对他的粒子 2，4，6 执行幺正操作 $(U_1，U_2，U_3，U_4)$ 重建原始信息。Bob 执行的幺正操作我们可以写为：

$$U_1 = \mid 000 \rangle \langle 000 \mid + \mid 001 \rangle \langle 010 \mid + \mid 010 \rangle \langle 100 \mid + \mid 011 \rangle \langle 110 \mid$$
$$+ \mid 100 \rangle \langle 001 \mid - \mid 101 \rangle \langle 011 \mid - \mid 110 \rangle \langle 101 \mid + \mid 111 \rangle \langle 110 \mid \tag{4-56}$$

$$U_2 = \mid 000 \rangle \langle 000 \mid + \mid 001 \rangle \langle 010 \mid + \mid 010 \rangle \langle 100 \mid + \mid 011 \rangle \langle 110 \mid$$
$$+ \mid 100 \rangle \langle 001 \mid + \mid 101 \rangle \langle 011 \mid - \mid 110 \rangle \langle 101 \mid - \mid 111 \rangle \langle 110 \mid \tag{4-57}$$

$$U_3 = \mid 000 \rangle \langle 000 \mid - \mid 001 \rangle \langle 010 \mid - \mid 010 \rangle \langle 100 \mid - \mid 011 \rangle \langle 110 \mid$$
$$+ \mid 100 \rangle \langle 001 \mid + \mid 101 \rangle \langle 011 \mid - \mid 110 \rangle \langle 101 \mid - \mid 111 \rangle \langle 110 \mid \tag{4-58}$$

$$U_4 = \mid 000 \rangle \langle 000 \mid - \mid 001 \rangle \langle 010 \mid - \mid 010 \rangle \langle 100 \mid - \mid 011 \rangle \langle 110 \mid$$
$$- \mid 100 \rangle \langle 001 \mid - \mid 101 \rangle \langle 011 \mid + \mid 110 \rangle \langle 101 \mid + \mid 111 \rangle \langle 110 \mid \tag{4-59}$$

下面，以 $_{A1} \langle \Phi^+ \mid_{B3} \langle \Phi^+ \mid_{C5} \langle \Phi^+ \mid \mid \Psi \rangle_{ABC1234567}$ 量子信息分离的过程为例进行说明。

$$\mid \Phi^+ \rangle_{A1} \mid \Phi^+ \rangle_{B3} \mid \Phi^+ \rangle_{C5} = \frac{1}{8} (a \mid 0000 \rangle + b \mid 0011 \rangle + c \mid 0100 \rangle + d \mid 0111 \rangle$$
$$+ e \mid 1000 \rangle + f \mid 1011 \rangle - g \mid 1100 \rangle - h \mid 1111 \rangle)$$
$$= \frac{\sqrt{2}}{2} [\mid + \rangle_7 (a \mid 000 \rangle + b \mid 001 \rangle + c \mid 010 \rangle + d \mid 011 \rangle$$
$$+ e \mid 100 \rangle + f \mid 101 \rangle - g \mid 110 \rangle - h \mid 111 \rangle)_{246}]$$
$$= \frac{\sqrt{2}}{2} [\mid - \rangle_7 (a \mid 000 \rangle + b \mid 001 \rangle + c \mid 010 \rangle + d \mid 011 \rangle$$

$$+ e|100\rangle + f|101\rangle - g|110\rangle - h|111\rangle)_{246}]$$

$$(4\text{-}60)$$

Charlie 在基 $\{|\pm\rangle_7\}$ 下对他的粒子 7 执行单粒子测量,并在测量完成后将测量结果告知 Bob,如果单粒子测量结果是 $|+\rangle$ 或者 $|-\rangle$,则剩余的粒子将塌缩到如下态之一。

$$|\varphi^1\rangle = (a|000\rangle + b|001\rangle + c|010\rangle + d|011\rangle + e|100\rangle$$
$$+ f|101\rangle - g|110\rangle - h|111\rangle)_{246} \qquad (4\text{-}61)$$

或者

$$|\varphi^2\rangle = (a|000\rangle + b|001\rangle + c|010\rangle + d|011\rangle + e|100\rangle$$
$$- f|101\rangle - g|110\rangle + h|111\rangle)_{246} \qquad (4\text{-}62)$$

为了获得原始态信息,Bob 必须对他的粒子 3 执行幺正操作,转换后的状态如下:

$$a|000\rangle + b|001\rangle + c|010\rangle + d|011\rangle + e|100\rangle + f|101\rangle + g|110\rangle +$$
$$h|111\rangle \qquad (4\text{-}63)$$

如果单粒子测量结果是 $|+\rangle$,Bob 必须对他的粒子 2,4,6 执行幺正操作 U_2 来重建未知原始态信息。

如果单粒子测量结果是 $|-\rangle$,Bob 必须对他的粒子 2,4,6 执行幺正操作 U_1 来重建未知原始态信息。

量子信息分离过程如图 4-10 所示。

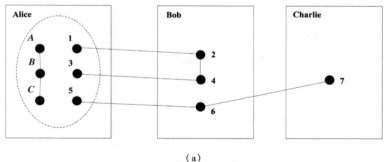

（a）

图 4-10　量子信息分离过程

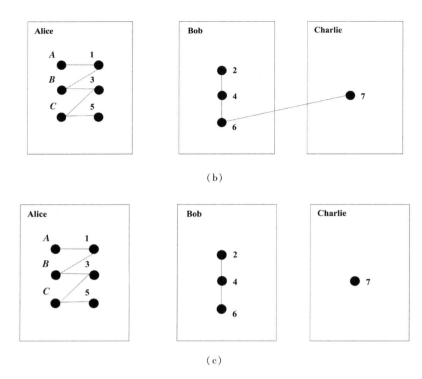

（b）

（c）

图 4-10　量子信息分离过程（续）

4.4.2　安全性分析

前面方案中利用四粒子团簇态和 Bell 态分离任意三粒子的量子信息分离是假设没有窃听者存在的情况，通信过程是安全可靠的。假如存在窃听者，那么分析如下：

假设窃听者为 Eve，在通信三方都没有意识到的情况下，试图窃取通信三方发送的信息，那么他首先通过测量纠缠辅助粒子来窃取原始态信息，在 Alice 执行完联合 Bell 态测量后，Bob、Charlie 和 Eve 的粒子将坍塌到 5 粒子纠缠态上。然后 Charlie 对他的粒子 7 执行单粒子测量，接着Bob-Eve 系统将塌缩到一个直积态，因此，Eve 将没有任何机会获得原始未知态信息。

依附到粒子 7 上的纠缠粒子为 $\frac{1}{\sqrt{2}}(|0\rangle + |1\rangle)$，假如 Alice 得到的结果为 $_{A1}|\Phi^{+}\rangle_{B3}|\Phi^{+}\rangle_{C5}|\Phi^{+}\rangle$，则 Bob、Charlie 和 Eve 的联合态为：

$$|\Pi\rangle_{2467E} = \frac{1}{8\sqrt{2}}(a|00000\rangle + a|00001\rangle + b|00110\rangle + b|00111\rangle$$

$$+ c|01000\rangle + c|01001\rangle + d|01110\rangle + d|01111\rangle$$
$$+ e|10000\rangle + e|10001\rangle + f|10110\rangle + f|10111\rangle$$
$$- g|11000\rangle - g|11001\rangle - h|11110\rangle - h|11111\rangle)_{2467E}$$

$$(4\text{-}64)$$

如果 Charlie 获得的态为 $\{|+\rangle_7\}$，则 Bob – Eve 的系统将塌缩到态 $|\xi_1\rangle_{246E}$：

$$|\xi_1\rangle_{246E} = (a|0000\rangle + a|0001\rangle + b|0010\rangle + b|0011\rangle + c|0100\rangle$$
$$+ c|0101\rangle + d|0110\rangle + d|0111\rangle + e|1000\rangle + e|1001\rangle$$
$$+ f|1010\rangle + f|1011\rangle - g|1100\rangle - g|1101\rangle + h|1110\rangle$$
$$+ h|1111\rangle)_{246E}$$
$$= (a|000\rangle + b|001\rangle + c|010\rangle + d|011\rangle + e|100\rangle + f|101\rangle$$
$$- g|110\rangle + h|111\rangle)_{246} \frac{1}{\sqrt{2}}(|0\rangle + |1\rangle)_E \qquad (4\text{-}65)$$

如果 Charlie 获得的态为 $\{|-\rangle_7\}$，则 Bob – Eve 的系统将塌缩到态 $|\xi_2\rangle_{246E}$：

$$|\xi_2\rangle_{246E} = (a|0000\rangle + a|0001\rangle + b|0010\rangle + b|0011\rangle + c|0100\rangle$$
$$+ c|0101\rangle + d|0110\rangle + d|0111\rangle + e|1000\rangle + e|1001\rangle - f|1010\rangle$$
$$- f|1011\rangle - g|1100\rangle - g|1101\rangle + h|1110\rangle + h|1111\rangle)_{246E}$$
$$= (a|000\rangle + b|001\rangle + c|010\rangle + d|011\rangle + e|100\rangle$$
$$- f|101\rangle - g|110\rangle + h|111\rangle)_{246} \frac{1}{\sqrt{2}}(|0\rangle + |1\rangle)_E \qquad (4\text{-}66)$$

很明显，Eve 没有任何机会获得原始态的信息。

4.4.3　物理实现

假如自旋的电子处于态 $|\uparrow\rangle$，射入的光子态为 $|R^\uparrow\rangle$ 或者 $|L^\downarrow\rangle$（上标箭头表示光子在 Z 轴上的传播方向），当射入光子态为 $|R^\downarrow\rangle$ 或者 $|L^\uparrow\rangle$ 时，该光子进入腔场后会直接透射出去，并且仅有一个相位发生变化。具体我们描述如下：

假如有三个彼此独立的光子 a，b，c，它们处于相同的量子态 $|\Phi^{ph}\rangle_{a,b,c} = \frac{1}{\sqrt{2}}(|R\rangle_{a,b,c} + |L\rangle_{a,b,c})$，并且它们分别依次进入腔场中，此时腔中的原子处于态 $|\Phi^s\rangle = \frac{1}{\sqrt{2}}(|\uparrow\rangle + |\downarrow\rangle)$，射入的光子和腔内的原子发生相互作用并产生纠缠。分析有四种情况：

① 如果三个光子射入腔场中并和腔场中的原子相互作用后，三个光子全部从腔场中投射出去，这样射入光子和腔中的原子作用后产生的纠缠态为：

$$|\Phi^1\rangle \rightarrow -t^3(w)\frac{1}{2\sqrt{2}}(|R\rangle_a|R\rangle_b|R\rangle_c|\downarrow\rangle + \frac{1}{\sqrt{2}}|L\rangle_a|L\rangle_b|L\rangle_c|\uparrow\rangle)$$

$$(4\text{-}67)$$

② 如果三个光子射入腔场中并和腔场中的原子相互作用后，三个光子全部被反射，这样射入光子和腔中的原子作用后产生的纠缠态为：

$$|\Phi^2\rangle \rightarrow r^3(w)\frac{1}{2\sqrt{2}}(|R\rangle_a|R\rangle_b|R\rangle_c|\downarrow\rangle + \frac{1}{\sqrt{2}}|L\rangle_a|L\rangle_b|L\rangle_c|\uparrow\rangle)$$

$$(4\text{-}68)$$

③ 如果三个光子射入腔场中并和腔场中的原子相互作用后，其中的一个光子被反射，另外两个光子从腔中投射出去，这样射入光子和腔中的原子作用后产生的纠缠态为：

$$|\Phi^3\rangle \rightarrow 3\,t^2(w)r(w)\frac{1}{2\sqrt{2}}(|R\rangle_a|R\rangle_b|R\rangle_c|\downarrow\rangle + \frac{1}{\sqrt{2}}|L\rangle_a|L\rangle_b|L\rangle_c|\uparrow\rangle)$$

$$(4\text{-}69)$$

④ 如果三个光子射入腔场中并和腔场中的原子相互作用后，其中的两个光子被反射，一个光子从腔中投射出去，这样射入光子和腔中的原子作用后产生的纠缠态为：

$$|\Phi^4\rangle \rightarrow -3t(w)\,r^2(w)\frac{1}{2\sqrt{2}}(|R\rangle_a|R\rangle_b|R\rangle_c|\downarrow\rangle + \frac{1}{\sqrt{2}}|L\rangle_a|L\rangle_b|L\rangle_c|\uparrow\rangle)$$

$$(4\text{-}70)$$

由此可知，不管光子是投射出去还是反射出去，所产生的纠缠态都可以看作是：

$$|\Phi\rangle \rightarrow (|R\rangle_a|R\rangle_b|R\rangle_c|\downarrow\rangle + \frac{1}{\sqrt{2}}|L\rangle_a|L\rangle_b|L\rangle_c|\uparrow\rangle) \qquad (4\text{-}71)$$

然后在原子上执行 H 门操作后测量腔中原子，若原子处于态 $|\uparrow\rangle$，则我们得到的纠缠态为：

$$|\Phi^+\rangle = (|R\rangle_a|R\rangle_b|R\rangle_c + \frac{1}{\sqrt{2}}|L\rangle_a|L\rangle_b|L\rangle_c) \qquad (4\text{-}72)$$

若原子处于态 $|\downarrow\rangle$，则我们得到的纠缠态为：

$$|\Phi^-\rangle = (|R\rangle_a|R\rangle_b|R\rangle_c - \frac{1}{\sqrt{2}}|L\rangle_a|L\rangle_b|L\rangle_c) \qquad (4\text{-}73)$$

结合公式(4-72)和(4-73)，我们得到 GHZ 态为：

$$|\Phi^{\pm}\rangle = (|R\rangle_a |R\rangle_b |R\rangle_c \pm \frac{1}{\sqrt{2}} |L\rangle_a |L\rangle_b |L\rangle_c) \qquad (4\text{-}74)$$

4.5　本章小结

本章提出了两类量子信息分离方案，其中一类方案是利用四粒子纠缠态作为量子信道分离两粒子 Bell 态，方案中进行了 GHZ 态测量，并且最后在没有出现信息泄露的情况下，接收者成功地重构了发送者发送的量子态。同时在假设存在外部攻击和内部攻击的情况下，经过分析结果证明，无论是外部攻击者还是内部攻击者都没有任何机会获得 Alice 发送的信息。另外一类方案分别是利用五粒子纠缠态分离任意单粒子态和两粒子态，利用四粒子团簇态和两粒子 Bell 态分离任意两粒子态，利用四粒子团簇态和 GHZ 态分离任意三粒子态的量子信息分离方案。在这类量子信息分离过程中，信息发送者 Alice 都执行了 Bell 态测量，Charlie 也在不同态基下执行了单粒子测量，方案最后信息接收者 Bob 也通过执行适当的幺正操作重建了原始态信息。这类信息分离过程我们也在 QED 中进行了物理实现，这为后期的免疫噪声的量子隐形传态协议提供了良好的通信基础。

第 5 章　免疫噪声的可控多自由度量子隐形传态协议

在结合噪声信道下的纠缠源制备和 Bell 态测量特征的量子隐形传态的理论与实验已有较多研究，但都是基于单自由度下的独立假设，无法满足远距离鲁棒的量子隐形传态要求。在远程量子通信网络的条件下，量子纠缠和测量具有多样性和变化性，量子隐形传态具有远距离传输性和密集性。量子物理系统整体需求不是单一自由度值的积累，量子资源也不是单纯的纯态，它还包括纠缠态、混态、相干态等。一个量子的隐形传态性能不仅与纠缠源制备有关，还与一系列的测量相关。

因此，在第 4 章我们完成了不同信道中 Bell 态和任意态的信息分离，获得了量子隐形传态需要的量子资源后，本章我们将自旋-轨道角动量和超 Bell 态测量引入量子隐形传态理论中，通过分析引导自旋-轨道角动量调整多自由度在时间、空间、频率上的强度，设计多自由度下量子体系隐形传态协议，以达到在各自角动量的约束下满足超 Bell 态测量的多重需求目标。如图 5-1 所示为多自由度量子体系隐形传态协议方案框架图。

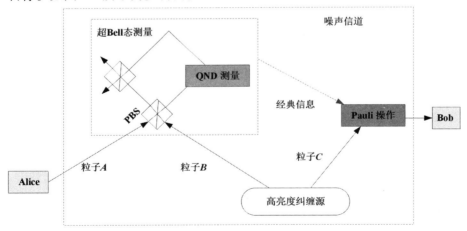

图 5-1　多自由度量子体系隐形传态协议方案构架

在协议设计的过程中，我们把量子信息分离与测量、量子编码研究方法与经典的量子隐形传态基础理论相结合。基于量子信息分离的测量分析，我们发现了自旋-轨道角动量和超 Bell 态之间的转换关系；基于量子编码的图态级联编码分析方法，我们能够快速计算出信道中各种级联码的相干信息、信道容量的逼近值和噪声容限，得到了不同噪声信道可传输量子信息的区域。除此之外，我们还通过多量子束的特性，找到了高亮度纠缠源制备和 Bell 态基测量的递进关系。在此基础上，我们把矩阵分解等分析方法与局域测量和密集态测量方法相结合，提高了测量的效率和安全性。

5.1　高亮度纠缠源制备

多自由度量子体系隐形传态协议的关键是为了解决轨道-自旋角动量下多自由度高亮度纠缠源制备、编码和 Bell 态测量问题。那么如何制备适合多自由度（轨道-自旋角动量）的高亮度纠缠源，以及进行超 Bell 态测量呢？将 16 个 Bell 态中的某一个与另外 15 个区分开来，进行超纠缠 Bell 态基础测量、增强局域测量和超密测量，进行可控的量子隐形传态身份认证，从而达到多自由度体系量子隐形传态的目的，是解决问题的关键。

目前，大多数的量子隐形传态协议只是基于单个自由度的量子状态，而我们研究发现，真正的量子物理体系是拥有的多个自由度的，比如一个最简单的单光子，其性质主要包括波长、动量、自旋角动量和轨道角动量等。我们在提出的免疫噪声模型和信息分离基础上，考虑到量子隐形传态是一种量子态的线性操作，研究了量子物理体系拥有多自由度特性，通过单光子在自旋角动量和轨道角动量下传态的特点，设计了量子在多自由度下高亮度纠缠源的制备方案。

具体地，如 Alice 要把单粒子 a 的混合量子态信息传输给 Bob，我们在自旋角动量（SAM）和轨道角动量（OAM）上进行编码：

$$|\varphi\rangle_a = \alpha |0\rangle_a^s |0\rangle_a^o + \beta |0\rangle_a^s |1\rangle_a^o + \gamma |1\rangle_a^s |0\rangle_a^o + \delta |1\rangle_a^s |1\rangle_a^o \quad (5\text{-}1)$$

满足 $|\alpha|^2 + |\beta|^2 + |\gamma|^2 + |\delta|^2 = 1$。且 Alice 和 Bob 必须共享一对超纠缠粒子对 (b, c)，这对粒子对同时要在自旋角动量和轨道角动量上纠缠，即

$$|\partial\rangle_{bc} = |\Phi^-\rangle_{bc} |\overline{\omega}^+\rangle_{bc} = \frac{1}{2}(|0\rangle_b^s |0\rangle_c^s - |1\rangle_b^s |1\rangle_c^s)(|0\rangle_b^o |0\rangle_c^o$$
$$+ |1\rangle_b^o |1\rangle_c^o) \quad (5\text{-}2)$$

其中，在自旋角动量下编码的四个 Bell 态用 $|\Phi^\pm\rangle = \frac{1}{\sqrt{2}}(|0\rangle^s |0\rangle^s$

$\pm |1\rangle^s |1\rangle^s)$ 和 $|\Psi^\pm\rangle = \frac{1}{\sqrt{2}}(|0\rangle^s |1\rangle^s \pm |1\rangle^s |0\rangle^s)$ 表示。在轨道角动量下的

四个 Bell 态用 $|\overline{\omega}^{\pm}\rangle = \dfrac{1}{\sqrt{2}}(|0\rangle^{0}|0\rangle^{0} \pm |1\rangle^{0}|1\rangle^{0})$ 和 $|\omega^{\pm}\rangle = \dfrac{1}{\sqrt{2}}(|0\rangle^{0}|1\rangle^{0}$

$\pm|1\rangle^{0}|0\rangle^{0})$ 表示。

粒子 a, b, c 的正交超纠缠 Bell 态我们描述为：

$$|\Theta\rangle^{1} = \frac{1}{4}(|\Phi^{+}\rangle|\overline{\omega}^{+}\rangle)_{ab}\,\sigma_{cz}^{S}|\varphi\rangle_{c},$$

$$|\Theta\rangle^{2} = \frac{1}{4}(|\Phi^{+}\rangle|\overline{\omega}^{-}\rangle)_{ab}\,\sigma_{cz}^{S}\sigma_{cz}^{O}|\varphi\rangle_{c},$$

$$|\Theta\rangle^{3} = \frac{1}{4}(|\Phi^{+}\rangle|\omega^{+}\rangle)_{ab}\,\sigma_{cz}^{S}\sigma_{cx}^{O}|\varphi\rangle_{c},$$

$$|\Theta\rangle^{4} = -\frac{1}{4}(|\Phi^{+}\rangle|\omega^{-}\rangle)_{ab}i\,\sigma_{cz}^{S}\sigma_{cy}^{O}|\varphi\rangle_{c},$$

$$|\Theta\rangle^{5} = \frac{1}{4}(|\Phi^{-}\rangle|\overline{\omega}^{+}\rangle)_{ab}|\varphi\rangle_{c},$$

$$|\Theta\rangle^{6} = \frac{1}{4}(|\Phi^{-}\rangle|\overline{\omega}^{-}\rangle)_{ab}\,\sigma_{cz}^{O}|\varphi\rangle_{c},$$

$$|\Theta\rangle^{7} = \frac{1}{4}(|\Phi^{-}\rangle|\omega^{+}\rangle)_{ab}\,\sigma_{cx}^{O}|\varphi\rangle_{c},$$

$$|\Theta\rangle^{8} = -\frac{1}{4}(|\Phi^{-}\rangle|\omega^{-}\rangle)_{ab}i\,\sigma_{cy}^{O}|\varphi\rangle_{c},$$

$$|\Theta\rangle^{9} = \frac{1}{4}(|\Psi^{+}\rangle|\overline{\omega}^{+}\rangle)_{ab}i\,\sigma_{cy}^{S}|\varphi\rangle_{c},$$

$$|\Theta\rangle^{10} = \frac{1}{4}(|\Psi^{+}\rangle|\overline{\omega}^{-}\rangle)_{ab}i\,\sigma_{cy}^{S}\sigma_{cz}^{O}|\varphi\rangle_{c},$$

$$|\Theta\rangle^{11} = \frac{1}{4}(|\Psi^{+}\rangle|\omega^{+}\rangle)_{ab}i\,\sigma_{cy}^{S}\sigma_{cx}^{O}|\varphi\rangle_{c},$$

$$|\Theta\rangle^{12} = \frac{1}{4}(|\Psi^{+}\rangle|\omega^{-}\rangle)_{ab}\,\sigma_{cy}^{S}\sigma_{cx}^{O}|\varphi\rangle_{c},$$

$$|\Theta\rangle^{13} = -\frac{1}{4}(|\Psi^{-}\rangle|\overline{\omega}^{+}\rangle)_{ab}\,\sigma_{cx}^{S}|\varphi\rangle_{c},$$

$$|\Theta\rangle^{14} = -\frac{1}{4}(|\Psi^{-}\rangle|\overline{\omega}^{-}\rangle)_{ab}\,\sigma_{cx}^{S}\sigma_{cz}^{O}|\varphi\rangle_{c},$$

$$|\Theta\rangle^{15} = -\frac{1}{4}(|\Psi^{-}\rangle|\omega^{+}\rangle)_{ab}\,\sigma_{cx}^{S}\sigma_{cx}^{O}|\varphi\rangle_{c},$$

$$|\Theta\rangle^{16} = \frac{1}{4}(|\Psi^{-}\rangle|\omega^{-}\rangle)_{ab}i\,\sigma_{cx}^{S}\sigma_{cy}^{O}|\varphi\rangle_{c} \tag{5-3}$$

这表明，对于未知的态 $|\varphi\rangle_a$，我们得到了 16 种可能的测量结果，我们通过对粒子 a，b 执行超纠缠 Bell 态测量，Alice 能够将粒子 c 投影到这 16 种塌缩态上。然后 Alice 通过经典信道将超纠缠 Bell 态测量结果告诉 Bob，Bob 通过执行适当的两粒子局域幺正操作将粒子 c 转换成原始态信息。

5.2　超纠缠 Bell 态测量及超密编码

在 5.1 节利用紫光飞秒脉冲聚焦在三块 BBO 晶体获得了多自由度的高亮度纠缠源后，本节我们进行多自由度下超纠缠的离子态测量和编码，如 1 个粒子态可以同时在极化-角动量、极化-能量、极化-时间-空间模等两个或者两个以上的自由度下进行量子态纠缠。因超纠缠携带的信息比较多、自身可以纠缠多个自由度、占资源比较少等特性，从而有效地提高了信道容量，易远距离控制。而且，测量和控制不影响和破坏其他自由度下的粒子态。如：某个光子的任意两个自由度可以同时与另外某个光子的两个自由度纠缠，从而可以把一个光子当作两个量子比特使用。

处于极化-空间自由度下的超纠缠态我们述为：

$$|\Phi_{AB}^+\rangle_{PS} = \frac{1}{2}(|00\rangle + |11\rangle)_P + (|a_1 b_1\rangle + |a_2 b_2\rangle)_S \qquad (5\text{-}4)$$

其中，下标 P 表示极化自由度，下标 S 表示空间模自由度。$|0\rangle$ 表示光子在极化自由度下的水平极化态，$|1\rangle$ 表示光子在极化自由度下的垂直极化态。

多光子纠缠态制备的难度随光子数增加而指数级增加，亮度和保真度都非常高，非常容易实现 EPR 纠缠对中两个光子的极化模和空间模进行耦合制备二维 4 比特超纠缠态。

处于极化 - 空间自由度下的二维 4 比特超纠缠态我们述为：

$$|\Phi_{AB}^+\rangle_{PS} = \frac{1}{2}(|0000\rangle + |0011\rangle + |1100\rangle + |1111\rangle)_P + (|a_1 b_1\rangle + |a_2 b_2\rangle)_S$$

$$(5\text{-}5)$$

其中，下标 P 表示极化自由度，下标 S 表示空间模自由度。$|0\rangle$ 表示光子在极化自由度下的水平极化态，$|1\rangle$ 表示光子在极化自由度下的垂直极化态。

对于极化 - 空间自由度下的二维 4 量子比特超纠缠态量子系统，有 16 种 Bell 态，我们表示如下：

$$|\Omega_{AB}\rangle_{PS} = |\Re\rangle_P \otimes |\aleph\rangle_S$$

其中，$|\Re\rangle_P$ 表示极化自由度下四种 Bell 态（A，B 分别表示两个光

子）：

$$|\Phi^+\rangle_P = \frac{1}{\sqrt{2}}(|00\rangle + |11\rangle)_{AB}, \qquad |\Phi^-\rangle_P = \frac{1}{\sqrt{2}}(|00\rangle - |11\rangle)_{AB},$$

$$|\Psi^+\rangle_P = \frac{1}{\sqrt{2}}(|01\rangle + |10\rangle)_{AB}, \qquad |\Psi^-\rangle_P = \frac{1}{\sqrt{2}}(|01\rangle - |10\rangle)_{AB}.$$

$|\aleph\rangle_S$ 表示空间自由度下四种 Bell 态（A，B 分别表示两个光子）：

$$|\Phi^+\rangle_S = \frac{1}{\sqrt{2}}(|a_1 b_1\rangle + |a_2 b_2\rangle)_{AB}, \quad |\Phi^-\rangle_S = \frac{1}{\sqrt{2}}(|a_1 b_1\rangle - |a_2 b_2\rangle)_{AB},$$

$$|\Psi^+\rangle_S = \frac{1}{\sqrt{2}}(|a_1 b_2\rangle + |a_2 b_1\rangle)_{AB}, \quad |\Psi^-\rangle_S = \frac{1}{\sqrt{2}}(|a_1 b_2\rangle - |a_2 b_1\rangle)_{AB}.$$

因此，$|\Re\rangle_P$ 和 $|\aleph\rangle_S$ 在联合噪声下是免疫的。

在极化自由度下的两个非正交的测量基为：$\{|0\rangle, |1\rangle\}$ 和 $\left\{|\pm\rangle_P = \frac{1}{\sqrt{2}}(|0\rangle \pm |1\rangle)\right\}$，空间自由度下的两个非正交的测量基为：$\{|a_1\rangle, |a_2\rangle\}$ 和 $\left\{|\pm\rangle_S = \frac{1}{\sqrt{2}}(|a_1\rangle \pm |a_2\rangle)\right\}$。

5.2.1　超 Bell 态测量方法

首先，利用超纠缠 Bell 态基础测量技术将 16 个自旋-轨道角动量超纠缠 Bell 态中某一个与其他 15 个区分开来；然后，设计增强的局域测量方法，提高 Bell 态测量的效率；最后，设计超密态测量方法，利用第三方纠缠测量，提高量子隐形传态的安全性。如图 5-2 所示的是超 Bell 态测量方法研究方案。

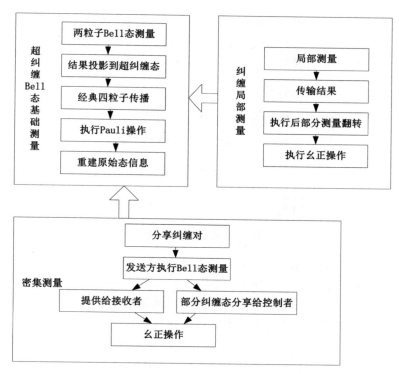

图 5-2　超 Bell 态测量方法

基于多自由度的高亮度纠缠源制备的研究，我们刻画了纠缠源与测量间的递进关系，设计出了超纠缠 Bell 态基础测量、增强局域测量和超密测量模型，为实现多自由度下的安全量子体系隐形传态奠定了良好的基础。

5.2.1.1　基础测量

要进行多自由度下的量子隐形传态，必须执行 Bell 态测量，我们首先设计了超纠缠 Bell 态基础测量模型，利用极化分束器的特性，将自旋角动量和轨道角动量超纠缠 Bell 态中的某一个与另外的区分开来。

具体地，Alice 首先对粒子 A 和粒子 B 进行两粒子 Bell 态测量，并将测量结果投影到 16 组超纠缠 Bell 态上，其中之一为：

$$|\vartheta\rangle_{AB} = |\varPhi^-\rangle_{AB}|\phi^+\rangle_{AB} = \frac{1}{2}(|0\rangle_A^S|0\rangle_B^S - |1\rangle_A^S|1\rangle_B^S)(|0\rangle_A^O|0\rangle_B^O + |1\rangle_A^O|1\rangle_B^O)$$

$$(5\text{-}6)$$

这个过程被看作是超纠缠 Bell 态测量(h − BSM)。经过超纠缠 Bell 态测量，粒子 C 将投影到原始态粒子 A 上，即

$$|\varphi\rangle_C = \alpha|0\rangle_C^S|0\rangle_C^O + \beta|0\rangle_C^S|1\rangle_C^O + \gamma|1\rangle_C^S|0\rangle_C^O + \delta|1\rangle_C^S|1\rangle_C^O \quad (5\text{-}7)$$

这种情况有 16 种可能的结果。当然粒子$(A，B)$也将投影到其他 15 个 Bell 态上，其结果通过经典四粒子进行传输，然后 Bob 执行了适当的 Pauli 操作来重建粒子 A 的混合态信息。

5.2.1.2　增强局域测量

在我们设计的超纠缠 Bell 态测量的基础上，为提高测量的效率，我们设计了增强的局域测量策略，其架构如图 5-3 所示。

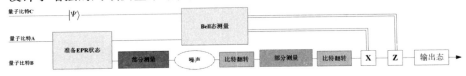

图 5-3　增强局域测量

具体地，我们优先让粒子 B 经历粒子测量、过程噪声和后部分的翻转测量三个阶段。在 Alice 给 Bob 发送信息前，首先在 2 量子比特上优先执行局域测量（强度为 P）。当 Bob 收到测量结果后，先执行后部分翻转测量（即比特翻转和局域测量），然后依次执行本地的幺正操作，最终得到纠缠态：

$$\rho_B = M_0^{-1}\left[\wedge\left(M_0\,\rho_0\,M_0^{\dagger}\right)\right]\left(M_0^{-1}\right)，其中 M_0 - 1 = I_1 \otimes m_0^{-1} \qquad (5\text{-}8)$$

增强粒子测量的强度 ρ，逆转的 $|00\rangle$ 态更加接近原始的 EPR 态，而它对噪声是免疫的，从而提高了测量效率和安全性。

5.2.1.3　超密测量

为了加强多自由度下的测量力度，我们提出了对发送者和接收者的信息进行第三方控制的超密测量方案。具体方案如图 5-4 所示。

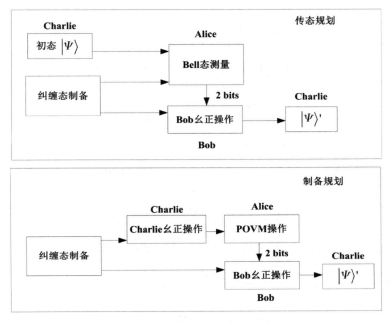

图 5-4　超密测量策略

信息发送者 Alice 和信息接收者 Bob 事先分享一个纠缠对，通过使用一些技术在经典的信息信道上传输量子态信息。在单粒子的量子隐形传态中，Alice 基于未知态执行了 Bell 态测量（也就是最大纠缠态）并提供这个态给 Charlie，而且将他的部分纠缠态分享给 Bob，她在经典信道上发送 2 粒子的测量结果给 Bob。在 Alice 信息的基础上，Bob 在他的这半个纠缠对上执行了 4 个幺正操作中的一个操作，并传输这个操作结果给 Charlie。

5.2.2　Bell 态超密编码

由于每个量子比特在量子隐形传态编码过程中的信息量不足，这将影响到量子隐形传态的信道容量和效率，而大多数传统的编码方法是基于纠缠态的，无法区分 Bell 态和 GHZ 态，信道容量也没有达到理论值，无法满足长距离量子隐形传态的需求。为了解决这个问题，我们采用二维 4 量子比特超纠缠态作为量子载体，则需要分别实现二维 4 量子比特超纠缠态在联合退相位噪声下和联合旋转噪声下密集编码。

5.2.2.1　退相位噪声下的超密编码

当遭受集体退相位噪声时，水平光子 $|0\rangle$ 保持不变，垂直光子 $|1\rangle$ 变成了 $e^{i\varphi}|1\rangle$，两个逻辑量子比特能够抵御噪声，我们定义为：

$$|0\rangle_{dp} = |01\rangle, \quad |1\rangle_{dp} = |10\rangle \tag{5-9}$$

它们的叠加态也能抵御噪声，定义为：

$$\left.\begin{array}{l} |+\rangle_{dp} = \dfrac{1}{\sqrt{2}}(|0\rangle_{dp} + |1\rangle_{dp}) = \dfrac{1}{\sqrt{2}}(|01\rangle + |10\rangle) \\[3mm] |-\rangle_{dp} = \dfrac{1}{\sqrt{2}}(|0\rangle_{dp} - |1\rangle_{dp}) = \dfrac{1}{\sqrt{2}}(|01\rangle - |10\rangle) \end{array}\right\} \tag{5-10}$$

四个原始的 Bell 态我们描述为：

$$\left.\begin{array}{l} |\Phi^{+}\rangle = \dfrac{1}{\sqrt{2}}(|00\rangle + |11\rangle), \quad |\Phi^{-}\rangle = \dfrac{1}{\sqrt{2}}(|00\rangle - |11\rangle), \\[3mm] |\Psi^{+}\rangle = \dfrac{1}{\sqrt{2}}(|01\rangle + |10\rangle), \quad |\Psi^{-}\rangle = \dfrac{1}{\sqrt{2}}(|01\rangle - |10\rangle) \end{array}\right\} \tag{5-11}$$

由上述公式可知，抵御噪声的四个逻辑 Bell 态我们写成：

$$\begin{aligned} |\Phi_{dp}^{+}\rangle_{1234} &= \frac{1}{\sqrt{2}}(|0_{dp}\rangle|0_{dp}\rangle + |1_{dp}\rangle|1_{dp}\rangle)_{1234} \\[2mm] &= \frac{1}{\sqrt{2}}(|01\rangle|01\rangle + |10\rangle|10\rangle)_{1234} \\[2mm] &= \frac{1}{\sqrt{2}}(|00\rangle|11\rangle + |11\rangle|00\rangle)_{1324} \\[2mm] &= \frac{1}{\sqrt{2}}(|\Phi^{+}\rangle|\Phi^{+}\rangle - |\Phi^{-}\rangle|\Phi^{-}\rangle)_{1324} \end{aligned} \tag{5-12}$$

$$\begin{aligned} |\Phi_{dp}^{-}\rangle_{1234} &= \frac{1}{\sqrt{2}}(|0_{dp}\rangle|0_{dp}\rangle - |1_{dp}\rangle|1_{dp}\rangle)_{1234} \\[2mm] &= \frac{1}{\sqrt{2}}(|01\rangle|01\rangle - |10\rangle|10\rangle)_{1234} \\[2mm] &= \frac{1}{\sqrt{2}}(|00\rangle|11\rangle - |11\rangle|00\rangle)_{1324} \\[2mm] &= \frac{1}{\sqrt{2}}(|\Phi^{-}\rangle|\Phi^{+}\rangle - |\Phi^{+}\rangle|\Phi^{-}\rangle)_{1324} \end{aligned} \tag{5-13}$$

$$\begin{aligned} |\Psi_{dp}^{+}\rangle_{1234} &= \frac{1}{\sqrt{2}}(|0_{dp}\rangle|1_{dp}\rangle + |1_{dp}\rangle|0_{dp}\rangle)_{1234} \\[2mm] &= \frac{1}{\sqrt{2}}(|01\rangle|10\rangle + |10\rangle|01\rangle)_{1234} \\[2mm] &= \frac{1}{\sqrt{2}}(|01\rangle|10\rangle + |10\rangle|01\rangle)_{1324} \end{aligned}$$

$$= \frac{1}{\sqrt{2}}\,(\,|\,\Psi^+\rangle\,|\,\Psi^+\rangle\,-\,|\,\Psi^-\rangle\,|\,\Psi^-\rangle\,)_{1324} \tag{5-14}$$

$$|\,\Psi_{dp}^-\rangle_{1234} = \frac{1}{\sqrt{2}}\,(\,|\,0_{dp}\rangle\,|\,1_{dp}\rangle\,-\,|\,1_{dp}\rangle\,|\,0_{dp}\rangle\,)_{1234}$$

$$= \frac{1}{\sqrt{2}}\,(\,|\,01\rangle\,|\,10\rangle\,-\,|\,10\rangle\,|\,01\rangle\,)_{1234}$$

$$= \frac{1}{\sqrt{2}}\,(\,|\,01\rangle\,|\,10\rangle\,-\,|\,10\rangle\,|\,01\rangle\,)_{1324}$$

$$= \frac{1}{\sqrt{2}}\,(\,|\,\Psi^-\rangle\,|\,\Psi^+\rangle\,-\,|\,\Psi^+\rangle\,|\,\Psi^-\rangle\,)_{1324} \tag{5-15}$$

四个原始的幺正操作我们描述为：

$$I =|\,00\rangle\,+|\,11\rangle\,=|\,0\rangle\langle\,0\,|\,+|\,1\rangle\langle\,1\,|,\quad U_x =|\,10\rangle\,+|\,01\rangle\,=|\,1\rangle\langle\,0\,|\,+|\,0\rangle\langle\,1\,|,$$
$$U_y =|\,01\rangle\,-|\,10\rangle\,=|\,0\rangle\langle\,1\,|\,-|\,1\rangle\langle\,0\,|,\quad U_z =|\,00\rangle\,-|\,11\rangle\,=|\,0\rangle\langle\,0\,|\,-|\,1\rangle\langle\,1\,|$$

$$\tag{5-16}$$

由原始的幺正操作，我们得到四个免疫噪声的逻辑幺正操作，如下所示：

$$\left.\begin{array}{l} \Pi_{00} = \Pi_I = I_1 \otimes I_2,\ \ \Pi_{01} = \Pi_z = U_{z1} \otimes I_2 \\[4pt] \Pi_{10} = \Pi_x = U_{x1} \otimes U_{x2},\ \ \Pi_{11} = \Pi_y = U_{y1} \otimes U_{x2} \end{array}\right\} \tag{5-17}$$

因此，逻辑 Bell 态超密编码如表 5-2 所示。

表 5-2　逻辑 Bell 态超密编码

	$|\,\Phi_{dp}^+\rangle$	$|\,\Phi_{dp}^-\rangle$	$|\,\Psi_{dp}^+\rangle$	$|\,\Psi_{dp}^-\rangle$
Π_I	$|\,\Phi_{dp}^+\rangle$	$|\,\Phi_{dp}^-\rangle$	$|\,\Psi_{dp}^+\rangle$	$|\,\Psi_{dp}^-\rangle$
Π_Z	$|\,\Phi_{dp}^-\rangle$	$|\,\Phi_{dp}^+\rangle$	$|\,\Psi_{dp}^-\rangle$	$|\,\Psi_{dp}^+\rangle$
Π_X	$|\,\Psi_{dp}^+\rangle$	$|\,\Psi_{dp}^-\rangle$	$|\,\Phi_{dp}^+\rangle$	$|\,\Phi_{dp}^-\rangle$
Π_Y	$|\,\Psi_{dp}^-\rangle$	$|\,\Psi_{dp}^+\rangle$	$|\,\Phi_{dp}^-\rangle$	$|\,\Phi_{dp}^+\rangle$

5.2.2.2　旋转噪声信道下的超密编码

在集体旋转噪声信道下，水平光子 $|\,0\rangle$ 变成 $cos\theta|\,0\rangle + sin\theta|\,1\rangle$，垂直光子 $|\,1\rangle$ 变成 $- sin\theta|\,0\rangle + cos\theta|\,1\rangle$，两个逻辑量子比特能够免疫旋转噪声，我们定义为：

$$|\,0\rangle_{dp} =|\,\Phi^+\rangle,\quad |\,1\rangle_{dp} =|\,\psi^-\rangle \tag{5-18}$$

它们的叠加态也免疫联合旋转噪声，我们定义为：

$$|+\rangle_r = \frac{1}{\sqrt{2}}(|0\rangle_r + |1\rangle_r) = \frac{1}{\sqrt{2}}(|\Phi^+\rangle + |\psi^-\rangle)$$

$$|-\rangle_r = \frac{1}{\sqrt{2}}(|0\rangle_r - |1\rangle_r) = \frac{1}{\sqrt{2}}(|\Phi^+\rangle - |\psi^-\rangle)$$

(5-19)

这四个逻辑 Bell 态能够免疫联合旋转噪声，我们写成：

$$|\Phi_r^+\rangle_{1234} = \frac{1}{\sqrt{2}}(|0_r\rangle|0_r\rangle + |1_r\rangle|1_r\rangle)_{1234} = \frac{1}{\sqrt{2}}(|\Phi^+\rangle|\Phi^+\rangle + |\Psi^-\rangle|\Psi^-\rangle_{1234}$$

$$= \frac{1}{\sqrt{2}}(|\Phi^+\rangle|\Phi^+\rangle + |\Psi^-\rangle|\Psi^-\rangle_{1324}$$

(5-20)

$$|\Phi_r^-\rangle_{1234} = \frac{1}{\sqrt{2}}(|0_r\rangle|0_r\rangle - |1_r\rangle|1_r\rangle)_{1234} = \frac{1}{\sqrt{2}}(|\Phi^+\rangle|\Phi^+\rangle - |\Psi^-\rangle|\Psi^-\rangle_{1234}$$

$$= \frac{1}{\sqrt{2}}(|\Phi^-\rangle|\Phi^-\rangle + |\Psi^+\rangle|\Psi^+\rangle_{1324}$$

(5-21)

$$|\Psi_r^+\rangle_{1234} = \frac{1}{\sqrt{2}}(|0_r\rangle|1_r\rangle + |1_r\rangle|0_r\rangle)_{1234} = \frac{1}{\sqrt{2}}(|\Phi^+\rangle|\Psi^-\rangle + |\Psi^-\rangle|\Phi^+\rangle_{1234}$$

$$= \frac{1}{\sqrt{2}}(|\Phi^-\rangle|\Psi^+\rangle - |\Psi^+\rangle|\Phi^-\rangle_{1324}$$

(5-22)

$$|\Psi_r^+\rangle_{1234} = \frac{1}{\sqrt{2}}(|0_r\rangle|1_r\rangle - |1_r\rangle|0_r\rangle)_{1234} = \frac{1}{\sqrt{2}}(|\Phi^+\rangle|\Psi^-\rangle - |\Psi^-\rangle|\Phi^+\rangle_{1234}$$

$$= \frac{1}{\sqrt{2}}(|\Phi^+\rangle|\Psi^-\rangle - |\Psi^-\rangle|\Phi^+\rangle_{1324}$$

(5-23)

得到四个免疫噪声的逻辑幺正操作，如下所示：

$$\Xi_{00} = \Xi_I = I_1 \otimes I_2, \qquad \Xi_{01} = \Xi_z = U_{z1} \otimes I_2$$

$$\Xi_{10} = \Xi_x = U_{z1} \otimes U_{x2}, \qquad \Xi_{11} = \Xi_y = I_1 \otimes U_{y2}$$

(5-24)

因此，这种情况下的逻辑 Bell 态超密编码如表 5-3 所示。

表 5-3　逻辑 Bell 态超密编码

	$|\Phi_r^+\rangle$	$|\Phi_r^-\rangle$	$|\Psi_r^+\rangle$	$|\Psi_r^+\rangle$
Ξ_I	$|\Phi_r^+\rangle$	$|\Phi_r^-\rangle$	$|\Psi_r^+\rangle$	$|\Psi_r^+\rangle$
Ξ_z	$|\Phi_r^-\rangle$	$|\Phi_r^+\rangle$	$|\Psi_r^-\rangle$	$|\Psi_r^+\rangle$
Ξ_x	$|\Psi_r^+\rangle$	$|\Psi_r^-\rangle$	$|\Phi_r^+\rangle$	$|\Phi_r^-\rangle$
Ξ_Y	$|\Psi_r^-\rangle$	$|\Psi_r^+\rangle$	$|\Phi_r^-\rangle$	$|\Phi_r^+\rangle$

5.2.2.3　联合共同噪声下的超密编码

在联合退相位（旋转）噪声信道下，我们把纠缠交换的两个原始逻辑 Bell 态描述为：

$$|\Phi_{dp/r}^{+}\rangle_{x_1y_1} \otimes |\Phi_{dp/r}^{+}\rangle_{x_2y_2} = \frac{1}{2}(|\Phi_{dp/r}^{+}\rangle_{x_1x_2} \otimes |\Phi_{dp/r}^{+}\rangle_{y_1y_2} + |\Phi_{dp/r}^{-}\rangle_{x_1x_2} \otimes |\Phi_{dp/r}^{-}\rangle_{y_1y_2}$$
$$+ |\Psi_{dp/r}^{+}\rangle_{x_1x_2} \otimes |\Psi_{dp/r}^{+}\rangle_{yy_2} + |\Psi_{dp/r}^{-}\rangle_{x_1x_2} \otimes |\Psi_{dp/r}^{-}\rangle_{y_1y_2})$$

$$(5-25)$$

$$|\Phi_{dp/r}^{-}\rangle_{x_1y_1} \otimes |\Phi_{dp/r}^{-}\rangle_{x_2y_2} = \frac{1}{2}(|\Phi_{dp/r}^{+}\rangle_{x_1x_2} \otimes |\Phi_{dp/r}^{-}\rangle_{y_1y_2} + |\Phi_{dp/r}^{-}\rangle_{x_1x_2} \otimes |\Phi_{dp/r}^{+}\rangle_{y_1y_2}$$
$$+ |\Psi_{dp/r}^{+}\rangle_{x_1x_2} \otimes |\Psi_{dp/r}^{-}\rangle_{y_1y_2} + |\Psi_{dp/r}^{-}\rangle_{x_1x_2} \otimes |\Psi_{dp/r}^{+}\rangle_{y_1y_2})$$

$$(5-26)$$

$$|\Psi_{dp/r}^{+}\rangle_{x_1y_1} \otimes |\Psi_{dp/r}^{+}\rangle_{x_2y_2} = \frac{1}{2}(|\Phi_{dp/r}^{+}\rangle_{x_1x_2} \otimes |\Psi_{dp/r}^{+}\rangle_{y_1y_2} + |\Phi_{dp/r}^{-}\rangle_{x_1x_2} \otimes |\Psi_{dp/r}^{-}\rangle_{y_1y_2}$$
$$+ |\Psi_{dp/r}^{+}\rangle_{x_1x_2} \otimes |\Phi_{dp/r}^{+}\rangle_{y_1y_2} + |\Psi_{dp/r}^{-}\rangle_{x_1x_2} \otimes |\Phi_{dp/r}^{-}\rangle_{y_1y_2})$$

$$(5-27)$$

$$|\Psi_{dp/r}^{-}\rangle_{x_1y_1} \otimes |\Psi_{dp/r}^{-}\rangle_{x_2y_2} = \frac{1}{2}(|\Phi_{dp/r}^{+}\rangle_{x_1x_2} \otimes |\Psi_{dp/r}^{-}\rangle_{y_1y_2} + |\Phi_{dp/r}^{-}\rangle_{x_1x_2} \otimes |\Psi_{dp/r}^{+}\rangle_{y_1y_2}$$
$$+ |\Psi_{dp/r}^{+}\rangle_{x_1x_2} \otimes |\Phi_{dp/r}^{-}\rangle_{y_1y_2} + |\Psi_{dp/r}^{-}\rangle_{x_1x_2} \otimes |\Phi_{dp/r}^{+}\rangle_{y_1y_2})$$

$$(5-28)$$

通过纠缠交换可知，两个原始逻辑 Bell 态和纠缠交换编码之间有一定的联系，四个不同的逻辑 Bell 态编码后，如下所示：

$$00 \longrightarrow [(|\Phi^{+}\rangle_{x_1y_1}, |\Phi^{+}\rangle_{x_2y_2}), (|\Phi^{-}\rangle_{x_1y_1}, |\Phi^{-}\rangle_{x_2y_2}),$$
$$(|\Psi^{+}\rangle_{x_1y_1}, |\Psi^{+}\rangle_{x_2y_2}), (|\Psi^{-}\rangle_{x_1y_1}, |\Psi^{-}\rangle_{x_2y_2})] \qquad (5-29)$$

$$01 \longrightarrow [(|\Phi^{+}\rangle_{x_1y_1}, |\Phi^{-}\rangle_{x_2y_2}), (|\Phi^{-}\rangle_{x_1y_1}, |\Phi^{+}\rangle_{x_2y_2}),$$
$$(|\Psi^{+}\rangle_{x_1y_1}, |\Psi^{-}\rangle_{x_2y_2}), (|\Psi^{-}\rangle_{x_1y_1}, |\Psi^{+}\rangle_{x_2y_2})] \qquad (5-30)$$

$$10 \longrightarrow [(|\Phi^{+}\rangle_{x_1y_1}, |\Psi^{+}\rangle_{x_2y_2}), (|\Phi^{-}\rangle_{x_1y_1}, |\Psi^{-}\rangle_{x_2y_2}),$$
$$(|\Psi^{+}\rangle_{x_1y_1}, |\Phi^{+}\rangle_{x_2y_2}), (|\Psi^{-}\rangle_{x_1y_1}, |\Phi^{-}\rangle_{x_2y_2})] \qquad (5-31)$$

$$11 \longrightarrow [(|\Phi^{+}\rangle_{x_1y_1}, |\Psi^{-}\rangle_{x_2y_2}), (|\Phi^{-}\rangle_{x_1y_1}, |\Psi^{+}\rangle_{x_2y_2}),$$
$$(|\Psi^{+}\rangle_{x_1y_1}, |\Phi^{-}\rangle_{x_2y_2}), (|\Psi^{-}\rangle_{x_1y_1}, |\Phi^{+}\rangle_{x_2y_2})] \qquad (5-32)$$

总之，在联合退相位（旋转）噪声信道下，经过纠缠交换的两个逻辑 Bell 态之间有一定的联系。比如，两个原始逻辑 Bell 态（$|\Phi^{+}\rangle_{x_1y_1}$，$|\Phi^{+}\rangle_{x_2y_2}$）有唯一的编码"00"，两个原始逻辑 Bell 态（$|\Phi^{+}\rangle_{x_1y_1}$，$|\Phi^{-}\rangle_{x_2y_2}$）有唯一的编码"01"，两个原始逻辑 Bell 态（$|\Phi^{+}\rangle_{x_1y_1}$，$|\Psi^{+}\rangle_{x_2y_2}$）有唯一的

编码"10"，两个原始逻辑 Bell 态（$|\Phi^+\rangle_{x_1y_1}$，$|\Psi^-\rangle_{x_2y_2}$）有唯一的编码"11"。

5.3 可控的量子隐形传态身份认证模型

量子力学中多个粒子系统可以处于纠缠状态，对于量子系统 A 和量子系统 B，如果两个子系统之间是纠缠的，这就意味着系统 A 性质中的某些值和性质 B 是关联的。甚至当量子子系统在空间上是分离的情况下，系统的某些性质却可以是有联系的。在经典力学中，由位相空间来描述系统的性质，而在量子力学中，系统的性质是由希尔伯特空间来描述的。量子复合系统的状态空间是 n 个子系统的空间张量积，即 $H = \otimes_{l=1}^{n} H_l$。根据态的叠加原理，我们把量子复合系统的态描述为：

$$|\Phi\rangle = \sum_{i_n} C_{i_n} |i_n\rangle \tag{5-33}$$

其中，$i_n = i_1, i_2, \cdots, i_n$，$|i_n\rangle = |i_1\rangle \otimes |i_2\rangle \otimes \cdots \otimes |i_n\rangle$。

纠缠交换就是通过对不同的纠缠粒子进行测量，从而进行信息交换。若粒子 1，2 为一个 EPR 对，粒子 3，4 为另一个 EPR 对，则纠缠交换的过程如图 5-5 所示。

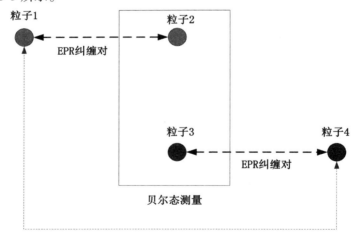

图 5-5　纠缠交换过程

假设粒子 1，2 和粒子 3，4 都处于量子态 $|\psi\rangle_{12}$ 和 $|\psi\rangle_{34}$，则系统的状态为：$|\Phi\rangle_{1234} = |\psi\rangle_{12} \otimes |\psi\rangle_{34}$。如果对粒子 2 和粒子 3 执行 Bell 态测量，测量之后粒子 1 和粒子 4 的量子态将发生塌缩，即粒子 1 和粒子 4 处于纠缠态，且和粒子 2、粒子 3 处于同样的状态。

5.3.1　构建可控的身份认证模型

本小节主要是对 Bob 的身份是否合法进行验证。我们设计了一种单方控制的传态认证模型，通过利用量子纠缠交换来确定 Bob 的身份，如图 5-6 所示。

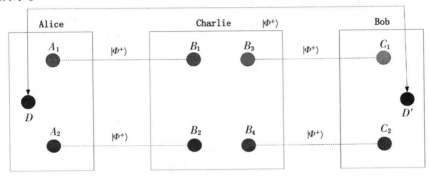

图 5-6　单控的量子隐形传态身份认证

①通信三方事先共享纠缠态 $|\Phi^+\rangle$，假如 Alice 和 Charlie 共享粒子对 A_1 与 B_1，A_2 与 B_2，Bob 和 Charlie 共享粒子对 C_1 与 B_3，C_2 与 B_4；

②Charlie 对自己的粒子 B_2 和 B_4 执行 Bell 态测量，并将测量结果告知 Alice，根据纠缠交换原理可知，Alice 拥有的粒子 A_2 和 Bob 拥有的粒子 C_2 处于纠缠状态并成为纠缠粒子对；

③ 然后 Bob 制备处于纠缠态 $|\Phi^+\rangle$ 的粒子 D 和 D'，并将粒子 D 发送给 Alice，将粒子 D' 留给自己。Bob 将粒子 D' 和粒子 C_2 执行 Bell 态测量，并将结果告知 Alice(假设测量结果记为 X)。Alice 收到 Bob 发来的测量结果后，对她的粒子 D 和 A_2 执行 Bell 态测量(测量结果记为 Y)；

④ 重复以上步骤，直到 t 次因噪声引起的失败率小于一定临界值时，我们则认为 Bob 的身份合法。确定 Bob 的身份后就可以进行可控量子信息传送，从而实现了单控量子隐形传态的身份认证模型。在量子网络中，用户 A_{ij} 和控制方 C_i 有着足够多的 EPR 粒子对 $|\Phi^+\rangle$；每个控制方 C_i 与他相邻的控制方 C_{i+1} 之间也共享着粒子对 $|\Phi^+\rangle$。如图 5-7 所示。

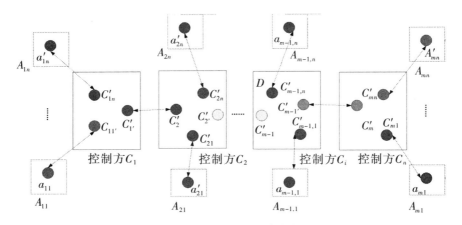

图 5-7 多控制的量子隐形传态身份认证

如果要使整个系统都进行安全通信，我们首先要实现每个控制方和用户之间的身份认证，即可实现每个控制方子系统中的安全通信。

5.3.2 身份认证过程

1. 判断身份是否合法

要对 A_{11} 用户在控制方 C_1 子系统中的身份进行判断。首先，A_{11} 做的动作是通知 C_1 要对其进行身份认证的消息，C_1 接到 A_{11} 信息后，先制备出了一对 1 和 1' 的 EPR 纠缠粒子对，把 1 和 1' 分别发给 A_{11} 和 C_1。在 A_{11} 收到 C_1 发送来的粒子 1 后，C_1 对粒子 1 和 C_{11}' 进行 Bell 态测量及一系列幺正变化，且把变化后的结果反馈给 A_{11}。A_{11} 收到 C_1 发来的信息时，对 1 和 a_{11}' 进行 Bell 态测量和一系列的幺正变化，将结果记为 X。我们通过量子纠缠交换原理，可知 C_1 的身份是否是合法的。重复以上步骤 n 次，直到失败率小于一定的临界值，这样可以认为 C_1 身份是合法的。

2. 子系统的独立安全通信

如果要使整个系统安全通信，必须首先使每个子系统都进行安全通信，即在子系统中控制方和用户之间要进行身份验证。如果 A_{11} 对 C_1 进行身份认证，那么首先 A_{11} 通过经典信道告知 C_1 要对他进行身份认证，当 C_1 接收到这个消息后，先制备出一对 1 和 1' 的 EPR 纠缠粒子对，把 1 和 1' 分别发给用 A_{11} 和 C_1。C_1 对粒子 1' 和 C_{11}' 进行 Bell 态测量和一系列幺正变化，且把变化后的结果反馈给 A_{11}，并将结果通过经典信道告知用户。用户收到消息后，对他的粒子执行 Bell 态测量，将结果记为 Y，根据量子纠缠原理，判断 C_1 身份是否合法。重复以上步骤，直到 C_1 身份合法。控制方的身份得到认可后，子系统中的用户之间再进行身份认证，即以 C_1 为控制方的可控量子隐形传态身份认证完成，说明了系统通信的安全性。

5.3.3　安全性分析

假如存在窃听者 Eve，他想要窃听用户A_{11}发送给用户A_{m1}的信息。如果 Eve 进行纠缠测量攻击，由于纠缠测量只能破坏原来粒子的纠缠特性，使得用户A_{m1}收到错误的信息，从而增加了误码率，在窃听检测过程中最终会被用户A_{11}发现。

如果窃听者 Eve 采用了截取重发的策略，在量子隐形传态过程中，窃听者截取用户A_{m1}发送给用户A_{11}的粒子 1，这样窃听者只有一个粒子，用户A_{11}将纠缠粒子 1 发送给用户A_{m1}，自己留有粒子 1′。用户A_{m1}收到粒子后，对自己拥有的粒子执行 Bell 态测量，并将结果告知用户A_{11}，接着用户A_{m1}对自己拥有的粒子也执行 Bell 态测量。依据纠缠原理，容易判断出A_{11}的身份是否合法，如果身份合法，则用户A_{m1}就可以在这个量子网络中向用户A_{11}传送信息了。因为 Eve 无法完全正确地获得A_{11}的编码信息，只会增加误码率，因此 Eve 不会获得任何信息，而且最终会被用户A_{11}和A_{m1}发现。

如果 Eve 伪造用户A_{m1}的身份，由于 Eve 无法得知用户A_{11}的测量结果，所以只能够从$|\Phi^{\pm}\rangle$和$|\Psi^{\pm}\rangle$中任猜一种，正确率只有$\dfrac{1}{4}$。当进行 t 次后，Eve 猜对的概率为$\left(\dfrac{1}{4}\right)^{t}$，$t$ 越大，Eve 猜对的概率就越小，所以当 t 足够大时，就会发现窃听者的存在。

5.4　鲁棒量子隐形传态协议过程

本节在建立好的安全通道、高亮度纠缠源制备、超纠缠 Bell 态测量和可控身份认证模型的基础上，分别提出了在独立不同噪声中和局域共同噪声下的量子隐形传态协议。

5.4.1　独立不同噪声中的量子隐形传态

我们用密度矩阵来表示不同种噪声下进行量子隐形传态的量子位。Alice 和 Bob 之间进行量子隐形传态，假如把传输的粒子定义为输入粒子，表示为$|\Psi\rangle = a|0\rangle + b|1\rangle$，满足$|a|^2 + |b|^2 = 1$。它的密度矩阵表示为：

$$\boldsymbol{\rho}' = |\psi\rangle\langle\psi| = \begin{bmatrix} |a|^2 & ab^* \\ a^*b & |b|^2 \end{bmatrix} \tag{5-34}$$

其中，上标 $*$ 表示复共轭。Alice 和 Bob 之间共享的量子信道为 $|B_1^{\theta}\rangle =$ $\cos\theta|00\rangle + \sin\theta|11\rangle$，它在基 $\{|00\rangle,|01\rangle,|10\rangle,|11\rangle\}$ 下的密度矩阵为：

$$\boldsymbol{\rho}'' = |B_1^{\theta}\rangle\langle B_1^{\theta}| = \begin{bmatrix} \cos^2\theta & 0 & 0 & \sin\theta\cos\theta \\ 0 & 0 & 0 & 0 \\ 0 & 0 & 0 & 0 \\ \sin\theta\cos\theta & 0 & 0 & \sin^2\theta \end{bmatrix} \tag{5-35}$$

由 5.3.1 节中的认证过程可知，第一个粒子是 Alice 的，第二个粒子是 Bob 的。当 $\theta = \dfrac{\pi}{4}$ 时，我们得到 Bell 态 $|\Phi^+\rangle$。不能设定 θ 为预定值，这是因为它是一个自由参数，并且在基于噪声的量子隐形传态中可以最大限度地提高效率。为了开始描述协议，我们要定义一系列的 Alice 经过投影测量的四粒子正交态。我们定义正交态如下：

$$|B_1^{\phi}\rangle = \cos\phi|00\rangle + \sin\phi|11\rangle,$$
$$|B_2^{\phi}\rangle = \sin\phi|00\rangle - \cos\phi|11\rangle,$$
$$|B_3^{\phi}\rangle = \cos\phi|01\rangle + \sin\phi|10\rangle,$$
$$|B_4^{\phi}\rangle = \sin\phi|01\rangle - \cos\phi|10\rangle \tag{5-36}$$

当 $\phi = \dfrac{\pi}{4}$ 时可以恢复四粒子 Bell 态，把它们命名为 $|\Phi^+\rangle$，$|\Phi^-\rangle$，$|\Psi^+\rangle$ 和 $|\Psi^-\rangle$。由于 ϕ 是一个自由参数，因此选择它以优化量子隐形传态效率。

Alice 利用这四个态执行投影测量，我们描述为：

$$P_j^{\phi} = |B_j^{\phi}\rangle\langle B_j^{\phi}|, \quad j = 1,2,3,4 \tag{5-37}$$

在量子操作前，我们首先给出初始的三粒子总量子态如下：

$$\boldsymbol{\rho} = \boldsymbol{\rho}' \otimes \boldsymbol{\rho}'' \tag{5-38}$$

步骤 1：首先，Alice 对她的两个粒子执行投影测量，即输入态和她分享的纠缠信道，这些粒子将投影到基 $\{|B_j^{\phi}\rangle\}$ 上，经过测量之后，总的量子态将变为：

$$\widetilde{P}_j = \frac{P_j^{\phi} \boldsymbol{\rho} P_j^{\phi}}{\mathrm{tr}[P_j^{\phi}\boldsymbol{\rho}]} \tag{5-39}$$

$\widetilde{P}_j$ 可能发生的概率为：

$$Q_j = \mathrm{tr}[P_i^{\phi}\boldsymbol{\rho}] \tag{5-40}$$

步骤 2：接着，Alice 告知 Bob 测量结果 $|B_j^{\phi}\rangle$，Bob 知道这些信息后，他的量子态描述如下：

$$\widetilde{\rho}_{Bj} = \text{tr}_{12}[\widetilde{\rho}_j] = \frac{\text{tr}_{12}[P_j^\phi \boldsymbol{\rho} \, P_j^\phi]}{Q_j} \tag{5-40}$$

其中，tr_{12} 为跟踪粒子 1 和 2。最后，Bob 在他的粒子上执行幺正操作 U_i，因此 Bob 的最后量子态为：

$$\rho_{Bj} = U_j \widetilde{\rho}_{Bj} U_j^\dagger = \frac{U_j \, \text{tr}_{12}[P_j^\phi \, P_j^\phi] \, U_j^\dagger}{Q_j} \tag{5-41}$$

Bob 要完成协议，不仅取决于 Alice 的测量结果，还依赖协议过程中使用的量子信道。对于目前的情况，$U_1 = \boldsymbol{I}$，$\boldsymbol{I}$ 为单位矩阵，$U_2 = \sigma_z$，$U_3 = \sigma_x$，$U_4 = \sigma_x \sigma_z$。无论任何时候，当 $\theta = \phi = \dfrac{\pi}{4}$ 时，都可以重建标准的量子隐形传态协议。其中，对 j 来说，$Q_j = \dfrac{1}{4}$，$\rho_{Bi} = \boldsymbol{\rho}'$。对于不同值的 θ 和 ϕ，或者当噪声作用于量子信道时，Q_j 取决于输入状态和所有可能独立的输入状态，这就需要估算出协议的效率。

前面我们已经描述了初始的总的密度矩阵，根据每个量子位在独立的不同噪声中的类型来描述，得到了三种噪声作用后的密度矩阵 p，描述如下：

$$p = \sum_{i=1}^{n_I} E_i(P_I) \Big[\sum_{j=1}^{n_A} F_j(P_A) \Big(\sum_{k=1}^{n_B} G_k(P_B) \boldsymbol{\rho} \, G_k^\dagger \Big) E_j^\dagger(P_A) \Big] \tag{5-42}$$

$$E_i^\dagger(P_I) = \sum_{i=1}^{n_I} \sum_{j=1}^{n_A} \sum_{k=1}^{n_B} E_{ijk}(P_I, \ P_A, \ P_B) \boldsymbol{\rho} \, E_{ijk}^\ddagger(P_I, \ P_A, \ P_B) \tag{5-43}$$

其中，$E_{ijk}(P_I, \ P_A, \ P_B) = E_i(P_I) \otimes F_j(P_A) \otimes G_k(P_B)$。这里 $E_i(P_I) = E_i(P_I) \otimes I \otimes I$，$F_j(P_A) = I \otimes F_j(P_A) \otimes I$，$G_k(P_B) = I \otimes I \otimes G_k(P_B)$，分别是 Alice 和 Bob 在量子信道上的输入量子比特与噪声相关的 Kraus 算子。

一般情况下，不同噪声在不同的时间中作用，这就是为什么要明确 P_I，P_A，P_B 的 Kraus 算子。我们通过使用密度矩阵 $\boldsymbol{\rho}$，得到了噪声中量子隐形传态的相关数据。当设置 $P_I = P_A = P_R = 0$ 时，可以构建出无噪声的情况。

5.4.2　局域共同模式下的量子隐形传态

5.4.2.1　局域共同泡利 x 噪声下量子隐形传态

我们把在 Panuliσ_x 噪声下量子信道中的 Lindblad 算符表示为：$L_{1,\ x} + L_{2,\ x} = \sqrt{k}\ \sigma_x \otimes I + I \otimes \sqrt{k}\ \sigma_x$。计算后，以不同的 Bell 态为量子信道时，量子隐形传态的保真度表示为：

$$F^{co, x1} = \frac{1}{16}[6 - 2\cos(2\theta) + 10\,e^{8kt}\cos(2\theta) - (2\cos(2\theta) + 2)(e^{8kt} - 1)\cos(2\phi)]$$

$$(5-44)$$

$$F^{co, x2} = \cos^2 \phi \qquad (5-45)$$

$$F^{co, x3} = \frac{1}{16}[-6 + 2\cos(2\theta) + 10\,e^{8kt}\cos(2\theta)$$
$$- (2\cos(2\theta) + 2)(e^{8kt} + 1)\cos(2\phi)] \qquad (5-46)$$

$$F^{co, x4} = \frac{1}{2}[1 - \cos(2\phi)]\sin^2 \phi \qquad (5-47)$$

以不同 Bell 态为量子信道，经历 Panuliσ_x 噪声后的保真度用$F^{co, xy}$($y =$ 1，2，3，4) 表示，代入公式$F_{ave}\,\frac{1}{4\pi}\int_0^\pi d\phi \int_0^{2\pi} F(\phi, \theta)\sin \phi d\theta$ 中，我们得到不同环境下的平均保真度分别为：

$$F_{ave}^{co, x1} = \frac{1}{3}(2 + e^{-8kt}) \qquad (5-48)$$

$$F_{ave}^{co, x2} = F_{ave}^{co, x4} = \frac{1}{3} \qquad (5-49)$$

$$F_{ave}^{co, x3} = \frac{1}{3}(2 - e^{-8kt}) \qquad (5-50)$$

由于保真度是衡量量子隐形传态质量的标准$\left(是否超越极限值\frac{2}{3}\right)$，如图 5-8 所示为局域共同 Pauli σ_x 噪声下的平均保真度。

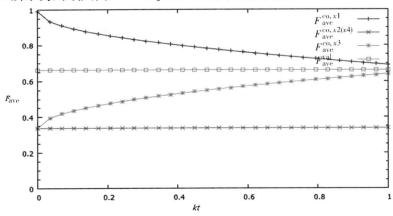

图 5-8　局域共同 Pauli σ_x 噪声下的平均保真度

由图 5-8可知，在我们设计的局域共同 Pauliσ_x 噪声下，量子隐形传态的平均保真度，随着参数 kt 的变化，F_{ave} 也随之变化，具体情况如下：

① 以 Bell 态 1 为量子信道时，在局域共同 Pauli σ_x 噪声下，保真度是以指数级衰减变化的。当时间 t 趋于无穷大时，其值逐渐趋于 $\frac{2}{3}$，这就说明此时的 Bell 态 1 信道最适合作为量子信道；

②以 Bell 态 2 或者 Bell 态 4 作为量子信道时，在局域共同噪声下的平均保真度数值为 $\frac{1}{3}$，由于其保真度小于极限值 $\frac{2}{3}$，所以 Bell 态 2 或者 Bell 态 4 不适合作为此时的量子信道；

③以 Bell 态 3 作为量子信道时，局域共同环境下的平均保真度随参数 kt 的增大而变大，当时间 t 趋于无穷大时，其值逐渐趋于 $\frac{2}{3}$，但是没有超过极限值 $\frac{2}{3}$，所以此时的 Bell 态 3 不适合作为量子信道。

因此，当量子信道在局域共同 Pauli σ_x 噪声下时，Bell 态 1 最适合作为量子信道。

5.4.2.2　局域共同泡利 y 噪声下量子隐形传态

我们把 Pauli σ_y 在噪声下量子信道中的 Lindblad 算符表示为：$L_{1,y} = \sqrt{k}\,\sigma_y \otimes I$，$L_{2,y} = I \otimes \sqrt{k}\,\sigma_y$。计算后，以不同的 Bell 态为量子信道时，量子隐形传态的保真度表示为：

$$F^{in,y1} = \frac{1}{16}[6 + 2\cos(2\theta) + 10\,e^{4kt} - 2\,e^{4kt}\cos(2\theta)$$
$$+ (2\cos(2\theta) - 2)(e^{4kt} - 1)\cos(2\theta)] \tag{5-51}$$

$$F^{in,y2} = \frac{1}{16}[2 - 2\cos(2\theta) + 6\,e^{4kt} + 2\,e^{4kt}\cos(2\theta) + 6 + 2\,e^{4kt}$$
$$- 2\,e^{4kt}\cos(2\theta)\cos 2\phi] \tag{5-52}$$

$$F^{in,y3} = \frac{1}{16}[-2 + 2\cos(2\theta) + 6\,e^{4kt} + 2\,e^{4kt}\cos(2\theta) - \cos(2\theta) + 6$$
$$- 2\,e^{4kt} + 2\,e^{4kt}\cos(2\theta)\cos 2\phi] \tag{5-53}$$

$$F^{in,y1} = \frac{1}{16}[-6 - 2\cos(2\theta) + 10\,e^{4kt} - 2\,e^{4kt}\cos(2\theta)$$
$$+ (2\cos(2\theta) - 2)(e^{4kt} + 1)\cos(2\phi)] \tag{5-54}$$

同样代入公式 $F_{ave}\ \frac{1}{4\pi}\int_0^\pi d\phi \int_0^{2\pi} F(\phi,\theta)\sin\phi d\theta$ 中，我们得到不同环境下的平均保真度分别为：

$$F_{\text{ave}}^{\text{in, } y1} = \frac{1}{3}(2 + e^{-4kt}) \tag{5-55}$$

$$F_{\text{ave}}^{\text{in, } y2} = F_{\text{ave}}^{\text{in, } y3} = \frac{1}{3} \tag{5-56}$$

$$F_{\text{ave}}^{\text{in, } y4} = \frac{1}{3}(2 - e^{-4kt}) \tag{5-57}$$

在局域共同 Pauli σ_y 噪声下，量子隐形传态保真度随参数 kt 的变化如图 5-9 所示。由图 5-9 可知，在我们设计的局域共同 Pauli σ_y 噪声下，量子隐形传态的平均保真度，随着参数 kt 的变化，F_{ave} 也随之变化，具体情况如下：

① 以 Bell 态 1 作为量子信道进行量子隐形传态时，在局域共同 Pauli σ_y 噪声下的平均保真度优于其他三个以 Bell 态为量子信道的量子隐形传态的情况。在局域共同 Pauli σ_y 噪声下的平均保真度数值为 1，意味着接收方能够 100% 地复制出需要传送的量子态，Bell 态 1 不受局域共同 Pauli σ_y 噪声影响，因此 Bell 态 1 最适合作为此时的量子信道。

② 而以 Bell 态 2 或者 Bell 态 3 作为量子信道时，其平均保真度值为 $\frac{1}{3}$，因此不适合作为此时的量子信道。

③ 以 Bell 态 4 作为量子信道时，其平均保真度在局域共同噪声下数值始终为 $\frac{1}{3}$，因此也不适合作为此时的量子信道。

因此，当量子信道在局域共同 Pauli σ_y 噪声下时，Bell 态 1 最适合作为量子信道。

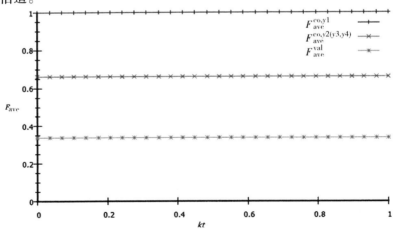

图 5-9　在局域共同 Pauli σ_y 噪声下平均保真度

5.4.2.3　局域共同泡利 Z 噪声下量子隐形传态

我们把在 Pauli σ_z 噪声下量子信道中的 Lindblad 算符表示为：$L_{1,z} = \sqrt{k}\,\sigma_z \otimes I$，$L_{2,z} = I \otimes \sqrt{k}\,\sigma_z$。计算后，以不同的 Bell 态为量子信道时，量子隐形传态的保真度表示为：

$$F^{\mathrm{in},\,z1} = 1 - \frac{1}{2}(1 - \mathrm{e}^{-4kt})\,\sin^2\theta \tag{5-58}$$

$$F^{\mathrm{in},\,z2} = 1 - \frac{1}{2}(1 + \mathrm{e}^{-4kt})\,\sin^2\theta \tag{5-59}$$

$$F^{\mathrm{in},\,z3} = \frac{1}{2}\left[\,1 + \mathrm{e}^{-4kt})\cos(2\phi)\,\right]\sin^2\theta \tag{5-60}$$

$$F^{\mathrm{in},\,z4} = \frac{1}{2}\left[\,1 - \mathrm{e}^{-4kt})\cos(2\phi)\,\right]\sin^2\theta \tag{5-61}$$

代入公式 $F_{\mathrm{ave}} = \dfrac{1}{4\pi}\displaystyle\int_0^{\pi}\mathrm{d}\phi\int_0^{2\pi}F(\phi,\,\theta)\sin\phi\,\mathrm{d}\theta$ 中，我们得到不同环境下的平均保真度分别为：

$$F_{\mathrm{ave}}^{\mathrm{in},\,z1} = \frac{1}{3}(2 + \mathrm{e}^{-4kt}) \tag{5-62}$$

$$F_{\mathrm{ave}}^{\mathrm{in},\,z2} = \frac{1}{3}(2 - \mathrm{e}^{-4kt}) \tag{5-63}$$

$$F_{\mathrm{ave}}^{\mathrm{in},\,z3} = F_{\mathrm{ave}}^{\mathrm{in},\,z4} = \frac{1}{3} \tag{5-64}$$

在局域共同 Pauli σ_z 噪声下，量子隐形传态平均保真度随参数 kt 的变化如图 5-10 所示。

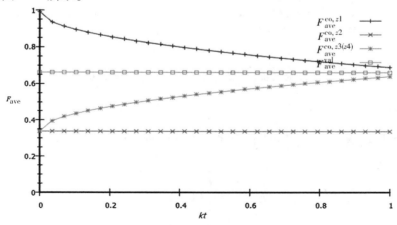

图 5-10　在局域共同 Pauli σ_z 噪声下平均保真度

由图 5-10 可知，在我们设计的局域共同 Pauli σ_z 噪声下，量子隐形传态的平均保真度，随着参数 kt 的变化，F_{ave} 也随之变化。具体情况如下：

① 在局域共同 Pauli σ_z 噪声下，以 Bell 态 1 作为量子信道，其保真度以指数级形式逐渐衰减为 $\dfrac{2}{3}$，因此此时 Bell 态 1 作为量子信道是最合适的；

② 以 Bell 态 2 作为量子信道时，平均保真度随参数 kt 的增加而增加，当时间 t 趋于无穷大时，平均保真度值增加至 $\dfrac{2}{3}$，但其极限值小于 $\dfrac{2}{3}$，因此此时 Bell 态 2 不适合作为量子信道；

③ 以 Bell 态 3 或者 Bell 态 4 作为量子信道时，平均保真度值为 $\dfrac{1}{3}$，也不适合作为量子信道。

综上，当量子信道在局域共同 Panli σ_2 噪声下时，Bell 态 1 最适合作为量子信道。

5.4.2.4　局域退极化噪声下量子隐形传态

我们把在局域退极化噪声下，量子信道中的 Lindblad 算符表示为：$(L_{1,x}, L_{2,x}, L_{1,y}, L_{2,y}, L_{1,z}, L_{2,z})$。计算后，得到不同噪声下的保真度表示为：

$$F^{\mathrm{in},\,d1} = \frac{1}{2}(1 + \mathrm{e}^{-8kt}) \tag{5-65}$$

$$F^{\mathrm{in},\,d2} = \frac{1}{2}[1 + \mathrm{e}^{-8kt}\cos(2\theta)] \tag{5-66}$$

$$F^{\mathrm{in},\,d3} = \frac{1}{8}\mathrm{e}^{-8kt}[2\cos(2\phi) - 2 + 4\mathrm{e}^{-8kt} - (2 + 2\cos(2\phi))\cos(2\theta)] \tag{5-67}$$

$$F^{\mathrm{in},\,d4} = \frac{1}{8}\mathrm{e}^{-8kt}[-2\cos(2\phi) - 2 + 4\mathrm{e}^{-8kt} + (-2 + 2\cos(2\phi))\cos(2\theta)] \tag{5-68}$$

利用公式 $F_{\mathrm{ave}} = \dfrac{1}{4\pi}\displaystyle\int_0^{\pi}\mathrm{d}\phi\int_0^{2\pi}F(\phi,\,\theta)\sin\phi\,\mathrm{d}\theta$，我们得到不同环境下的平均保真度分别为：

$$F_{\mathrm{ave}}^{\mathrm{in},\,d1} = \frac{1}{2}(1 + \mathrm{e}^{-8kt})$$

$$F_{\mathrm{ave}}^{\mathrm{in},\,d2} = F_{\mathrm{ave}}^{\mathrm{in},\,d3} = F_{\mathrm{ave}}^{\mathrm{in},\,d4} = \frac{1}{2}\left(1 - \frac{1}{3}\mathrm{e}^{-8kt}\right) \tag{5-69}$$

在局域退极化噪声下，量子隐形传态平均保真度随参数 kt 的变化如图 5-11 所示。

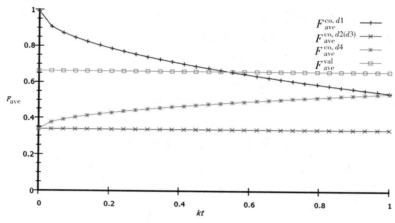

图 5-11 在局域退极化噪声下平均保真度

如图 5-11 可知：

① 在局域退极化噪声下，以 Bell 态 1 作为量子信道，其保真度呈指数级形式衰减，并最终衰减为 $\dfrac{2}{3}$，这意味着选择此信道作为量子信道是可行的。

② 但是对于其他的三个 Bell 态，虽然它们的平均保真度随参数 kt 呈指数级形式衰减，但是其极限值均小于 $\dfrac{2}{3}$，因此它们都不适合作为此时的量子信道。

因此，当量子信道在局域退极化噪声下时，Bell 态 1 最适合作为量子信道。

5.5 免疫噪声的多自由度量子隐形态协议效率分析

如何衡量提出的量子隐形传态协议的效率，我们采用公认的保真度和平均保真度两个指标来进行评估。

我们假设存在一腔内原子 A 和腔外原子 B，忽略两原子之间的相互作用，则系统的哈密顿量为：

$$H = \frac{w}{2}\sigma_z^A + \frac{w}{2}\sigma_z^B + g(a^\dagger \sigma_-^A + a\sigma_+^A) + v\,a^\dagger a \tag{5-70}$$

其中，$a^\dagger$ 是腔光子的产生算法，v 表示光子频率，$a\sigma_z$ 为原子的反转算符，$\sigma_{\pm}$ 为升降算符，g 表示原子与腔之间相互作用强度系数，w 表示腔光子的湮灭算符。

假如两原子处于纠缠态 $|\psi\rangle = \cos\theta |\uparrow\downarrow\rangle + \sin\theta |\downarrow\uparrow\rangle$，其中，$|\uparrow\rangle$ 表示激发态，$|\downarrow\rangle$ 表示基态，则系统初态用直积表示为：

$$|\psi_0\rangle = \cos\theta |\uparrow\downarrow\rangle + \sin\theta |\downarrow\uparrow\rangle \tag{5-71}$$

那么在 t 时刻，系统的状态为：

$$|\psi'\rangle = w_1(t) |\uparrow\downarrow\rangle + w_2(t) |\downarrow\uparrow\rangle + w_3(t) |\downarrow \downarrow^{n+1}\rangle + w_4(t) |\uparrow \uparrow^{n-1}\rangle \tag{5-72}$$

由此可知，t 时刻，两原子的约化密度矩阵为：

$$\rho_{AB} = \begin{bmatrix} w_4(t)\,w_4^*(t) & 0 & 0 & 0 \\ 0 & w_1(t)\,w_1^*(t) & w_1(t)\,w_2^*(t) & 0 \\ 0 & w_2(t)\,w_1^*(t) & w_2(t)\,w_2^*(t) & 0 \\ 0 & 0 & 0 & w_3(t)\,w_3^*(t) \end{bmatrix} \tag{5-73}$$

5.5.1 保真度

由于基准态（输入状态）最初是纯态，因此我们定义保真度为：

$$F_j = \text{tr}\,[\rho'\,P_{B_j}] = \langle \psi | P_{B_j} | \psi \rangle \tag{5-74}$$

其中，保真度的范围从 0 到 1，它的最大值发生在从输出态 P_{B_j} 到输出态 $|\psi\rangle$ 的范围内，并且当两个态正交时为零。为了考虑到每个态 P_B 实际可能发生的概率，定义的平均保真度为：

$$\bar{F} = \sum_{j=1}^{4} Q_j\,F_j \tag{5-75}$$

当噪声出现时，或者当有非最大纠缠信道时，$\bar{F}$ 取决于输入状态 ρ'，因此，量化协议的效率取决于特定的输入状态。在这里，我们假设 Alice 的输入状态满足一个均匀的概率分布 P'，在这里假设一个均匀的分布，即任何量子位都有可能被当作量子隐形传态的输入状态。更具体地说，我们不失一般性地，任意量子位可以写成：

$$|\psi\rangle = |a| |0\rangle + |b| e^{ic} |1\rangle \tag{5-76}$$

其中，$|a|$ 和 $|b|$ 为 a 和 b 的绝对值，c 表示 a 和 b 之间相对相位的实数，$|\psi\rangle$ 相当于 $a|0\rangle + b|1\rangle$，因为它们之间的区别仅仅是没有任何物理意义的球面相位。由于 $|a|^2 + |b|^2 = 1$，可以选择 $|a|^2$ 和 c 作为独立变量，是为了获得一个相对相位的粒子 c，以 $|a|^2$ 的可能性被态 $|0\rangle$ 检测，记为 $P'(|a|^2, c)$，其中，$c \subseteq [0, 2\pi]$ 并且 $0 \leqslant |a|^2 \leqslant 1$。

概率密度的归一化条件 $P'(\mid a\mid^2,\ c)$ 记为：

$$\int_0^{2\pi}\int_0^1 P'(\mid a\mid^2,\ c)\ \mathrm{d}\mid a\mid^2\mathrm{d}c = 1 \qquad (5\text{-}77)$$

假如这个确定的概率分布 $P'(\mid a\mid^2,\ c)$ 为常数，则我们得到：

$$P'(\mid a\mid^2,\ c) = \frac{1}{2\pi} \qquad (5\text{-}78)$$

任意函数 $\mid a\mid^2$ 和 c 的平均值 $\langle f\rangle$ 是 $\int_0^{2\pi}\int_0^1 f(\mid a\mid^2,\ c)\ P'(\mid a\mid^2,\ c)\ \mathrm{d}\mid a\mid^2\mathrm{d}c$，我们定义为：

$$\langle \bar{F}\rangle = \int_0^{2\pi}\int_0^1 \bar{F}(\mid a\mid^2,\ c)\ P'(\mid a\mid^2,\ c)\ \mathrm{d}\mid a\mid^2\mathrm{d}c \qquad (5\text{-}79)$$

输入态主要取决于噪声信道下量子隐形传态效率，在这里我们把 $\bar{F}(\mid a\mid^2,\ c)$ 和 $P'(\mid a\mid^2,\ c)$ 都已经给定了。

5.5.2　平均保真度

1. 单比特量子态的平均保真度

我们把任意未知的单粒子纯态在 bloch 球上表示为 $\mid\Omega\rangle_n = \cos\dfrac{\theta}{2}\mid 0\rangle + \mathrm{e}^{i\phi}\sin\dfrac{\theta}{2}\mid 1\rangle$。当方位角 $0\leqslant\phi\leqslant 2\pi$，极化角 $0 < \theta < \pi$ 时，单粒子纯态的输出态表示为：

$$\rho' = \sum_{i=0}^3 \mathrm{tr}[E_i\rho(T)]\ \sigma_i\mid\phi\rangle_n\langle\phi\mid\sigma_i \qquad (5\text{-}80)$$

其中，$\mid\Phi^\pm\rangle = \dfrac{1}{\sqrt{2}}(\mid 00\rangle \pm\mid 11\rangle)$，$\mid\Psi^\pm\rangle = \dfrac{1}{\sqrt{2}}(\mid 01\rangle \pm\mid 10\rangle)$，$E_0 = \mid\Psi^-\rangle\langle\Psi^-\mid$，$E_1 = \mid\Phi^-\rangle\langle\Phi^-\mid$，$E_2 = \mid\Phi^+\rangle\langle\Phi^+\mid$，$E_3 = \mid\Psi^+\rangle\langle\Psi^+\mid$。

从而我们得到输出态为：

$$\boldsymbol{\rho} = \begin{bmatrix} X & Y \\ Y & W \end{bmatrix} \qquad (5\text{-}81)$$

其中，

$$X = \frac{1}{2}\left(1 + \cos(2g\sqrt{1+n}\,t)\cos^2\phi\cos\theta + \cos(2g\sqrt{n}\,t)\cos\theta\sin^2\phi\right)$$

$$Y = -\,\mathrm{e}^{-i\phi}\cos(g\sqrt{n}\,t)\cos(g\sqrt{1+n}\,t)\cos\phi\sin\phi\sin\theta$$

$$W = \frac{1}{4}(2 - 2\cos\theta)\left(\cos(2g\sqrt{1+n}\,t)\cos^2\phi + \cos(2g\sqrt{n}\,t)\sin^2\phi\right)$$

量子隐形传态中量子信息的保存或者丢失的多少用保真度来度量，其定义为：

$$F = \langle \phi | \boldsymbol{\rho} | \phi \rangle \tag{5-82}$$

当 $F = 0$ 时表示量子信息全部失真；当 $F = 1$ 时量子信息的输入态和输出态是一致的，量子信息没有失真。我们通过计算得知单量子态的保真度为：

$$F = \frac{1}{2}\big(1 + \cos^2\theta(\cos 2g\sqrt{1+n}\,t)\cos^2\phi + \cos(2g\sqrt{n}\,t)\sin^2\phi\big)$$

$$- 2\cos(g\sqrt{n}\,t)\cos(g\sqrt{1+n}\,t)\cos\phi\sin\phi\sin^2\theta \tag{5-83}$$

对于量子隐形传态来说，其输入态是未知的，可以处于任意态，所以所有可以传输的态，平均保真度的量子传送质量为：

$$F = \int F\mathrm{d}\phi = \frac{1}{4\pi}\int_0^{2\pi}\mathrm{d}\phi\int_0^{\pi}F\sin\theta\mathrm{d}\theta \tag{5-84}$$

由此我们得到隐形传态下传递单量子态的平均保真度为：

$$F' = \frac{1}{6}\big(3 + \cos(2g\sqrt{1+n}\,t)\cos^2\phi - 4\cos(g\sqrt{n}\,t)\cos(2g\sqrt{1+n}\,t)\cdot$$

$$(\cos\phi\sin\phi) + \cos(2g\sqrt{n}\,t)\sin^2\phi \tag{5-85}$$

量子隐形传态协议下，当传递单量子比特时，平均保真度随时间的变化如图 5-12 所示。

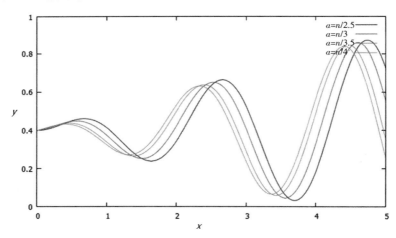

图 5-12　当 $g = 1$，$n = 2$，ϕ 取不同值时，传递单量子态时平均保真度随时间的变化

由图 5-12 可知，当 $\phi = \dfrac{\pi}{4}$ 时，腔内原子和腔外原子处于最大纠缠态，而当 ϕ 取不同的值，即当 $\phi = \dfrac{\pi}{4}$，$\phi = \dfrac{\pi}{3}$，$\phi = \dfrac{2\pi}{7}$ 时，量子隐形传态传递单

量子态时，平均保真度随时间变化。如果 ϕ 的取值稍大于 $\dfrac{\pi}{4}$，则平均保真度随时间的变化不是很明显。随着时间的演化，两原子处于最大纠缠态时的信道传输信息比两原子处于非最大纠缠时的信道传输信息具有更好的保真度。

当 $g = 2$，$\theta = \dfrac{\pi}{4}$，n 取不同的值时，量子隐形传态下传递单量子态的平均保真度随时间的变化如图 5-13 所示。

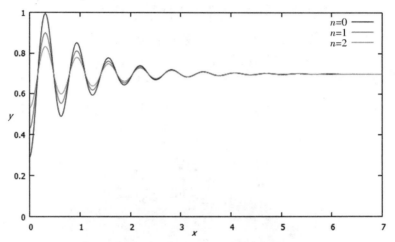

图 5-13　当 $g = 2$，$\theta = \dfrac{\pi}{4}$，n 取不同值时，传递单量子态平均保真度随时间的变化

由图 5-13 可知，当 ϕ 取 $\dfrac{\pi}{12}$，$\dfrac{\pi}{8}$，$\dfrac{\pi}{6}$ 时，量子隐形传态的平均保真度随时间变化，随着 ϕ 的取值逐渐减小，平均保真度随时间的演化逐渐增大，如果 ϕ 的取值比 $\dfrac{\pi}{4}$ 小，则两原子处于最大纠缠时的信道传输信息比非最大纠缠时的信道传输信息的平均保真度小。因此，用非纠缠的信道传输信息更有优势。

当 ϕ 和耦合度 g 固定，而光子数 $n = 2$ 时，平均保真度随时间的演化如图 5-14 所示。

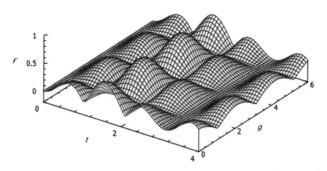

图 5-14 平均保真度随初始角和时间演化的三维图

由图 5-14 可知，不管腔中的光子数有多少，平均保真度都会随时间出现波动，光子数越多，震荡就越剧烈，当腔中没有光子时，平均保真度可以取到最大值。

当初始角 $\phi = \dfrac{\pi}{4}$，平均光子数 $n = 5$ 时，平均保真度随时间和耦合强度的演化如图 5-15 所示。

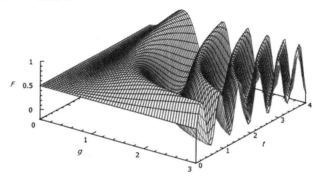

图 5-15 平均保真度随时间和耦合强度演化的三维图

2. 多条件下的平均保真度

在量子隐形传态中，$E_0 = |F^-\rangle\langle F^-|$，$E_1 = |\beth^-\rangle\langle \beth^-|$，$E_2 = |\beth^+\rangle\langle \beth^+|$，$E_3 = |F^+\rangle\langle F^+|$。其中，$|F^\pm\rangle = \dfrac{1}{\sqrt{2}}(e^{i\gamma}|01\rangle \pm |10\rangle)$，$|\beth^\pm\rangle = \dfrac{1}{\sqrt{2}}(e^{i\gamma}|00\rangle \pm |11\rangle)$，$\gamma$ 为量子比特间的相位角。此时我们得到平均保真度为：

$$F = \frac{1}{3}\left[1 - 2\cos(g\sqrt{n}\,t)\cos(g\sqrt{1}\sqrt{1+n}\,t)\cos\phi\cos\gamma\sin\phi\right] \quad (5\text{-}86)$$

可知，此时的平均保真度与耦合度、光子数和相位角有关，如图 5-16 所示。

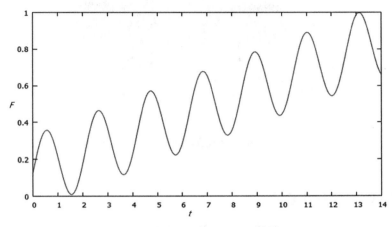

图 5-16　平均保真度随时间变化的曲线图

由图 5-16 可知，当光腔的耦合强度 $g = 1$，光子数 $n = 2$，相位角 $\gamma = 5$，初始角 $\phi = \dfrac{\pi}{4}$ 时，平均保真度随时间的演化呈现出周期性的震荡现象。

当 $\phi = \dfrac{\pi}{4}$，$n = 5$，$r = 1$ 时，量子隐形传态下传递单量子态时的平均保真度随 g 和 t 变化的情况如图 5-17 所示。

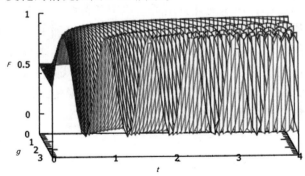

图 5-17　平均保真度随时间的演化三维图

当 $\phi = \dfrac{\pi}{4}$，$n = 2$，$\gamma = \dfrac{1}{2}$ 时，量子隐形传态下传递单量子态时的平均保真度随 g 和 t 变化的情况如图 5-18 所示。

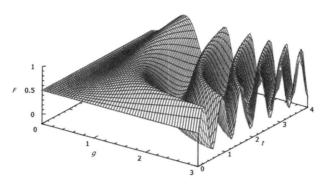

图 5-18　平均保真度随时间的演化三维图

5.6　本章小结

　　本章提出了一种免疫噪声的可控多自由度量子隐形传态协议。首先，我们在免疫噪声模型的基础上，考虑到了量子隐形传态是一种量子态的线性操作，研究了量子物理体系拥有多自由度特性，通过单光子在自旋角动量和轨道角动量下传态的特点，实现了量子在多自由度下高亮度纠缠源的制备。其次，我们把量子信息分离与测量、量子编码研究方法与经典的量子隐形传态基础理论相结合，进行了超 Bell 态的测量分析，我们发现了自旋–轨道角动量和超 Bell 态之间的转换关系；接着进行了基于图态级联的超 Bell 态超密编码，快速地计算出了信道中各种级联码的相干信息、信道容量的逼近值和信道传输量子信息的噪声容限，得到了不同噪声信道可传输量子信息的区域。再次，设计了可控的量子隐形传态身份认证模型，实现了在独立不同噪声中和局域共同噪声下的鲁棒量子隐形传态过程。最后，对提出的免疫噪声的可控多自由度的量子隐形传态协议，进行了保真度和平均保真度两方面的效率分析。

第6章　噪声信道下容错的量子隐形传态应用

现有的量子隐形传态应用大都是基于理想量子信道，即不存在任何噪声的量子信道，且在噪声信道下不能同时优化可用性、信道利用率和安全性三个指标，从而导致了这些应用方案无法应用到实际的量子通信领域中。实用化量子隐形传态技术作为发展可拓展量子计算和量子网络的必经途径，在国防军事、金融、政务、量子卫星、远距离通信（如空间探测）等领域中大显身手，同时，也会带动元器件等上下产业链快速发展，成为近年来量子通信基础研究领域的一个研究热点。

在本书第3章、第4章、第5章分别提出的建立免疫噪声纠缠量子隐形传态信道统一框架、不同信道中的 Bell 态和任意态的量子信息分离、构建免疫噪声的量子隐形传态协议的基础上，本章提出了两种具体应用，获取量子对话和量子密钥分发的真实观察，扩展在量子隐形传态中的真实应用。设计出通用的保真量子隐形传态模型和计算有效的 Bell 态测量方法，应用方案是从理论到量子隐形传态应用的关键点。如图 6-1 所示，本章我们设计了免疫噪声的量子对话实现方案，设计基于连续变量的量子密钥分发实现方案。通过两个应用方案，实现高效、容错、实用的量子隐形传态方案，对于推动量子对话在信息安全领域的应用具有重大意义。

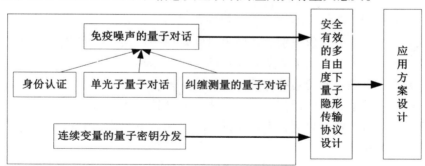

图6-1　噪声下的量子隐形传态应用方案构架

6.1 免疫噪声的量子对话

联合噪声下量子隐形传态的应用之一就是发送秘密信息，量子对话因具有双向秘密信息传递的及时和无条件安全能力，近年来成为量子隐形传态应用领域的研究热点。但是，噪声问题严重影响了量子对话在身份认证、信息保真、信息泄露等方面的安全性，导致无法交换秘密信息，是亟待解决的关键问题。

针对联合噪声下验证对话双方身份和保障信息无泄露的问题，我们采用诱骗态和隐写技术来检测对话双方的身份是否有误和对话信道是否安全，提高了协议的安全性和效率。

针对联合噪声下量子对话协议中被交换信息不能保真的问题，我们分别提出了构造对联合退相位噪声和联合旋转噪声免疫的消相干自由子空间，保证了对话双方所交换的秘密信息的准确性。

针对如何在联合噪声下提高信道容量和远距离控制的问题，我们采用多自由度下的超纠缠作为量子载体，并分别建立二维 4 量子比特超纠缠态在联合退相位噪声和联合旋转噪声下对噪声免疫的模型，实现密集编码。同时，计算出了在该模型下，每量子位能传输的信息量，通过对比其他协议中的该信息量，证明了我们提出的方法能达到联合噪声下较高的信道容量和较好的远距离控制。

6.1.1 带身份认证的量子对话

我们利用 DFS 可免疫联合噪声影响的特性，构造了广义纠缠态，将对话双方事先共享的身份识别码转换为对联合退相位噪声和联合旋转噪声免疫的逻辑量子态，随机地混杂隐写在信息序列中传送。因此，我们分别建立了在退相位噪声和旋转噪声下的身份认证及窃听检测的安全量子对话模型，同时建立了完整的通信过程且完成了安全性分析。这样既进行了身份认证，又进行了窃听检测，不仅保证了交换信息不泄露，也提高了协议的安全性和效率。

联合退相位噪声（旋转噪声）对量子态的影响，我们用幺正算子 U_{dp} 和 U_{r} 来表示：

$$U_{\mathrm{dp}} = \begin{bmatrix} 1 & 0 \\ 0 & \mathrm{e}^{i\theta} \end{bmatrix}, \quad U_{\mathrm{r}} = \begin{bmatrix} \cos\theta & -\sin\theta \\ \sin\theta & \cos\theta \end{bmatrix} \tag{6-1}$$

对单粒子作用后可得到 $U_{\mathrm{dp}} \mid 0 \rangle = \mid 0 \rangle$，$U_{\mathrm{dp}} \mid 1 \rangle = \mathrm{e}^{i\theta} \mid 1 \rangle$，$U_{\mathrm{r}} \mid 0 \rangle =$

$\cos\theta|0\rangle + \sin\theta|1\rangle$，$U_r|1\rangle = -\sin\theta|0\rangle + \cos\theta|1\rangle$，其中，$|0\rangle$ 为水平量子态，$|1\rangle$ 为垂直量子态，θ 表示随时间而波动的噪声参数。

6.1.1.1　免疫噪声的 QD 协议

根据联合退相干噪声的特性，我们构造出免疫噪声的量子比特，如下所示：

$$|L\rangle = |01\rangle_{ab}，\quad |V\rangle = |10\rangle_{ab} \tag{6-2}$$

其中，$|L\rangle$ 和 $|V\rangle$ 是一组测量基，分别代表逻辑比特 0 和 1，另一组测量基为：

$$|\pm\rangle = \frac{1}{\sqrt{2}}(|L\rangle \pm |V\rangle) = \frac{1}{\sqrt{2}}(|01\rangle \pm |10\rangle) = |\Psi^{\pm}\rangle \tag{6-3}$$

由于 $\langle +|L\rangle|^2 = |\langle +|V\rangle|^2 = |\langle -|L\rangle|^2 = |\langle -|V\rangle|^2$，因此，$\{|L\rangle，|V\rangle\}$ 和 $\{|+\rangle，|-\rangle\}$ 可以组成联合退相干噪声上的两组无偏的基。可以用幺正变换进行转换，如下所示：

$$U_0 = I_a \otimes I_b = |L\rangle\langle L| + |V\rangle\langle V|$$
$$U_1 = (\sigma_x)_a \otimes (-i\sigma_y)_b = |V\rangle\langle L| - |L\rangle\langle V| \tag{6-4}$$

U_1 对测量基的变换可以写成：

$$U_1|L\rangle = |V\rangle，\quad U_1|V\rangle = -|L\rangle$$
$$U_1|+\rangle = -|-\rangle，\quad U_1|-\rangle = |+\rangle \tag{6-5}$$

由此构造一个五粒子 GHZ 态，如下所示：

$$|\mathrm{GHZ}\rangle_{ab_1c_2} = \frac{1}{\sqrt{2}}(|0LL\rangle + |1VV\rangle)_{ab_1c_2} \tag{6-6}$$

联合旋转噪声的 QD 协议：由于 $|\Phi^+\rangle$ 和 $|\Psi^-\rangle$ 两个 Bell 态对噪声免疫，因此它的逻辑量子比特我们写成：

$$\left. \begin{array}{l} |L'\rangle = |\Phi^+\rangle_{ab} = \dfrac{1}{\sqrt{2}}(|0\rangle|0\rangle + |1\rangle|1\rangle)_{ab} \\[2ex] |V'\rangle = |\Psi^-\rangle_{ab} = \dfrac{1}{\sqrt{2}}(|0\rangle|1\rangle - |1\rangle|0\rangle)_{ab} \end{array} \right\} \tag{6-7}$$

其中，$|L'\rangle$ 和 $|V'\rangle$ 表示逻辑比特 0 和 1，$\{|L'\rangle，|V'\rangle\}$ 是一组测量基，另一组测量基为：

$$|\pm\rangle' = \frac{1}{\sqrt{2}}(|L'\rangle \pm |V'\rangle) \tag{6-8}$$

很显然，$|\langle +'|L'\rangle|^2 = |\langle +'|V'\rangle|^2 = |\langle -'|L'\rangle|^2 = |\langle -'|V'\rangle|^2$，因此可知，$\{|L'\rangle，|V'\rangle\}$ 和 $\{|+'\rangle，|-'\rangle\}$ 是联合旋转噪声上两个无偏的

基，可以执行适当的幺正变换，使测量基中的基底相互转换，如下所示：

$$
\left.\begin{aligned}
U_0' &= I_a \otimes I_b = |L'\rangle\langle L'| + |V'\rangle\langle V'| \\
U_1' &= I_a \otimes (-i\sigma_y)_b = |V'\rangle\langle L'| - |L'\rangle\langle V'| \\
I &= |0\rangle\langle 0| + |1\rangle\langle 1| - i\sigma_y \\
&= |1\rangle\langle 0| - |0\rangle\langle 1|
\end{aligned}\right\} \quad (6\text{-}9)
$$

对 U_1 测量基的幺正变换为：

$$
U_1'|L'\rangle = |V'\rangle, \quad U_1'|V'\rangle = -|L'\rangle, \quad U_1'|+\rangle = -|-'\rangle, \quad U_1'|-\rangle = |+'\rangle
$$

$$(6\text{-}10)$$

由此构造一个五粒子 GHZ 态，如下所示：

$$
\begin{aligned}
|\mathrm{GHZ}\rangle_{ab_1c_2} &= \frac{1}{\sqrt{2}}(|0\,L'\,L'\rangle + |1\,V'\,V'\rangle)_{ab_1c_2} \\
&= \frac{1}{\sqrt{2}}(|0\rangle|\Phi^+\rangle|\Phi^+\rangle) + |1\rangle|\Psi^-\rangle|\Psi^-\rangle)_{ab_1b_2} \quad (6\text{-}11)
\end{aligned}
$$

假如量子隐形传态信道中同时存在两种噪声，则根据两种联合噪声对量子态的影响特性，我们设计了同时免疫两种联合噪声的 QD 协议。同时免疫两种联合噪声的逻辑量子比特为：

$$
\begin{aligned}
|L''\rangle &= \frac{1}{2}(|01\rangle - |10\rangle) \otimes (|01\rangle - |10\rangle) = \frac{1}{2}(|0101\rangle - |0110\rangle - |1001\rangle \\
&\quad + |1010\rangle) \\
|V''\rangle &= \frac{1}{2\sqrt{3}}[2(|1100\rangle + |0011\rangle) - (|01\rangle + |10\rangle) \otimes (|01\rangle + |10\rangle)]
\end{aligned}
$$

$$(6\text{-}12)$$

其中，$\{|L''\rangle, |V''\rangle\}$ 表示逻辑比特 0 和 1，它是一组测量基，那么另一组测量基是：

$$
|\pm''\rangle = \frac{1}{\sqrt{2}}(|L''\rangle \pm |V''\rangle) \quad (6\text{-}13)
$$

且 $|\langle+''|L''\rangle|^2 = |\langle+''|V''\rangle|^2 = |\langle-''|L''\rangle|^2 = |\langle-''|V''\rangle|^2$，由于 $\{|L''\rangle, |V''\rangle\}$ 和 $\{|+''\rangle, |-''\rangle\}$ 是联合旋转噪声上两个无偏的基，可以执行适当的幺正变换，使测量基中的基底相互转换，如下所示：

$$
\left.\begin{aligned}
U_0'' &= |L''\rangle\langle L''| + |V''\rangle\langle V''| \\
U_1'' &= |V''\rangle\langle L''| - |L''\rangle\langle V''|
\end{aligned}\right\} \quad (6\text{-}14)
$$

对 U_1'' 测量基的幺正变换为：

$$
U_1''|L''\rangle = |V''\rangle, \quad U_1''|V''\rangle = -|L''\rangle, \quad U_1''|+\rangle = -|-''\rangle, \quad U_1''|-\rangle = |+''\rangle
$$

$$(6\text{-}15)$$

由此构造一个五粒子 GHZ 态，如下所示：

$$|\,\text{GHZ}\,\rangle_{ab_1c_2} = \frac{1}{\sqrt{2}}(|\,0L''L''\,\rangle + |\,1V''V''\,\rangle)_{ab_1c_2} \tag{6-16}$$

6.1.1.2　协议通信过程

在联合退相位噪声信道下，首先对话双方要规定：在身份的二进制字符串 ID 中，当前位如果是"0"，则 Alice 需要制备相对应的逻辑量子态 $|\,0\,\rangle_{dp} \equiv |\,01\,\rangle = |\,0\,\rangle|\,1\,\rangle$，$|\,1\,\rangle_{dp} \equiv |\,10\,\rangle = |\,1\,\rangle|\,0\,\rangle$；否则，需要制备的逻辑量子态为 $|\,+\,\rangle_{dp} = \dfrac{(|\,0\,\rangle + |\,1\,\rangle)}{\sqrt{2}}$，$|\,-\,\rangle_{dp} = \dfrac{(|\,0\,\rangle - |\,1\,\rangle)}{\sqrt{2}}$。

在联合旋转噪声信道下，对话双方要规定：在身份的二进制字符串 ID 中，当前位如果是"0"，则 Alice 需要制备相对应的逻辑量子态 $|\,0\,\rangle_r \equiv |\,\Phi^+\,\rangle$，$|\,1\,\rangle_r \equiv |\,\Psi^-\,\rangle$；否则，需要制备的逻辑量子态为 $|\,+\,\rangle_r = \dfrac{(|\,0\,\rangle_r + |\,1\,\rangle_r)}{\sqrt{2}}$，$|\,-\,\rangle_r = \dfrac{(|\,0\,\rangle_r - |\,1\,\rangle_r)}{\sqrt{2}}$。

通信步骤如下：

①Alice 按照规则制备了多个 5 粒子广义纠缠态序列，将其划分成 X，Y_1 和 Y_2 三个子序列。其中，X 序列是由 x 个粒子组成的，Y_1 序列是由 y_1 个粒子组成的，Y_2 序列是由 y_2 个粒子组成的。

②Alice 对序列 X 中的粒子进行测量，并记录测量结果为 x_i，然后根据自己的身份识别码 ID_X^i 制备 N 个 2 粒子量子态作为诱骗态。如果 $\text{ID}_X^i = 0$，则 Alice 将第 i 个 2 粒子量子态制备成 $|\,0\,\rangle(|\,0'\,\rangle)$ 或者 $|\,+\,\rangle(|\,+'\,\rangle)$，否则，Alice 将第 i 个 2 粒子量子态制备成 $|\,1\,\rangle(|\,1'\,\rangle)$ 或者 $|\,-\,\rangle(|\,-'\,\rangle)$。Alice 将此诱骗态插入到序列 Y_1 中，我们得到一个新的序列 Y_1' 并发送给 Bob，记录所有诱骗态的相应位置和初始的量子态。

③Bob 收到带有诱骗粒子的序列 Y_1' 后，告知 Alice 已经收到了粒子序列，则 Alice 告知 Bob 在序列 Y_1' 中诱骗粒子的位置、初始量子态以及相应的原理。Bob 根据自己的身份识别码 ID_Y^i 依据规则进行操作，选用测量基对相对应的诱骗粒子进行测量，并公示测量结果 ID_M^i。

④Alice 验证 $\text{ID}_Y^i = \text{ID}_X^i \oplus \text{ID}_M^i$ 是否成立，如果等式成立，则证明 Bob 的身份是对的，并且信道是安全的；否则，说明 Bob 的身份有误，或者信道不安全。同样，Bob 也可以验证 Alice 的身份和信道安全性。在确定等式成立后，可以继续通信。Bob 除去诱骗态的粒子后，对剩下的粒子进行测量，并记录测量结果为 y_i。根据广义纠缠态的特性可以知道，$x_i = y_i$。

⑤Alice 根据秘密信息 X_i 对序列 Y_2 中的粒子进行操作，得到新的序列 Y_2'，将新序列 Y_2' 中粒子的顺序打乱，然后制备 N 个处于 $|0\rangle(|0'\rangle)$，$|1\rangle(|1'\rangle)$，$|+\rangle(|+'\rangle)$，$|-\rangle(|-'\rangle)$ 的2粒子量子态作为诱骗态，随机地插入已打乱顺序的新序列 Y_2' 中，得到序列 Y_2'' 并发送给 Bob，记录所有诱骗态的位置和初始的量子态。Bob 收到序列 Y_2'' 后，告知 Alice 已经收到了序列 Y_2''。同样，Alice 公布诱骗态的位置和对应的测量基，Bob 用测量基对诱骗态进行测量，并公布测量结果。Alice 和 Bob 对测量结果和初始诱骗进行对比，如果 Bob 的测量结果等于初始态，则证明信道是安全的，双方可以继续通信；如果 Bob 的测量结果不等于初始态，则证明信道是不安全的，丢弃这次通信，重新进行通信。

⑥Alice 通过经典信道告知 Bob 序列 Y_2' 的正确次序，Bob 对序列 Y_2' 进行重新排序，进行适当的测量并公布测量结果。这样就完成了量子的对话。

本节中，信息发送者 Alice 和信息接收者 Bob 在通信时，在第一次传输过程中，将 y_1 粒子的量子态作为信号态，根据 Alice 的身份识别码 ID_X^i 制备诱骗态，并用该诱骗态来检测对话双方的身份及信道的安全性；在第二次的传输过程中，y_2 粒子的量子态作为信号态，诱骗态是 Alice 另外制备的。我们提出的带身份认证的量子对话协议在传输量子信号前就确定诱骗态，并增加了诱骗态的功能，即进行身份认证，接收者 Bob 需要等待 Alice 公布诱骗态的位置和测量基后才可以检测通信信道是否安全及对话双方的身份，如果信道安全，则可以继续通信。

从以上的步骤可知，诱骗态主要是用来检测通信信道是否安全及对对话双方身份进行验证。

6.1.1.3 协议安全性分析

在我们提出的带身份认证的量子对话协议中，信息发送者 Alice 和信息接收者 Bob 之间进行对话，假如存在窃听者 Eve，他执行幺正变换并作用于通信双方的粒子上，这样不仅干扰到携带秘密信息的量子态，而且干扰到诱骗态。从量子对话过程中可以知道，每次操作的过程中，有一半的粒子是诱骗粒子，假如 Eve 执行 n 个幺正操作并作用到 n 个粒子上，这样势必干扰到对话的粒子，干扰不被检测到的概率为：

$$P = \frac{C_N^n}{C_{2N}^n} = \frac{1}{2^n} \tag{6-19}$$

当 $n \to \infty$ 时，概率 $P \to 0$，根据量子对话的通信过程可知，可以检测到对话的粒子是否被干扰。

假设 Eve 截获了 Alice 和 Bob 对话的所有粒子，并测量了每一个粒子，

根据测量结果重新发送一个新的序列给 Bob，这个新序列中的量子比特将随机地分布在 $\{|L\rangle，|V\rangle，|+\rangle，|-\rangle\}$（或者 $\{|L'\rangle，|V'\rangle，|+'\rangle，|-'\rangle\}$，或者 $\{|L''\rangle，|V''\rangle，|+''\rangle，|-''\rangle\}$）上。当然，诱骗态有 N 个逻辑量子比特，那么有一半的诱骗态分布在 $\{|L\rangle，|V\rangle\}$（或者 $\{|L'\rangle，|V'\rangle\}$，或者 $\{|L''\rangle，|V''\rangle\}$）上。如果 Eve 选择测量基 $\{|L\rangle，|V\rangle\}$（$\{|L'\rangle，|V'\rangle\}$，$\{|L''\rangle，|V''\rangle\}$）的概率为 x，则这个攻击被检测到的概率为：$P' = 1 - \left(\dfrac{x}{2}\right)^N$。当 $N \to \infty$ 时，概率 $P' \to 1$，因此截获重发的攻击会被检测到。假设 Eve 拦截了 Alice 和 Bob 对话的粒子，使用幺正操作 U_F 使得辅助粒子 $E = \{|E_1\rangle，|E_2\rangle，\cdots，|E_n\rangle\}$ 与被拦截的粒子形成纠缠态，形成新的序列串 Y'_1 和 Y'_2，并将新序列发送给 Bob。

例如，Eve 对逻辑量子比特执行幺正操作，如下所示：

$$U_E\,|LE\rangle = \alpha\,|00\rangle\,|e_0 e_0\rangle + \beta\,|01\rangle\,|e_0 e_1\rangle + \gamma\,|10\rangle\,|e_1 e_0\rangle + \delta\,|11\rangle\,|e_1 e_1\rangle，$$

$$U_E\,|VE\rangle = \alpha\,|00\rangle\,|e'_0 e'_0\rangle + \beta\,|01\rangle\,|e'_0 e'_1\rangle + \gamma\,|10\rangle\,|e'_1 e'_0\rangle + \delta\,|11\rangle\,|e'_1 e'_1\rangle，$$

$$
\begin{aligned}
U_E\,|+E\rangle = \frac{1}{2}\{ &|\Phi^+\rangle[(\alpha\,|e_0 e_0\rangle + \alpha\,|e_1 e_1\rangle) + (\beta\,|e'_0 e'_0\rangle + \beta\,|e'_1 e'_1\rangle)]\\
+ &|\Phi^-\rangle[(\alpha\,|e_0 e_0\rangle - \alpha\,|e_1 e_1\rangle) + (\beta\,|e'_0 e'_0\rangle - \beta\,|e'_1 e'_1\rangle)]\\
+ &|\Psi^+\rangle[(\alpha\,|e_0 e_1\rangle + \alpha\,|e_1 e_0\rangle) + (\beta\,|e'_0 e'_1\rangle + \beta\,|e'_1 e'_0\rangle)]\\
+ &|\Psi^-\rangle[(\alpha\,|e_0 e_1\rangle - \alpha\,|e_1 e_0\rangle) + (\beta\,|e'_0 e'_1\rangle - \beta\,|e'_1 e'_0\rangle)]\}
\end{aligned}
$$

$$(6\text{-}20)$$

$$
\begin{aligned}
U_E\,|-E\rangle = \frac{1}{2}\{ &|\Phi^+\rangle[(\alpha\,|e_0 e_0\rangle + \alpha\,|e_1 e_1\rangle) - (\beta\,|e'_0 e'_0\rangle + \beta\,|e'_1 e'_1\rangle)]\\
+ &|\Phi^-\rangle[(\alpha\,|e_0 e_0\rangle - \alpha\,|e_1 e_1\rangle) - (\beta\,|e'_0 e'_0\rangle - \beta\,|e'_1 e'_1\rangle)]\\
+ &|\Psi^+\rangle[(\alpha\,|e_0 e_1\rangle + \alpha\,|e_1 e_0\rangle) - (\beta\,|e'_0 e'_1\rangle + \beta\,|e'_1 e'_0\rangle)]\\
+ &|\Psi^-\rangle[(\alpha\,|e_0 e_1\rangle - \alpha\,|e_1 e_0\rangle) - (\beta\,|e'_0 e'_1\rangle - \beta\,|e'_1 e'_0\rangle)]\}
\end{aligned}
$$

假设诱骗态处于 $\{|L\rangle，|V\rangle\}$，为了防止被检测到，Eve 必须使得 $\alpha = \beta = 0$。假设诱骗态处于 $\{|+\rangle，|-\rangle\}$，为了防止被检测到，Eve 必须使得：

$$
\begin{aligned}
&\alpha\,|e_0 e_1\rangle - \alpha\,|e_1 e_0\rangle + \beta\,|e'_0 e'_1\rangle - \beta\,|e'_1 e'_0\rangle = \alpha\,|e_0 e_1\rangle + \alpha\,|e_1 e_0\rangle\\
&- \beta\,|e'_0 e'_1\rangle - \beta\,|e'_1 e'_0\rangle = 0
\end{aligned}
$$

$$(6\text{-}21)$$

如果上述的假设成立，则 Eve 的纠缠测量不会被检测到。

Eve 的主动攻击：当 Alice 和 Bob 开始量子对话时，窃听者 Eve 就可以进行不可见光子窃听和延迟光子木马的攻击[23]。Bob 可以通过使用滤网过滤无形光子，然后通过使用分离器的光子数检测延迟光子[24]。因此，当 Bob 和 Alice 对话时，由于诱骗光子随机处于四种状态：$\{|0\rangle，|1\rangle，$

$|+\rangle$，$|-\rangle$｝，因此等效于安全 BB84 协议[26]，能够确保对话的安全性。攻击者 Eve 可以不知道诱骗逻辑量子位的具体位置和测量的位置。如果攻击者 Eve 进行攻击，则会在第二安全检测时被检测出来。如果 Eve 截取了 Alice 和 Bob 的对话秘密顺序，她也无法知道信息逻辑量子比特的真实位置和初始状态，所以任何攻击都会被检测到。

根据 Stinespring 扩张定理[27]，Eve 的攻击可以被认为是在一个大的 Hilbert 空间 $H_{AB} \otimes H_E$ 上执行的统一操作 $\hat{E}$。假设 Eve 的辅助状态为 $|e\rangle$，则：

$$\hat{E}|0, e\rangle = \alpha|0, e_{00}\rangle + \beta|1, e_{01}\rangle, \quad \hat{E}|1, e\rangle = \alpha'|0, e_{10}\rangle + \beta'|1, e_{11}\rangle \tag{6-22}$$

$\hat{E}|+, e\rangle$ 和 $\hat{E}|-, e\rangle$ 有四种状态。因为 $\hat{E}$ 是整体的操作，复杂的 α，β，α'，β' 必须满足 $\hat{E}\hat{E}^{\dagger} = I$，因此，$|\alpha|^2 = |\alpha'|^2$，$|\beta|^2 = |\beta'|^2$，那么 Eve 攻击的概率为 $e = |\beta|^2 = 1 - |\alpha|^2$。

从信息论的观点来看，一个量子系统内我们得到的信息不大于 Holevo 的极限，即 $\chi(\rho) = S(\rho) - \sum_i p_i S(\rho_i)$，其中，$S(\rho)$ 是冯·诺依曼的熵，$\rho = \sum_i P_i \rho_i$，如果准备的诱骗光子通过的概率为 $\frac{1}{4}$，那么诱骗光子的香农熵 $H(\rho) = -\sum_i P_i \log_2 P_i = 2$，那么 Eve 得到的信息是：

$$I_E S(\rho) - \sum_i P_i S(\rho_i) < H(P) \tag{6-23}$$

因此，Eve 不能得到诱骗光子的完整信息，并且可以通过对话方检测 Eve 的窃听行为。

6.1.1.4 协议比较

Cabello[20] 的信息论效率被定义为：$\xi = \dfrac{b_s}{q_t + b_t}$，其中，$b_s$ 是通信获得的秘密比特数，q_t 是量子比特数，b_t 是 Alice 和 Bob 两个传播者之间交换的比特数。协议的信息论效率为：$\xi = \dfrac{b_s}{q_t + b_t} = \dfrac{4}{4 + 1} \times 100\% = 40\%$。

事实上，量子比特的制备和传输比经典信息更加复杂。Cabello 的信息论效率公式并不能充分衡量量子密码协议的效率。

对此，可以采用量子比特效率进行有效的补充，其定义为：

$$\eta = \frac{b_n}{q_t} \tag{6-25}$$

其中，b_n 是传输的量子比特数，q_t 是总的量子比特数。在评价信息论效率时，通常结合这两个参数进行评价。通过计算可知，提出的免疫联合旋转噪声的鲁棒量子对话协议的效率是 100%。

下面对本书提出的协议与文献［17-19］的协议，从初始量子资源、量子信道容量、量子测量、抗噪声等方面进行比较，结果如表 6-1 所示。

表 6-1　本书的协议与文献［17-19］的协议的对比

对比项目	文献［17］的协议	文献［18］的协议	文献［19］的协议	本书提出的协议
初始量子资源	逻辑 Bell 态	逻辑量子比特	两个逻辑 Bell 态	原始 Bell 态和单光子
量子测量	Bell 态	Bell 态	单光子	单光子
信息论效率	40%	40%	33.3%	40%
量子比特效率	60%	60%	66.4%	100%

从表 6-1 可知，在最初的量子资源的选择上，参考文献［17］选择逻辑 Bell 态，参考文献［18］选择逻辑量子位，参考文献［19］选择了两个原始 Bell 态，本书的协议选择逻辑量子比特和单光子。在量子测量方面，文献［17, 18］采用 Bell 测量，文献［19］和本书提出的协议采用单光子测量，本书的协议的方法是相当简单的。在信息论效率方面，文献［17, 18］和本书的协议是 40%，但文献［19］为 33.3%。在量子比特效率方面，本书提出的协议高达 100%，但文献［17-19］只分别达到 60%、60% 和 66.4%。

6.1.2　基于单光子的量子对话

本节以单光子作为量子资源提出了无信息泄露的 QD 协议，首先对话双方要事先共享对话的规则，单光子是用来编码并传送秘密消息的。在量子隐形传态过程中，（接收者）Bob 需要读取（量子态的制备者）Alice 发送的秘密信息，Bob 可以根据 Alice 发送的单光子制备基的经典序列来解码，从而获得 Alice 发送的秘密消息。这种方式可以避免信息泄露，而且只需要进行单光子测量。

我们知道 $|0\rangle$ 和 $|1\rangle$ 为 $\sigma_z = |00\rangle - |11\rangle$ 的向上和向下本征态，$|+\rangle$ 和 $|-\rangle$ 为 $\sigma_x = |01\rangle + |10\rangle$ 的向上和向下本征态。其中，单光子的测量基为 $|\pm\rangle = \dfrac{1}{\sqrt{2}}(|0\rangle \pm |1\rangle)$，$Z = \{|0\rangle, |1\rangle\}$ 和 $X = \{|+\rangle, |-\rangle\}$。存在着如下四组关系：

$$\left.\begin{array}{ll} I \otimes | + \rangle = | + \rangle, & i\,\sigma_y \otimes | + \rangle = | - \rangle \\ I \otimes | - \rangle = | - \rangle, & i\,\sigma_y \otimes | - \rangle = -| + \rangle \\ I \otimes | 1 \rangle = | 1 \rangle, & i\,\sigma_y \otimes | 1 \rangle = | 0 \rangle \\ I \otimes | 0 \rangle = | 0 \rangle, & i\,\sigma_y \otimes | 0 \rangle = -| 1 \rangle \end{array}\right\} \tag{6-26}$$

由以上关系可知，I 和 $i\,\sigma_y$ 不能改变测量基，只是在两个态之间进行翻转。

6.1.2.1 通信过程

假如 Alice 拥有 N 比特的秘密消息，记为 $N = \{a_1, a_2, \cdots, a_n\}$，Bob 拥有 N 比特的秘密消息，记为 $\{b_1, b_2, \cdots, b_n\}$，其中，$a_1$，$b_1 \in \{0, 1\}$，$n \in \{1, 2, \cdots, N\}$。在此，单光子作为量子资源来交换 Alice 和 Bob 的秘密消息。我们设计的 QD 过程有如下的步骤：

① 由于 Alice 拥有 N 比特的秘密消息，因此她可以根据自己的秘密消息再制备一个由 N 个单光子组成的量子态序列 Q，单光子记为 $\{p_1, p_2, \cdots, p_n\}$。如果 $a_n \neq 0$，则 Alice 需要制备 p_n 个随机处于两个态（$\{|1\rangle$，$|-\rangle\}$）之一的光子，如果 $a_n = 0$，则 Alice 需要制备 p_n 个随机处于两个态（$\{|0\rangle$，$|+\rangle\}$）之一的光子，同时也会产生一个经典序列 S，记为 $\{s_1, s_2, \cdots, s_n\}$。如果 p_n 的制备基是 Z，则 $s_n = 0$，否则 $s_n = 1$。为了安全传输量子信息，Alice 采用诱骗态（即诱骗光子）技术，制备了足够多的诱骗光子，这些诱骗光子随机处于态 $\{|0\rangle$，$|1\rangle$，$|+\rangle$，$|-\rangle\}$，把这些诱骗光子随机地和 N 比特的秘密消息混合，这样就会形成新的序列，记为 N'。然后 Alice 利用块技术将这个新序列 N' 传给 Bob。

② Bob 告知 Alice 收到了这个新序列 N'，Alice 则告知 Bob 在这个序列中诱骗光子所在的位置和相应的制备基，这样 Bob 根据 Alice 的制备基对序列进行测量并将测量结果告诉 Alice。Alice 根据诱骗光子的初始状态和 Bob 的测量结果判断通信信道是否安全。如果信道是安全的，则通信继续，如果信道是不安全的，则通信被丢弃。

假如信道是安全的，则 Bob 在新序列 N' 中丢弃掉诱骗光子，这样新序列 N' 又变成 Alice 原来制备的序列。Bob 对单光子 p_n 执行幺正操作 U_{bn}，这样 p_n 就变成了 $U_{bn}p_n$。为了安全传输量子信息，Bob 也采用诱骗光子技术。Bob 制备足够多的诱骗光子使其随机处于 $\{|0\rangle$，$|1\rangle$，$|+\rangle$，$|-\rangle\}$ 中的任意一个态，并将这些诱骗光子随机地与 N 比特的秘密信息混合，这样就会形成新的序列，记为 N''，然后 Bob 也通过块技术将这个新序列传送给 Alice。

③ 将 Alice 和 Bob 的角色互换后进行第二次安全检测，方法同步骤②。如果信道是安全可靠的，则 Alice 将新序列N''中的诱骗光子丢弃掉，这样新序列N''又变回 N。Alice 测量$U_{b_n}p_n$是为了解码 Bob 的 1 比特数据b_n，Alice 将制备一个新的且没有经过测量的$U_{b_n}p_n$，这样就形成了一个新的 N。Alice 采用诱骗光子技术，制备足够多的诱骗光子使其随机处于$\{|0\rangle$，$|1\rangle$，$|+\rangle$，$|-\rangle\}$中的任意一个态，并将这些诱骗光子随机地与 N 混合，这样就会形成新的序列，记为N'''，然后 Alice 也通过块技术将这个新序列传送给 Bob。然后进行第三次安全检测，方法同步骤②。

④Bob 进行解码。如果量子信道是安全的，则 Bob 将新序列N'''中的诱骗光子丢弃，同理，N'''序列将变成 N 序列。接着 Alice 通过经典信道公布序列 S，如果$s_n = 0$，则 Bob 选用σ_z作为测量基来执行操作$U_{b_n}p_n$，如果$s_n \neq 0$，则 Bob 选用自己的测量基来执行操作U_{b_n}。由此，Bob 就可以推断出 Alice 的 1 比特a_i。

6.1.2.2　安全性分析

假设存在窃听者 Eve，如果他不采取任何攻击措施，但想得到一些有用的信息，不失一般性，假设令$s_n = 0$，则在收到s_n后，Alice 制备的p_n处于两个态($\{|0\rangle$，$|1\rangle\}$)中的一个。如果p_n处于态$|1\rangle$，则$U_{bn}p_n$也是两个态($\{|0\rangle$，$|1\rangle\}$)中的一个，因此，对于s_n有四种可能性。根据 Shannon 信息论，它可对应如下：

$$-\sum_{i=1}^{4} P_i \log_2 P_i = -4 \times \frac{1}{4}\log_2\frac{1}{4} = 2 \qquad (6\text{-}27)$$

从以上公式可知，它可对应 2 比特信息，这正好相当于通信双方通过p_n传送的秘密消息数量。由此可以推断出，在量子对话过程中没有发生信息泄露。

如果窃听者 Eve 想主动攻击从而获得一些有用的信息，假设 Eve 事先准备了一个假的序列，并在他截获到新的序列 N' 后将这个假序列发送给 Bob，因此假序列的测量结果不完全和真实一样，这样 Eve 被发现的概率为 50%。如果 Eve 截获了序列 N' 后对这个序列进行测量，然后将它重新发送给 Bob，由于 Eve 的测量基不总是和 Alice 对诱骗光子的制备基一致，因此 Eve 被发现的概率为 25%。如果 Eve 将它的纠缠光子$|e_i\rangle$和新序列 N' 中的光子相互纠缠来窃取部分信息，这样就有：

$$\hat{E}|i\rangle \otimes |e_i\rangle = \mu|i\rangle|e_i\rangle + \nu|i\oplus 1\rangle|e_{i\oplus 1}\rangle \qquad (6\text{-}28)$$

其中，$|\mu|^2 + |\nu|^2 = 1$，$\hat{E}$为窃听者 Eve 的幺正操作，$\langle e_i|e_{i\oplus 1}\rangle = 0$。因此，当量子对话双方通过 Z 基执行第一次安全检测时，Eve 就会被发现。

6.1.3　基于纠缠态测量的量子对话

当光子在一个比噪声源变化快的时间窗中进行信息传输时，信道噪声就建模为联合噪声。本节主要是利用对量子比特的纠缠态作为量子初始资源，分别提出不同噪声信道下的 QD 协议，通过纠缠态的测量性质，即通信双方秘密共享逻辑量子比特的初态，这样就克服了信息被泄露的问题，而且只需要执行单光子测量。

6.1.3.1　联合退相干信道上 QD 协议

假如 Alice 拥有 N 比特的秘密消息，记为$\{a_1, a_2, \cdots, a_n\}$，Bob 拥有 N 比特的秘密消息，记为$\{b_1, b_2, \cdots, b_n\}$，其中，$a_1, b_1 \in \{0, 1\}$，$n \in \{1, 2, \cdots, N\}$。在联合退相干噪声信道上的量子对话如下：

①首先，Alice 制备了 $M+N$ 个处于$|\Phi\rangle_{xy}$的量子比特纠缠态，接着将这个量子比特纠缠态分成S_x和S_y两个有序序列，其中，$S_x = \{x_1, x_2, \cdots, x_n\}$，是由物理量子比特 x 构成的；$S_y = \{y_1, y_2, \cdots, y_n\}$，是由物理量子比特 y 构成的。然后，Alice 将制备的序列S_y以块传输的方式发送给 Bob，她自己预留了序列S_x。

②Bob 收到序列S_y后进行窃听检测，从序列S_y中随机地选择 M 个逻辑量子比特作为样本量子比特，利用 Z 基或者 $X \otimes X$ 基对每个样本逻辑比特进行测量。其中，

$$X = \{|+\rangle, |-\rangle\}, \quad |+\rangle = \frac{1}{\sqrt{2}}(|0\rangle + |1\rangle), \quad |-\rangle = \frac{1}{\sqrt{2}}(|0\rangle - 1\rangle)$$

$$(6\text{-}29)$$

然后，Bob 告知 Alice 这些样本逻辑量子比特的测量基和位置，Alice 选择合适的测量基对S_x中的样本逻辑量子比特进行测量。如果存在窃听，则此次通信被丢弃，如果不存在窃听，则此次通信将继续。

③Alice 和 Bob 丢弃掉S_r和S_z中的样本逻辑量子比特，这样原来的S_x和S_y序列就会变成S_x'和S_y'，记$S_x' = \{x_1, x_2, \cdots, x_n\}$，$S_y' = \{y_1, y_2, \cdots, y_n\}$。Alice 和 Bob 分别用 Z 基进行测量，根据纠缠测量相关性原则，Alice 和 Bob 能够推断出对方的测试结果。Bob 根据自己的测试结果重新制备一个新的序列y_n，然后 Bob 对y执行幺正操作U^{in}，这样新的序列y_n就变成$U^{in}y_n$。Bob 采用诱骗光子技术制备足够多的诱骗逻辑量子比特，使其处于$|0\rangle$，$|1\rangle$，$|+\rangle$，$|-\rangle$中的任意一个态，并把制备的诱骗逻辑量子比特随机插入序列S_y'中，这样序列S_y'就变成了序列S_y''。Bob 以块技术的方式将新序列S_y''发送给 Alice。Alice 告知 Bob 已经收到序列，接着 Bob 告知 Alice 诱骗逻辑

量子比特的制备基和位置，Alice 根据 Bob 告诉的制备基测量诱骗逻辑量子比特，并将测量结果告诉 Bob。Bob 根据 Alice 的测量结果和诱骗逻辑量子比特的初态判断信道是否安全，如果信道不安全，则此次通信终止，如果信道是安全的，则此次通信继续。

④Alice 将序列 S_y'' 中的诱骗逻辑量子比特丢弃，这样序列 S_y'' 就变成了 S_y'，Alice 对 $U^{i_n} y_n$ 执行逻辑酉操作，这样 $U^{i_n} y_n$ 就变成了 $U^{a_n} U^{i_n} y_n$。接着 Alice 用 Z 基测量 $U^{a_n} U^{i_n} y_n$ 并公布测量结果。根据幺正操作、z 基测量结果及 Alice 公布的结果，Bob 能够得知 Alice 的秘密消息 a_n。相应地，Alice 也能够推断出 Bob 的秘密比特消息 b_n。

6.1.3.2　联合旋转信道上 QD 协议

① 首先，Alice 制备了 $M + N$ 个处于 $|\Phi\rangle_{xy}$ 的量子比特纠缠态，然后将这个量子比特纠缠态分成 S_x 和 S_y 两个有序序列，其中，$S_x = \{x_1, x_2, \cdots, x_n\}$，是由物理量子比特 y 构成的；$S_y = \{y_1, y_2, \cdots, y_n\}$，是由物理量子比特 y 构成的；然后，Alice 将制备的序列 S_y 以块传输的方式发送给 Bob，她自己预留了序列 S_x。

②Bob 收到序列 S_y 后进行窃听检测，从序列 S_y 中随机地选择 M 个逻辑量子比特作为样本量子比特，利用 Z 基或者 $Y \otimes Y$ 基对每个样本逻辑比特进行测量。其中，

$$Y = \{|+y\rangle, |-y\rangle\}, |+y\rangle = \frac{1}{\sqrt{2}}(|0\rangle + i|1\rangle), |-y\rangle = \frac{1}{\sqrt{2}}(|0\rangle - i|1\rangle)$$

$$(6-30)$$

Alice 利用 Z 基或者 Y 基来测量 S_x 中的样本量子比特。然后 Alice 和 Bob 分别利用 Z 对序列 S_x 和 S_y 进行测量。根据测量结果，Bob 又制备一个新的序列 S_y，然后 Bob 对新的序列 S_y 执行逻辑酉操作，从而我们得到 $U^{i_n} y_n$，Bob 制备的逻辑量子比特随机处于 $\{|0\rangle, |1\rangle, |+\rangle, |-\rangle\}$ 中的任意一个态。

③Alice 告知 Bob 已收到 S_y''，然后 Bob 告知 Alice 诱骗逻辑量子比特的制备基和位置，Alice 利用 Bob 的制备基对诱骗逻辑量子比特进行测量并给 Bob 告知测量结果。Bob 通过对比 Alice 的测量结果和诱骗逻辑量子比特的初态判断信道是否安全，如果信道是不安全的，则此次通信被终止，如果信道是安全的，则通信继续。Alice 对逻辑量子比特 $U^{i_n} y_n$ 执行幺正操作，从而得到 $U^{a_n} U^{i_n} y_n$。Alice 利用 Z 基对 $U^{a_n} U^{i_n} y_n$ 进行测量，接着向 Bob 公布测量结果，解码出 b_n。

6.2　连续变量的量子密钥分发

量子隐形传态的另一个应用是量子密钥分发。任意的单模量子态和双模量子态可以进行量子远程传输，而且只要纠缠度高，也可以实现相干态的远距离传输，但它们都有不足之处。针对现有密钥分发协议的不足，我们提出连续变量的量子密钥分发，主要是发送者通过公共信道传递预先确定的密钥给信息接收者，借助纠缠相干态的纠缠交换原理，利用三量子 GHZ 态和 W 态的特性，在希尔伯特空间中存在四个 GHZ 态，假如 Alice 制备大量的三量子极化 GHZ 态 $|\Phi_A\rangle$，其数量必须大于密钥的长度，将它分成两个序列，分别为 A 序列和 B 序列，A 序列由 $\{a_1, a_2, \cdots, a_n\}$ 量子组成，B 序列由 $\{b_1, b_2, \cdots, b_n\}$ 量子组成。光束可以产生两个分量振幅和相位，可以用算符表示如下：

$$X = a^\dagger + a, \quad P = i(a^\dagger - a) \tag{6-31}$$

其中，$a^\dagger$ 是产生算符，a 是湮灭算符，$[a^\dagger, a] = 1$，$[X, P] = 2i$。

双模压缩真空态主要是由两个真空态通过光学参量放大来制备的。假设两个真空态为 a_1 和 a_2，经过双模压缩变换以后，输出态为：

$$\left.\begin{aligned}
a'_1 &= S^\dagger(r)\, a_1 S(r) = a_1 \cosh(r) + a_2^\dagger \sinh(r)\\
a'_2 &= S^\dagger(r)\, a_2 S(r) = a_2 \cosh(r) + a_1^\dagger \sinh(r)
\end{aligned}\right\} \tag{6-32}$$

因此，a_1 和 a_2 的振幅、相位分别为：

$$\left.\begin{aligned}
X'_1 &= X_1 \cosh(r) + X_2 \sinh(r)\\
P'_1 &= P_1 \cosh(r) - P_2 \sinh(r)\\
X'_2 &= X_2 \cosh(r) + X_1 \sinh(r)\\
P'_2 &= P_2 \cosh(r) - P_1 \sinh(r)
\end{aligned}\right\} \tag{6-33}$$

从而，可以计算出两个输出的相位和正交振幅关联方差如下：

$$\left.\begin{aligned}
[\Delta(X'_1 - X'_2)]^2 &= [\Delta(P^{1'} + P^{2'})]^2 = 2\,e^{-2r}\\
[\Delta(X'_1 + X'_2)]^2 &= [\Delta(P^{1'} - P^{2'})]^2 = 2\,e^{2r}
\end{aligned}\right\} \tag{6-34}$$

当 $r \to +\infty$ 时，a_1 和 a_2 的关联性为：

$$\lim_{r \to +\infty} X'_1 = X'_2, \quad \lim_{r \to +\infty} P'_1 = -P'_2 \tag{6-35}$$

已知 F 为双模压缩态的纠缠度，我们描述为：

$$F = [\Delta(X'_1 - K_1 X'_2)]^2 \times [\Delta(P'_1 + K_2 P'_2)]^2 \tag{6-36}$$

当 $k_1 = \dfrac{x'_1 x'_2}{x'^2_1}$，$k_2 = -\dfrac{p'_1 p'_2}{p'^2_2}$ 时，得到：

$$F = \frac{4\sigma^4}{e^{2r} + e^{-2r}} \tag{6-37}$$

当 $r \to +\infty$，$F \to 0$ 时，如果纠缠被破坏，则导致 r 变小，这样就会引起 F（双模压缩态之间的纠缠度）增大。

当 Alice 和 Bob 共享纠缠态 a_1 和 a_2 时，Alice 制备了相干态 $|x + ip\rangle_1$，和 a_1' 进行联合 Bell 基测量，从而我们得到：

$$\left. \begin{aligned} x_u &= \frac{1}{\sqrt{2}}(x_1 - x_1') \\ p_u &= \frac{1}{\sqrt{2}}(p_1 + p_1') \end{aligned} \right\} \tag{6-38}$$

如果 Bob 收到的信号为：

$$x_B = x' + \sqrt{2}\, x_u - \sqrt{2}\, x_u = x_1 - (x_1' - x_2') - \sqrt{2}\, x_u \tag{6-39}$$

$$p_B = p' + \sqrt{2}\, p_u - \sqrt{2}\, p_u = p_1 + (p_1' + p_2') - \sqrt{2}\, p_u \tag{6-40}$$

Bob 在收到 Alice 的测量结果后执行了适当的幺正变换，从而得到：

$$x_B' = x_B + \sqrt{2}\, x_u = x_1 - (x_1' - x_2'),$$

$$p_B' = p_B + \sqrt{2}\, p_u = p_1 + (p_1' + p_2') \tag{6-41}$$

这样，Alice 和 Bob 就得到两个序列用来传递密钥。如果 a_1 和 a_2 的纠缠度比较低，则无法得到准确结果。Alice 传递密钥时，若 $x_1 = p_1$，则不管 Bob 选择相位还是振幅测量，都能够得到序列 x_1，从而也可以实现密钥分发。

6.2.1　密钥分发过程

假如 Alice 要传递量子密钥给 Bob，则步骤如下：

① 双模压缩算符表示为 $S(r)$，真空态表示为 $|00\rangle_{xy}$，将 $S(r)$ 作用于 $|00\rangle_{xy}$，随之产生纠缠光学模，分别表示为 a_x，a_y。Alice 通过随机的时间间隙计算出 a_x 和 a_y 之间的纠缠度 F，接着将光学模发送给 Bob。

② 假如通信信道中没有窃听者，Bob 收到光学模 $a_z(a_z = a_y)$ 后，Alice 返回传输的时间阈值，Bob 根据时间阈值测量相位或振幅，从而计算出纠缠度 F'。假如 $F' > F$，则证明窃听者存在，从而放弃此次通信；假如 $F' = F$，则证明没有窃听者存在，通信继续。

③ Alice 先把离散信息按图态基编码，进行区间划分，再进行信息发送。假设 Alice 将坐标区间划分为：$(-\infty, a_1)$，$[a_1, a_2)$，…，$[a_{n-1}, a_n)$，$[a_n, +\infty)$，如果要发送序列 01001，相对应的区间为 $[a_{k-1}, a_k)$，这样产生的随机变量为 a，b，c。假如位平移算符用 W 表示，

即$\alpha_1 = (a+b) + i(a+b)$，将 W 作用于真空态 $|0\rangle_1$，可以产生相干态 $|x\rangle_1$，将 W 作用于真空态 $|0\rangle'_1$，可以产生相干态 $|x\rangle'_1$，此即为诱骗态。在随机的时间间隙中，将 $|x\rangle'_1$ 插入 $|x\rangle_1$ 中产生量子混态 r。接着，Alice 将 r 和 a_r 进行联合 Bell 态测量，得到相应的相位差 P_u 和振幅 X_u，测量完成以后，Alice 通过经典信道将测量结果告知 Bob。

④Bob 收到测量结果后对 a_z 执行幺正变换，记为 D，然后根据相应的测量基对振幅或相位进行测量，这样就获得序列 $\overline{\omega}$。接着，Alice 告知 Bob 诱骗态 $|x\rangle'_1$ 的时间间隙，Bob 公布对时间间隙的测量结果，双方进行对比，如果结果不一致，则放弃此次通信，如果结果一致，则通信继续。Bob 将序列中余下的测量结果去掉 b，Alice 再按照图态基编码的方式进行解码，这样就得到 a（其中，$a \subseteq [a_{k-1}, a_k)$），最终 Bob 获得了比特序列 01001。

总之，产生纠缠的光学模，通过时间间隙计算纠缠度，进行振幅或相位的测量得到另一个纠缠度，这些步骤是为了检测是否存在窃听者，其最终目的是 Alice 和 Bob 能够安全地共享连续变量的量子纠缠态。发送序列从而产生相干态和诱骗态，将二者混合成混合态后进行 Bell 态测量，得到相位差和振幅，接收者执行幺正变换得到序列，根据时间间隙的测量结果进行结果对比，解码后获得比特序列。这些步骤是密钥的发送、密钥接收和生成阶段，其目的是除了发送者之外密钥是随机性的。随机地进行平移，其目的是密钥与结果之间不等价，因此只有信道安全并经过身份认证后才能得到密钥。

因此，连续变量的量子密钥分发协议模型如图 6-2 所示。

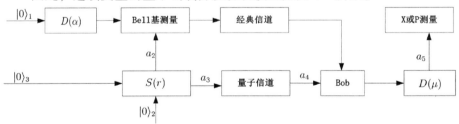

图 6-2　连续变量的量子密钥分发协议模型

6.2.2　安全性分析

在我们设计的连续变量的量子密钥分发协议中，Bob 选取了 n 或者 p 进行随机测量，概率为 $1/2$，则

$$\Delta Y = \frac{1}{2}(\Delta Y_x + \Delta Y_p) \tag{6-42}$$

由于 α 或者 p 有对称性，则 $\Delta Y_x = \Delta Y_p$，因此信息传递的速率我们简写成：

$$\Delta Y = \Delta Y_x \tag{6-43}$$

假设 Alice 和 Bob 之间的互信息量为 $Y(x_B, x_A)$，Bob 和 Eve 之间的互信息量为 $Y(x_B, x_E)$，当逆向协调时信息传递的速率我们描述为：

$$\Delta Y_x = Y(x_B, x_A) - Y(x_B, x_E) \tag{6-44}$$

由香农信息论分析可知：

$$\left.\begin{aligned} I(x_B, x_A) &= \frac{1}{2}\log_2\!\left(\frac{V_B}{V_{A/B}}\right) \\ I(x_B, x_E) &= \frac{1}{2}\log_2\!\left(\frac{V_E}{V_{E/B}}\right) \end{aligned}\right\} \tag{6-45}$$

其中，Alice 关于 Bob 的方差用 $V_{A/B}$ 表示，Eve 关于 Bob 的方差用 $V_{E/B}$ 表示。因此 Alice 和 Eve 同时获得 Bob 的信息是有限的，因为它满足海森堡不确定性关系。当 $V_{A/B}$ 得到最小值时，确定 Eve 能够获取的最大信息量下限为 $V_{E/B}^x$。

在此次的协议中，双方在量子信道进行了一次量子信号传递，假如存在 Eve 采取截取并重发的策略，获取了 Alice 发出的信号，然后随机地选取 P 或者 X 分量进行测量，再根据测量结果制备相应的量子态并发送给 Bob，由量子测不准原理可知，Eve 会引入额外的噪声，这样就会引起纠缠度发生变化，最终会被通信双方发现。Eve 也可能截取部分 Alice 发送的信息，根据量子不可克隆原理，Eve 截取 Alice 发出的光束并让其通过分光镜，投射系数 η 与信道的传输效率相等，除了之前截取的部分，剩余部分会传输给 Bob。我们将 Alice 制备的相干态记为 $a_1 = \overline{\omega}_1 + a$，它在 x 分量上表示为 $x_1 = x_1 + x$，因此方差 $V_1^x = \sigma^2 + V$。窃听者 Eve 如果截取了 Alice 发射的光束并通过分光镜后，我们得到：

$$\begin{aligned} a_z &= \sqrt{x}\, a_z + \sqrt{1-x}\, a_n \\ a_E' &= \sqrt{x}\, a_n - \sqrt{1-x}\, a_z \end{aligned} \tag{6-46}$$

其中，a_n 是量子信道的噪声。Alice 公布信息后，Bob 和 Eve 分别执行幺正操作，如下所示：

$$a_m = a_z + \sqrt{x}\mu \tag{6-47}$$

$$a_E = a_E' - \sqrt{(1-x)}\mu \tag{6-48}$$

方差 $V_{A/B}$ 定义描述为：

$$V_{A/B} = a_w^2 - \frac{(a \cdot a_w)^2}{a^2} \tag{6-49}$$

从而得到 x 分量为：

$$x_5 = x_4 + \sqrt{\eta}\,(x_1 - x_2)$$
$$= \sqrt{\eta}\,x_3 + \sqrt{(1 - \eta)\,x_N} + \sqrt{\eta}\,(x_1 - x_2) \tag{6-50}$$

$$V_{A/B} = 1 - \eta + 2\eta(\cosh^2(r) + \sinh^2(r)) - 4\eta\cos\cosh(r)\sinh(r)$$
$$+ \eta\,V_1 - \eta V$$
$$= 1 - \eta + \eta V + 2\eta\,\mathrm{e}^{-2r} \tag{6-51}$$

相关态在两个分量上的方差是一致的，压缩态能够将分量压缩到无限小，Alice 制备的 x_1 为压缩态时，有 $V_1 = \sigma^2 + V$。依据压缩态的性质，我们得到：

$$V_{A/B}^p = 1 - \eta + \frac{\eta}{V_1^x} + 2\eta\,\mathrm{e}^{-2r} \tag{6-52}$$

$$V_{A/B}^x = \left(1 - \eta + \frac{\eta}{V_1^x} + 2\eta\,\mathrm{e}^{-2r}\right)^{-1} \tag{6-53}$$

$$\Delta I \geqslant -\frac{1}{2}\log_2\left(1 - \eta + \frac{\eta}{V_1} + 2\eta\,\mathrm{e}^{-2r}\right)(1 - \eta + \eta\,V_N + 2\eta\,\mathrm{e}^{-2r}) \tag{6-54}$$

信息传输率变化曲线如图 6-3 所示。

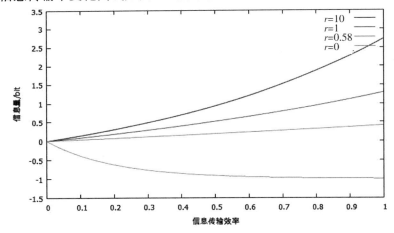

图 6-3　信息传输率变化曲线图

由图 6-3 可知，当 $r = 0$ 时不存在纠缠，当 $\Delta I < 0$ 时我们设计的协议不能进行密钥的传输，由此可知量子的纠缠特性是量子远程通信的依据。假如 Alice 和 Bob 之间的纠缠对被破坏，则 Bob 不能收到密钥信息。当 $r > 0.58$ 时信息量约等于零，$r = 1$ 时信息量大于零，当信道传输速率大于 0 时能够安全传输密钥。Alice 和 Bob 的互信息量随着纠缠度的增加而增大，当

$r = 10$ 时信道传输效率为 $\eta = 0.75$，密钥传输速率为 1bit/s，信道传输效率为 $\eta = 0.95$ 时，密钥传输速率达到 2bit/s。而随着信道传输速率的提高，连续变量的量子密钥分发速度也随之提高，其效果也优于离散量子密钥分发。

6.3 本章小结

本章在前面章节的基础上，针对量子隐形传态在实用化方面的瓶颈问题，设计了免疫噪声的量子对话和连续变量的量子密钥方法的两种典型应用。首先，提出了采用诱骗态和隐写技术来检测对话双方的身份是否有误和对话信道是否安全的对话机制，构造了单光子、广义纠缠态，将对话双方事先共享的身份识别码转换为对联合退相位噪声和联合旋转噪声免疫的逻辑量子态，随机地混杂隐写在信息序列中传送，既进行身份认证，又进行窃听检测，通信双方只需要进行单光子测量，就可避免信息泄露，提高了量子对话过程的鲁棒性。其次，提出了连续变量的量子密钥分发协议，主要是发送者通过公共信道传递预先确定的密钥给信息接收者，密钥生成阶段在序列中随机插入了诱骗态和平移，保证了量子密钥分发的安全性。总之，我们提出的免疫噪声的对话协议、量子密钥分发两种量子隐形传态应用协议具有高的鲁棒性，在噪声下更具潜力和容错性，为进一步推动实用化量子隐形传态技术开辟了新的应用领域。

第7章 总结与展望

本书研究的关键问题源于隐私信息泄露和窃听等网络信息安全给传统密码算法带来的挑战，从噪声信道下出现的"纠缠死亡"和量子体系具有的多自由度特性这一新视角出发，提出的统一纠缠量子隐形传态信道框架理论和量子隐形传态协议研究，具有较高的学术研究价值并取得了重大的突破。本书重点是研究噪声下的量子隐形传态关键技术和应用，以面向安全的信息保密通信为牵引，开展了量子隐形传态特征分析和理论建模研究；以噪声信道下安全的应用为切入点，评估和验证理论模型和关键方法；引入了多学科交叉理念，研究了在局域独立和局域共同两种模式下纠缠演化和信道容量问题；有效地解决了噪声下量子隐形传态的低容量、高成本、难制备、低安全性等问题。

7.1 本书研究工作总结

量子隐形传态是量子通信的关键技术，主要致力设计并提出符合实际噪声应用环境的量子隐形传态方案。具体来说，该研究在分析噪声出现信息泄露、"纠缠死亡"等问题的基础上，设计了高保真纠缠量子隐形传态信道框架、免疫噪声的量子隐形传态协议、噪声信道下容错的量子隐形传态应用等，使之提出的方案用于实际系统。现将本书的主要工作总结如下：

7.1.1 构建了高保真纠缠量子隐形传态信道框架

针对真实的物理系统与环境相互作用后产生量子退相干和"纠缠死亡"等问题，本书从"纠缠死亡"的刻画、量子退相干刻画和局域共同噪声方面设计了一个新的高保真纠缠量子隐形传态信道框架。

（1）首先分析量子隐形传态过程中出现"纠缠死亡"问题和量子退相干问题，构建免疫量子隐形传态信道框架。由于空间上相互独立的两个原子系统纠缠随时间演化是利用并发度和线性熵作为度量的，因此研究原子和腔场初始纠缠度与腔场的初始纠缠度的关系。腔场的初始纠缠度越小，第一次发生"纠缠死亡"持续的时间就越短，但是在整个演化过程中，两原子和腔场一直都保持着纠缠的状态。而在两个三能级原子系统的纠缠随时间演化特性中，如果是远距离的三能级原子系统，纠缠退化的速度与原子激发态的衰变速率有关。如果是近距离的三能级原子系统，则跃迁态上的单粒子数决定了稳态的纠缠，只要跃迁态上单粒子数不为零，则纠缠会一直存在。死亡前的纠缠是由跃迁态上的单粒子数和两原子相干叠加态上的粒子数决定的，而复苏后的纠缠是由单粒子跃迁态上的粒子数决定的。

（2）通过空间上相互独立的两个原子系统纠缠随时间演化的特性和两个三能级原子系统的纠缠随时间演化的特性，通过分析 T-C 模型中原子与腔场间的量子退相干，由于量子体系的相干性由密度矩阵的非对角项来体现，当发生退相干效应时，密度矩阵的非对角项变为零，因此退相干的时间尺度可以衡量密度矩阵的非对角项随时间演化的速度。还通过分析 J-C 模型中两个腔场和两个二能级原子分析量子退相干，在耗散系统存在的情况下，两个原子之间的退相干因子出现了减幅的振幅震荡，经过一段时间的减幅震荡后振幅减小为零，并出现了完全的退相干现象，即耗散系统影响着量子系统的退相干性，刻画了量子退相干纠缠演化模型。

（3）局域共同模式下不同的噪声对纠缠混态纠缠演化特性有影响，特别是当量子信道受局域共同量子噪声环境影响时，刻画了纠缠突然死亡和复活的过程，从而构建基于密度矩阵和基于 DFS 联合噪声的免疫模型。

（4）最后通过图态基的方法对树图和森林图进行多自由度下的量子图态编码，分析相干性信息和信道容量，得到不同噪声信道在该编码多自由度下输入的多信道相干信息，有效计算噪声信道的量子容量的逼近值、计算速度和信道传态量子信息的噪声容限，得到不同噪声信道和几种噪声共存时信道可传输量子信息的区域。

7.1.2　提出了不同信道中 Bell 态和任意态的量子信息分离方案

针对在不同信道或者同一信道中传输粒子少且计算复杂等问题，本书提出了利用不同的量子信道来进行任意态的量子信息分离。首先，利用四粒子纠缠态作为量子信道进行两粒子 Bell 态的量子信息分离，方法是 Alice 发送信息给 Bob 和 Charlie 后，Alice 对其拥有的粒子执行 GHZ 态测量，Charlie 对其拥有的粒子执行单粒子测量，最后 Bob 重建 Bell 态信息。第一种情况是利用五粒子纠缠态分离任意单粒子和双粒子的量子信息，Alice 对其拥有的粒子执行 Bell 态测量，Charlie 在基 $\{|0\rangle, |1\rangle\}$ 下对他的粒子执行单粒子测量，并且将结果发送给 Bob，Bob 通过执行适当的幺正操作

$(I, \sigma_x, \sigma_y, \sigma_z)$ 来重建原始态的信息。第二种情况是利用四粒子团簇态和两粒子 Bell 态分离任意三粒子态的量子信息，Alice 对她拥有的两对粒子对执行 Bell 态测量后，如果 Charlie 的测量结果是 $|00\rangle + |11\rangle$，则 Bob 执行 $\sigma_x \otimes I$ 幺正变换可以恢复初始态信息。如果 Charlie 的测量结果是 $|00\rangle - |11\rangle$，则 Bob 执行 $I \otimes I$ 幺正变换可以恢复初始态信息。如果 Charlie 的测量结果是 $|01\rangle + |10\rangle$，则 Bob 执行 $\sigma_x \otimes I$ 幺正变换可以恢复初始态信息。如果 Charlie 的测量结果是 $|01\rangle - |10\rangle$，则 Bob 执行 $-i\sigma_y \otimes I$ 幺正变换可以恢复初始态信息。第三种情况是利用四粒子团簇态和 GHZ 态分离任意三粒子态的量子信息，Alice 对她拥有的三对粒子对执行 Bell 态测量后，Charlie 对他的粒子在基 $\{|\pm\rangle\}_7$ 下执行单粒子测量，通过 Alice 和 Charlie 的测量结果，Bob 对他的粒子执行幺正操作 $\{U_1, U_2, U_3, U_4\}$ 后重建原始态的信息。最后，将量子信息分离的过程在腔量子电动力学中进行了物理实现。

7.1.3　提出了免疫噪声的量子隐形传态协议

针对目前量子隐形传输是基于单自由度的量子状态，而真正的量子物理体系是拥有波态的，以单光子的自旋角动量和轨道角动量为研究对象，利用单光子在自旋角动量和轨道角动量下传态的特点，通过量子在多自由度下高亮度纠缠源的制备、超 Bell 态测量及超密编码、受控身份认证，达到独立不同噪声和局域共同模式下的多自由度隐形传态。研究了量子物理体系拥有的多自由度特性，对可控的量子隐形传态身份进行认证，实现鲁棒量子隐形传输过程，并对免疫噪声的多自由度量子隐形传态协议效率，从保真度和平均保真度两个方面进行分析和评估。

7.1.4　噪声下容错的量子隐形传态应用

针对噪声下量子隐形传态的模型和协议等理论研究，本书实现了免疫噪声的量子对话和连续变量的量子密钥分发，通信双方只需要进行单光子测量，就可避免信息泄露。在连续变量的量子密钥分发过程中，在序列中随机插入诱骗态并进行随机平移，如果信道安全就可以获得密钥，这样不会影响到双方之间的信息量，保证了量子密钥分发的安全性。

首先，提出的高保真纠缠量子隐形传态信道框架构建解决了噪声下量子纠缠演化模型的建立，解决了在量子通信过程中出现的量子突然死亡问题和量子退相干问题，并在噪声下分析局域共同量子纠缠演化，从而构建了免疫噪声模型，接着进行了量子图态编码，提高了信道容量；随后，提出在不同信道中进行 Bell 态和任意态的量子信息分离，以达到信息快速、高效、安全传递的目的；接着，提出的免疫噪声的量子隐形传态协议主要是针对多自由度下的量子隐形传输、基于纠缠交换的量子隐形传输和局域共同模式下的量子隐形传输，解决了单个自由度浪费成本且效率低下、在局域独立模式下容易发生纠缠死亡等问题；最后，对噪声下容错的量子隐形传态进行应用，实现免疫噪声的量子对话和连续变量的量子密钥分发，量子对话时对话双方只需要进行单光子测量，就可避免信息泄露。连续变量的量子密钥分发是通过随机插入诱骗态并进行随机平移，目的是为了信息分离，而在序列中插入诱骗态和平移主要是在密钥生成阶段，如果信道安全就可以获得密钥，这样不会影响到双方之间的信息量，保证了量子密钥分发的安全性。

7.2　下一步研究思路

随着量子密码学的高速发展，如今已经取得了丰硕的成果，特别是最近几年捷报频出。但是在该领域仍然有许多待解决的问题。在本书研究的基础上，仍有以下方向值得进一步研究。

在最大纠缠态退化方面，考虑通过纠缠提纯的方法把协议执行过程中的非最大纠缠态转化为最大纠缠态，这需要在协议的分析过程中加入对纠缠提纯的分析。而且，考虑非最大纠缠态的量子密码协议，即所提协议所用的量子态不再是最大纠缠态，而是直接根据非最大纠缠态设计和分析量子密码协议。

量子态在传输过程中会发生丢失或改变的情况。光子在光纤中的丢失率约为 0.2，而且光子的偏振在传输的过程中极易改变。因此，在理想环境中无条件安全的量子密码协议，在实际环境中却不一定安全，因为量子黑客可能利用量子噪声等对量子密码协议进行攻击。除了量子信道，量子源和探测器在现实环境中也不是完美的，同样可能被量子黑客所利用。此外，量子密码协议中常用的纠缠态都是最大纠缠态，而最大纠缠态在制备或传输过程中可能退化成非最大纠缠态。正因为有这些问题的存在，也就有了许多后续可以做的工作。

如何实现噪声下对多维度图像进行切割翻转并实现隐形传态？如何实现彩色饱和图像的高效存储、压缩、翻转和传态？目前还没有相关的研究对这些问题进行解决，这也是一个挑战性问题。当然，量子图像本身也是当前研究的热点，该理论的发展对促进量子计算机的发展也起着至关重要的作用。这也是非常值得研究的方向。

参考文献

［1］Huang C C, Farn K J. A Study on E‑Taiwan Promotion Information Security Governance Programs with E‑government Implementation of Information Security Management Standardization ［J］. International Journal of Network Security, 2016, 18 （3）: 565‑578.

［2］Safa N S, Solms R V, Furnell S. Information security policy compliance model in organizations ［J］. Computers & Security, 2016, 56 （1）: 70‑82.

［3］Pirandola S, Eisert J, Weedbrook C, Furusawa A, Braunstein S L. Advances in quantum teleportation ［J］. Nature Photonics, 2015, 9 （10）: 5439‑5439.

［4］By L K. Quantum Mechanics helps in searching for a needle in a haystack ［J］. Physical Review Letters, 1997, 79 （2）: 325‑328.

［5］A. K. Lenstra, H. W. Lenstra, M. S. Manasse, et al. The number field sieve ［C］. Proceedings of the twenty‑second annual ACM symposium on Theory of computing, ACM, 1990: 564‑572.

［6］P. W. Shor. Algorithms for quantum computation: Discrete logarithms and factoring ［C］. IEEE computer Society Press, New Mexico, 1994: 124‑134.

［7］Takesue, Hiroki. Quantum Communication Experiments over Optical Fiber ［J］. Principles and Methods of Quantum Information Technologies. Springer Japan, 2016: 53‑70.

［8］Yu Y , Au M H , Ateniese G , et al. Identity‑Based Remote Data Integrity Checking With Perfect Data Privacy Preserving for Cloud Storage ［J］. IEEE, 2017: 4.

［9］搜狗百科. 诺贝尔物理学奖 ［DB/OL］. http: //baike. sogou. com/v89396. htm.

［10］Shannon C E . Communication Theory of Secrecy Systems ［J］. Bell System Technical Journal, 1949, 28 （4）: 656 – 715.

［11］ H. K. Lo, H. F. Chau. Unconditional security of quantum key distribution over arbitrarily long distances ［J］. Science, 1999, 283 (5410): 2050-2056.

［12］ P. W. Shor, J. Preskill. Simple proof of security of the BB84 quantum key distribution protocol ［J］. Physical review letters, 2000, 85 (2): 441-444.

［13］ D. Gottesman, H. K. Lo, N. Lutkenhaus, et al. Security of quantum key distribution with imperfect devices ［J］. Quantum Information and Computation, 2004, 4 (5): 325-360.

［14］ C. Elliott, A. Colvin, D. Pearson, et al. Current status of the DARPA quantum network ［C］. Proc. SPIE. 5815, Orlando, Florida, USA, 2005: 138-149.

［15］ A. Poppe, M. Peev, O. Maurhart. Outline of the SECOQC quantum-key-distribution network in Vienna ［J］. International Journal of Quantum Information, 2008, 6 (2): 209-218.

［16］ 许方星, 陈巍, 王双, 等. 多层级量子密码城域网 ［J］. 科学通报, 2009, 54 (16): 2277-2283.

［17］ 中国科学院. 金融量子通信验证网开通 ［EB/OL］. (2012-02-22). https://www. cas. cn/xw/zyxw/ttxw/201202/t20120222_3443397. shtml.

［18］ 中国科学院. 合肥建成首个城域量子通信实验示范网 ［EB/OL］. (2012-02-21). https://www. cas. cn/xw/cmsm/201202/t20120221_3442898. shtml.

［19］ 中国政府网. 我国成功发射世界首颗量子科学实验卫星"墨子号" ［EB/OL］. (2016-08-16). http://www. gov. cn/xinwen/2016-08/16/content_5099764. htm.

［20］ 新华网. 世界首颗量子卫星"墨子号"在轨交付 ［EB/OL］. (2017-01-19). https://www. cas. cn/cm/201701/t20170119_4588771. shtml.

［21］ 合肥晚报. 量子通信"京沪干线"将开通 ［EB/OL］. (2017-03-13). http://www. hfnl. ustc. edu. cn/detail? id=7373.

［22］ Wang X L. Quantum teleportation of multiple degrees of freedom of a single photon ［J］. Nature, 2015, 518 (7540): 516-519.

［23］ Ryszard H, Paweł H, Michał H, and Karol H. Quantum

entanglement［J］. Reviews of modern physics, 2009, 81（1）: 865−942.

　　［24］Margherita Z, Tanjung K, Tomasz P, Somshubhro B, Anindita B, Prasenjit D, Saronath H, Kavan M, Mauro P. Excessive distribution of quantum entanglement［J］. Physical Review, 2016, 93（1）: 012305.

　　［25］Banchi L, Braunstein S L, Pirandola S. Quantum Fidelity for Arbitrary Gaussian States［J］. Physical Review Letters, 2015, 115（26）: 260501.

　　［26］Obando P C, Paula F M, Sarandy M S. Trace−distance correlations for X, states and the emergence of the pointer basis in Markovian and non−Markovian regimes［J］. Phys. rev. a, 2015, 92（3）: 676−677.

　　［27］Špicˇka V, Nieuwenhuizen Th M, and Keefe P D. Physics at the FQMT´11 conference［J］. Physica Scripta, 2012, 151（1）: 014001.

　　［28］Inoue K. Quantum noise in parametric amplification under phase−mismatched conditions［J］. Optics Communications, 2016, 366（1）: 71−76.

　　［29］Oelker E, Isogai T, Miller J, Tse M, Barsotti L, Mavalvala N, Evans M. Audio−Band Frequency−Dependent Squeezing for Gravitational−Wave Detectors［J］. Physical Review Letters, 2016, 116（4）: 041102.

　　［30］Elamraoui M, Gadret G, Jules J C, Fatome J, Fortier C, Désévédavy F, Skripatchev I, Messaddeq Y, Troles J, Brilland L, Gao W, Suzuki T, Ohishi Y, and Smektala F. Microstructured chalcogenide optical fibers from As2S3 glass: towards new IR broadband sources［J］. Optics Express, 2010, 18（25）: 26655−26665.

　　［31］Shi G F. Bidirectional quantum secure communication scheme based on Bell states and auxiliary particles［J］. Optics Communications, 2010, 283（24）: 5275−5278.

　　［32］Chatrchyan S, Khachatryan V, Sirunyan A M, et al. Observation and studies of jet quenching in PbPb collisions at =2. 76［J］. TeV. Physical Review C, 2011, 84（2）: 1859−1864.

　　［33］Li D F, Wang R J, Zhang F L, Qin Z G, Baagyere E. Splitting Unknown Qubit State Using Five−Qubit Entangled State［J］. International Journal of Theoretical Physics, 2016, 55（4）: 1962−1972.

　　［34］Wang R J, Li D F, Zhang F L, Qin Z G, Baaguere E, Zhan H Y. Quantum Dialogue Based onHypertanglement Against Collective Noise［J］. International Journal of Theoretical Physics, 2016, 55（8）: 1−9.

［35］ Li D F, Wang R J, Zhang F L, and Baagyere E. Quantum information splitting of arbitrary two-qubit state by using four-qubit cluster state and Bell-state ［J］. Quantum Information Processing, 2015, 14（3）: 1103–1116.

［36］ Li D F, Wang R J, Zhang F L. Quantum information splitting of a two-qubit Bell state using a four-qubit entangled state ［J］. Chinese physics C, 2015, 39（4）: 043103.

［37］ Li D F, Wang R J, Zhang F L. Quantum information splitting of arbitrary three-qubit state by using four-qubit cluster state and GHZ-state ［J］. International Journal of Theoretical Physics, 2015, 54（4）: 1142–1153.

［38］ Li D F, Wang R J, Zhang F L, Deng F H. Quantum information splitting of arbitrary three-qubit state by using seven-qubit entangled state ［J］. International Journal of Theoretical Physics, 2015, 54（6）: 2068–2075.

［39］ Li D F, Wang R J, Zhang F L, Qin Z G, Baagyere E. Splitting Unknown Qubit State Using Five–Qubit Entangled State ［J］. International Journal of Theoretical Physics, 2016, 55（4）: 1962–1972.

［40］ Wang R J, Li D F, and Qin Z G. An Immune Quantum Communication Model for Dephasing Noise Using Four-Qubit Cluster State ［J］. International Journal of Theoretical Physics, 2015, 55（1）: 609–616.

［41］ Wang R J, Li D F, Zhang F L, Qin Z G, Baaguere E, Zhan H Y. Quantum dialogue based on hypertanglement against collective noise ［J］. International Journal of Theoretical Physics, 2016, 55（8）: 3607–3615.

［42］ Di Vincenzo D P. Quantum computation ［J］. Science, 1995, 270（5234）: 255–261.

［43］ Bennett C H. Quantum Information and Computation ［J］. Physics Today, 1995, 48, 24–30.

［44］ Lidar D A, Bacon D, Whaley K B. Concatenating Decoherence–free Subspaces with Quantum Error Correcting Codes ［J］. Physical Review Letters, 1999, 82（22）: 4556–4559.

［45］ Yu T, Beverly J H. Finite–time Disentanglement via Spontaneous Emission ［J］. Physical Review Letters, 2004, 93（14）: 140404.

［46］ Almeida M P, Melo F, HorMeyll M, Salles A, Walborn S P, SoutoRibeiro P H, Davidovich L. Environment–Induced Sudden Death of Entanglement ［J］. Science, 2007, 316（5824）: 579–582.

［47］ Adesso G, Serafini A, Illuminati F. Multipartite entanglement in three – mode Gaussian states of continuous – variable systems: Quantification, sharing structure, and decoherence ［J］. Physical Review A, 2006, 73 （3）: 032345.

［48］ Siomau M, Fritzsche S. Entanglement dynamics of three–qubit states in noisy channels ［J］. The European Physical Journal D–Atomic, Molecular, Optical and Plasma Physics, 2010, 60 （2）: 397–403.

［49］ Siomau M. Entanglement dynamics of three – qubit states in local many–sided noisy channels ［J］. Journal of Physics B: Atomic, Molecular and Optical Physics, 2012, 45 （3）: 035501.

［50］ Caruso F, Giovannetti V, Lupo C, Mancini S. Quantum channels and memory effects ［J］. Reviews of Modern Physics, 2014, 86 （4）: 1203.

［51］ Mazhar A. Robustness of genuine tripartite entanglement under collective dephasing ［J］. Chinese Physics Letters, 2015, 32 （6）: 060302.

［52］ Schumacher B, Westmoreland M D. Sending classical information via noisy quantum channels ［J］. Physical Review A, 1997, 56 （1）: 131– 138.

［53］ Devetak I. The private classical capacity and quantum capacity of a quantum channel ［J］. IEEE Transactions on Information Theory, 2005, 51 （1）: 44–55.

［54］ Smith G. Private classical capacity with a symmetric side channel and its application to quantum cryptography ［J］. Physical Review A, 2008, 78 （2）: 022306.

［55］ Shor P W. Equivalence of additivity questions in quantum information theory ［J］. Communications in Mathematical Physics, 2004, 246 （3）: 453– 472.

［56］ Smith G, Smolin J A, Winter A. The quantum capacity with symmetric side channels ［J］. IEEE Transactions on Information Theory, 2008, 54 （9）: 4208–4217.

［57］ Shadman Z, Kampermann H, Macchiavello C, Bruß D. Optimal super dense coding over noisy quantum channels ［J］. New Journal of Physics, 2010, 12 （7）: 073042.

［58］ Winter A. Tight uniform continuity bounds for quantum entropies: conditional entropy, relative entropy distance and energy constraints ［J］.

Communications in Mathematical Physics, 2016, 347（1）：291-313.

［59］Kesting F, Fröwis F, Dür W. Effective noise channels for encoded quantum systems［J］. Physical Review A, 2013, 88（4）：042305.

［60］D'Arrigo A, Benenti G, Falci G, Macchiavello C. Information transmission over an amplitude damping channel with an arbitrary degree of memory［J］. Physical Review A, 2015, 92（6）：062342.

［61］Bennett, C. H. Communication via one-and two-particle operators on Einstein-Podolsky-Rosen states［J］. Phys. Rev. Lett. 1993, 69（20）：2881-2884.

［62］Nie Y Y, LI Y H, Wang A S. Semi-quantum information splitting using GHZ-type states［J］. Quantum Information Processing, 2013, 12（1），437-448.

［63］叶天语，蒋丽珍. 可控量子秘密共享协议窃听检测虚警概率分析［J］. 光子学报，2012，41（9）：1113-1117.

［64］Sheng Y B, Zhou L, Zhao S M. Efficient two-step entanglement concentration for arbitrary W states［J］. Physics Letters A, 2012, 85（4）：042302.

［65］李渊华，刘俊昌，聂义友. 基于 W 态的跨中心量子网络身份认证方案［J］. 光子学报，2010，39（9）：1616-1620.

［66］周小清，邬云文. 三光子纠缠 W 态隐形传输令牌总线网的保真度计算［J］. 光子学报，2010，39（11）：2093-2096.

［67］Dong Ping, Xue Zheng-yuan, Yang Ming, et al. Generation of cluster states［J］. Physical Review A, 2006, 73：33818.

［68］Ye L, Guo G C. Probabilistic Teleportation of an unknown Atomic State［J］. Chin Phys, 2002, 11, 996-998.

［69］Ming Y, Probabilistie Teleportation of a Four-particle Cluster State［J］. Journal of Yanbian University（Natural Science），2009，35（2）：137-140.

［70］Gisin, N., Ribordy, G., Tittel, W., et al. Quantum cryptography［J］. Rev. Mod. Phys, 2002, 74（1）：145.

［71］Ye, L., Guo, G. C. Scheme for implementing quantum dense coding in cavity QED［J］. Phys. Rev, 2005, A 71（3）：034304.

［72］Muralidharan, S., Kim, J., Ltkenhaus, N., et al. Ultrafast and fault-tolerant quantum communication across long distances［J］. Phys. Rev.

Lett, 2014, 112 (25): 250501.

[73] Samal, J. R., Gupta, M., Panigrahi, P. K., et al. Non-destructive discrimination of Bell states by NMR using a single ancillaqubit [J]. J. Phys. BAt. Mol. Opt. Phys, 2010, 43, 095508.

[74] Rao, D. D. B., Ghosh, S., Panigrahi, P. K. Generation of entangled channels for perfect teleprotation using multielectron quantum dots [J]. Phys. Rev, 2008, A 78 (4): 042328.

[75] Prasath, E. S., Muralidharan, S., Mitra, C., et al. Multipartite entangled magnon states as quantum communication channels [J]. Quantum Inf. Process, 2012, 11 (2): 397-410.

[76] Nie, Y. Y., Li, Y. H., Liu, J. C., et al. Quantum information splitting of an arbitrary three-qubit state by using two four-qubit cluster states [J]. Quantum Inf. Process, 2011, 10 (3): 297-305.

[77] Choudhury, S., Muralidharan, S., Panigrahi, P. K. Quantum teleportation and state sharing using a genuinely entangled six-qubit state [J]. J. Phys, 2009, A 42 (11): 115303.

[78] Man, Z. X., Xia, Y. J., An, N. B. Genuine multiqubit entanglement and controlled teleportation [J]. Phys. Rev, 2007, A 75 (5): 052306.

[79] Muralidharan, S., Panigrahi, P. K. Perfect teleportation, quantum-state sharing, and superdense coding through a genuinely entangled five-qubit state [J]. Phys. Rev, 2008, A 77 (3): 032321.

[80] Deng, F. G., Li, X. H., Li, C. Y., Zhou, P., Zhou, H. Y. Multiparty quantum-state sharing of an arbitrary two-particle state with Einstein-Podolsky-Rosen pairs [J]. Phys. Rev, 2005, A 72 (4): 044301.

[81] Hou, K., Li, Y. B., Shi, S. H. Quantum state sharing with a genuinely entangled five-qubit state and Bell-state measurements [J]. Opt. Commun, 2010, 283 (9): 1961-1965.

[82] Muralidharan, S., Panigrahi, P. K. Quantum information splitting using multipartite cluster states [J]. Phys. Rev, 2008, A 78 (6): 062333.

[83] Li, D. F., Wang, R. J., Zhang, F. L. Quantum information splitting of a Two-qubit Bell state using a four-qubit Entangled state [J]. Chin. Phys, 2014, C (1): 010601.

[84] Zhao, Z., Chen, Y. A., Zhang, A. N., Yang, T., Briegel, H.

J., Pan, J. W. Experimental demonstration of five-photon entanglement and open-destination quantum teleportation [J]. Nature, 2004, 430: 54.

[85] Yin, X. F., Liu, Y. M., Zhang, W., Zhang, Z. J. Simplified four-qubit cluster state for splitting arbitrary single-qubit information [J]. Commun. Theor. Phys, 2010, 53: 49-53.

[86] Nie, Y. Y., Li, Y. H., Liu, J. C., Sang, M. H. Quantum information splitting of an arbitrary three-qubit state by using two four-qubit cluster states [J]. Quantum Inf. Process, 2011, 10 (3): 297-305.

[87] Nie, Y. Y., Li, Y. H., Liu, J. C., Sang, M. H. Quantum information splitting of an arbitrary three-qubit state by using a genuinely entangled five-qubit state and a Bell-state [J]. Quantum Inf. Process, 2012, 11 (2): 563-569.

[88] Nie, Y., Li, Y., Liu, J., et al. Quantum state sharing of an arbitrary four-qubit GHZ-type state by using a four-qubit cluster state [J]. Quantum Inf. Process, 2011, 10, 603-608.

[89] Nie, Y. Y., Li, Y. H., Liu, J. C., et al. Quantum information splitting of an arbitrary three-qubit state by using two four-qubit cluster states [J]. Quantum Inf. Process, 2011, 10 (3): 297-305.

[90] Nie Y, Li Y, Liu J, et al. Quantum state sharing of an arbitrary three-qubit state by using four sets of W-class states [J]. Optics Communications, 2011, 284 (5): 1457-1460.

[91] Nie Y, Li Y, Liu J, et al. Quantum information splitting of an arbitrary three-qubit state by using two four-qubit cluster states [J]. Quantum Information Processing, 2011, 10 (3): 297-305.

[92] Nie, Y., Li, Y., Liu, J., et al. Quantum information splitting of an arbitrary three-qubit state by using a genuinely entangled five-qubit state and a Bell-state [J]. Quantum Inf. Process, 2012, 11 (2): 563-569.

[93] Nie Y Y, Hong Z H, Huang Y B, et al. Non-maximally entangled controlled teleportation using four particles cluster states [J]. International Journal of Theoretical Physics, 2009, 48 (5): 1485-1490.

[94] Li, D. F., Wang, R. J., Zhang, F. L., Deng, F. H., Baagyere, E. Quantum information splitting of arbitrary two-qubit state by using four-qubit cluster state and Bell-state [J]. Quantum Inf. Process, 2015, 14 (3): 1103-1116.

［95］ Li, D. F., Wang, R. J., Zhang, F. L. Quantum information splitting of arbitrary three-qubit state by using four-qubit cluster state and GHZ-state ［J］. Int. J. Theor. Phys, 2015, 54 (4): 1142-1153.

［96］ Li D F, Wang R J, Zhang F L. Quantum information splitting of a two-qubit Bell state using a four-qubit entangled state ［J］. Chinese Physics C, 2015, 39 (4): 043103.

［97］ Davidovich L, Zagury N, Brune M, Raimond J M, Haroche S. Teleportation of an atomic state between two cavities using nonlocal microwave fields ［J］. Physical Review A, 1994, 50 (2): R895.

［98］ Bennett C H, Brassard G, Popescu S, Schumacher B, Smolin J A, and Wootters W K. Purification of noisy entanglement and faithful teleportation via noisy channels ［J］. Physical Review Letters, 1996, 76 (5): 722-725.

［99］ Bouwmeester D, Pan J W, Mattle K, Eibl M, Weinfurter H, Zeilinger A. Experimental quantum teleportation ［J］. Nature, 1997, 390 (6660): 575-579.

［100］ Braunstein S L, Kimble H J. Teleportation of continuous quantum variables ［J］. Physical Review Letters, 1998, 80 (4): 869-972.

［101］ Furusawa A, Sørensen J L, Braunstein S L, Fuchs C A, Kimble H J, and Polzik E S. Unconditional quantum teleportation ［J］. Science, 1998, 282 (5389): 706-709.

［102］ Oh S, Lee S, Lee H. Fidelity of quantum teleportation through noisy channels ［J］. Physical Review A, 2002, 66 (2): 022316.

［103］ Bowen W P, Treps N, Buchler B C, Schnabel R, Ralph T C, Bachor H A, Symul T, and Koy Lam P. Experimental investigation of continuous-variable quantum teleportation ［J］. Physical Review A, 2003, 67 (3): 032302.

［104］ Takei N, Aoki T, Koike S, Yoshino K, Wakui K, Yonezawa H, Hiraoka T. Experimental demonstration of quantum teleportation of a squeezed state ［J］. Physical Review A, 2005, 72 (4): 042304.

［105］ Jung E, Hwang M R, Ju Y H, MinSoo K, Sahng K Y, Hungsoo K, DaeKil P, JinWoo S, Tamaryan S, SeongKeuck C. Greenberger-Horne-Zeilinger versus W states: quantum teleportation through noisy channels ［J］. Physical Review A, 2008, 78 (1): 012312.

［106］Jin X M, Ren J G, Yang B, Yi Z H, Zhou F, Xu X F, Wang S K et al. Experimental free-space quantum teleportation ［J］. Nature photonics, 2010, 4（6）: 376-381.

［107］Hu M L. Environment-induced decay of teleportation fidelity of the one-qubit state ［J］. Physics Letters A, 2011, 375（21）: 2140-2143.

［108］Liang H Q, Liu J M, Feng S S, and Chen J G. Quantum teleportation with partially entangled states via noisy channels ［J］. Quantum Information Processing, 2013, 12（8）: 2671-2687.

［109］Seshadreesan K P, Dowling J P, Agarwal G S. Non-Gaussian entangled states and quantum teleportation of Schrödinger-cat states ［J］. Physica Scripta, 2015, 90（7）: 074029.

［110］Fortes R, Rigolin G. Fighting noise with noise in realistic quantum teleportation ［J］. Physical Review A, 2015, 92（1）: 012338.

［111］Graham T M, Bernstein H J, Wei T C, Junge M and Paul G K. Superdense teleportation using hyperentangled photons ［J］. Nature communications, 2015, 6（7158）: 1-21.

［112］Seshadreesan K P, Dowling J P, Agarwal G S. Non-Gaussian entangled states and quantum teleportation of Schrödinger-cat states ［J］. Physica Scripta, 2015, 90（7）: 074029.

［113］Zuppardo M, Krisnanda T, Paterek T, Bandyopadhyay S, Banerjee A, Deb P, Halder S, Modi K and Paternostro M. Excessive distribution of quantum entanglement ［J］. Physical Review A, 2016, 93（1）: 012305.

［114］Xing X, Yao Y, Zhong W J, Li Y L, and Xie Y M. Enhancing teleportation of quantum Fisher information by partial measurements ［J］. Physical Review A, 2016, 93（1）: 012307.

［115］Li T, Yin Z Q. Quantum superposition, entanglement, and state teleportation of a microorganism on an electromechanical oscillator ［J］. Science Bulletin, 2016, 61（2）: 163-171.

［116］J. A. Wheeler, W. H. Zurek. Quantum theory and measurement ［M］. New Jersey: Princeton University Press, 1983, 62-84.

［117］H. P. Robertson. The uncertainty principle ［J］. Physics Letters, 1929, 34（1）: 163-164.

［118］曾谨言. 量子力学（卷Ⅱ 第五版）［M］. 北京: 科学出版社,

2014：128.

［119］A. P. French, E. F. Taylor. An introduction to quantum physics ［M］. Florida：CRC Press, 1979：316.

［120］W. K. Wootters, W. H. Zurek. A single quantum cannot be cloned ［J］. Nature, 1982, 299 （5886）：802-803.

［121］杨宇光. 量子密码协议的设计和分析 ［M］. 北京：科学出版社, 2013：16.

［122］H. P. Yuen. Amplification of quantum states and noiseless photon amplifiers ［J］. Physics Letters A, 1986, 113 （8）：405-407.

［123］H. Barnum, C. M. Caves, C. A. Fuchs, et al. Noncommuting mixed states cannot be broadcast ［J］. Physics Letters Letters, 1996, 76 （15）：405-407.

［124］F. Laloe. Do we really understand quantum mechanics ［M］. New York：Cambridge University Press, 2012：121-312.

［125］A. Einstein, B. Podolsky, N. Rosen. Can quantum-mechanical description of physical reality beconsidered complete? ［J］. Physical review, 1935, 47 （10）：777-780.

［126］E. Schr ̈odinger. Die gegenw ̈artige Situation in der Quantenmechanik ［J］. Naturwissenschaften, 1935, 23 （48）：807-812.

［127］ʹD. Bohm. Quantum theory ［M］. New York：Courier Corporation, 1951：611-623.

［128］M. A. Clauser, J. F. and Horne, A. Shimony, R. A. Holt. Proposed experiment to test local hiddenvariable theories ［J］. Physical review letters, 1969, 23 （15）：880-884.

［129］J. Aspect, A. and Dalibard, G. Roger. Experimental test of Bell's inequalities using time-varying analyzers ［J］. Physical review letters, 1982, 49 （25）：1804-1807.

［130］A. Aspect, J. Dalibard, G. Roger. Bell's inequality test：more ideal than ever ［J］. Nature, 1982, 398 （6724）：189-190.

［131］R. F. Werner. Quantum states with Einstein-Podolsky-Rosen correlations admitting a hiddenvariable model ［J］. Physical Review A, 1982, 40 （8）：4277-4281.

［132］T. G. G ̈uhne, O. Entanglement detection ［J］. Physics Reports, 2009, 474 （1）：1-75.

［133］刘坤. 量子纠缠态［J］. 科技信息，2010，（21）：234-235.

［134］J. W. Pan, D. Bouwmeester, H. Weinfurter, et al. Experimental entanglement swapping：entangling photons that never interacted［J］. Physical Review Letters, 1998, 80（18）：3891-3894.

［135］范洪义，胡利云开放系统量子退相干的纠缠态表象论［M］. 上海：上海交通大学出版社，2010：2-11.

［136］穆青霞，腔中连续变量纠缠态制备的理论研究［D］. 大连：大连理工大学，2010：31-32.

［137］张永德，量子信息物理原理［M］. 北京：科学出版社，2006：130-134.

［138］M. A. Nielsen, I. L. Chuang. Quantum Computation and Quantum Information：10th Anniversary Edition［M］. New York：Cambridge University Press, 2010：1-607.

［139］廖庆洪. 孤立原子和双模腔内原子之间的纠缠突然死亡研究［D］. 南昌：南昌大学，2012：757-761.

［140］魏巧. 两个 V 型三能级原子系统的纠缠突然死亡与复苏［D］. 武汉：武汉大学，2010：4453-4459.

［141］张玥. 2 个原子与 2 个耗散腔场量子体系中的量子退相干［D］. 长春：东北师范大学，2012：65-68.

［142］王海红. 原子相干效应中的量子噪声特性研究［D］. 太原：山西大学，2006：12-15.